U0234690

C语言项目式教程

编著 朱香卫 张 建

北京理工大学出版社
BEIJING INSTITUTE OF TECHNOLOGY PRESS

内 容 简 介

本书以函数为主线，精心设计了菜单人机交互响应调用函数、学生成绩管理系统、基于文件读写学生成绩管理系统 3 个递进项目。各项目运用了 C 语言的 main（）主函数、系统库函数（scanf（）函数及 printf（）函数等）及自定义函数 3 类函数。

项目 1 将 C 语言的基本语法、函数、条件语句、循环语句、多重循环等知识点贯穿起来；项目 2 将 C 语言的一维数组、二维数组、结构体、指针等知识点贯穿起来；项目 3 将 C 语言的文件、链表等知识点贯穿起来。

本书突出"以用为本、学以致用、综合应用"的理念，将知识讲解、技能训练和能力提高有机结合起来。本书还提供了项目阶段性开发的源代码等资源丰富的学习网站，适合作为相关专业 C 语言项目式教学的教材，也可作为广大 C 语言入门的学习人员参考书籍。

图书在版编目（CIP）数据

C 语言项目式教程/朱香卫，张建编著 . —北京：北京理工大学出版社，2021.5
ISBN 978 - 7 - 5682 - 9845 - 2

Ⅰ . ①C…　　Ⅱ . ①朱… ②张…　　Ⅲ . ①C 语言—程序设计　　Ⅳ . ①TP312.8

中国版本图书馆 CIP 数据核字（2021）第 089737 号

出版发行 / 北京理工大学出版社有限责任公司

社　　　址 / 北京市海淀区中关村南大街 5 号

邮　　　编 / 100081

电　　　话 / （010）68914775（总编室）
　　　　　　（010）82562903（教材售后服务热线）
　　　　　　（010）68948351（其他图书服务热线）

网　　　址 / http：//www.bitpress.com.cn

经　　　销 / 全国各地新华书店

印　　　刷 / 河北盛世彩捷印刷有限公司

开　　　本 / 787 毫米 × 1092 毫米　1/16

印　　　张 / 18.25　　　　　　　　　　　　　　　　　责任编辑 / 王玲玲

字　　　数 / 460 千字　　　　　　　　　　　　　　　　文案编辑 / 王玲玲

版　　　次 / 2021 年 5 月第 1 版　2021 年 5 月第 1 次印刷　责任校对 / 周瑞红

定　　　价 / 83.00 元　　　　　　　　　　　　　　　　责任印制 / 施胜娟

前　言

　　C 语言作为程序设计的入门课程，是计算机专业及理工类很多专业重要的基础课程之一。编者根据多年的项目教学经验，结合近几年项目教学改革的实践及对人才培养的高标准要求，本书采用"做学教合一""项目引领、任务驱动"的方式由浅入深、循序渐进地进行编写，真正实现"做中学，学中做"的教学方法，从而改变 C 语言课程难教、难学的现状，显著提高 C 语言课程教学效率及教学效果。

　　项目 1 设计了 9 个任务，这 9 个任务举一反三地运用了 C 语言的 main( ) 主函数、系统库函数（scanf( ) 函数及 printf( ) 函数等）及自定义函数 3 类函数，将 C 语言的字符集、标识符、关键字、运算符、分隔符、注释符、比较运算符、赋值运算符、if 条件语句、switch 条件开关语句、while 循环语句、do – while 循环语句及 for 循环语句等知识点贯穿起来，真正做到了让学生明白为什么要学习项目相应的知识点、项目中所用到的相应知识点有什么用途，通过"项目引领、任务驱动"理实一体化教学，让学生明白如何运用所学的知识点。

　　项目 2 通过学习一维数组、二维数组、结构体、指针等，用不同知识点实现具有相同功能的同一个"学生成绩管理系统"项目，不仅达到了递进学习掌握所学知识的目的，还达到了"举一反三"比较学习知识点的目的，同时实现了运用不同知识点编写同一个项目代码的目的。

　　项目 3 通过学习文本文件、二进制文件、链表等不同的知识点，克服了项目 1 和项目 2 所有的案例及学生成绩管理系统的数据都没有保存到存储介质上的弊端，即克服了当项目关闭或关机后，所有处理的数据都没有保存的弊端。将数据保存到存储介质上的好处是：可以将当天所有录入或修改的数据信息保存至存储介质上，从而达到积累数据的目的。

　　与其他同类教材相比，本书特色如下：

　　1. 本书编者由有丰富的高校教学经验的"双师型教师"和有企业项目工作经验的"项目经理"两类人员构成。

　　2. 突出 C 语言函数的主线，并以此展开教材的编写，举一反三地运用 C 语言的 main( ) 主函数、系统库函数（scanf( ) 函数及 printf( ) 函数等）及自定义函数 3 类函数设计项目的任务。

　　3. 采用"做学教合一""项目引领、任务驱动"方式由浅入深、循序渐进地进行编写。每个任务都设计了相应的任务描述、技能目标、操作要点与步骤、相关知识点和巩固及知识点练习等环节，让读者在反复动手实践的过程中，学会应用所学知识解决实际问题，力求达到"授人以鱼，不如授之以渔"的目标，同时达到举一反三的目的。

4. 以实现项目任务为目标，以项目所涉及的知识点对 C 语言教学大纲的知识点进行切分并序化，从而真正达到既能学习到 C 语言的知识，又能用 C 语言的知识融会贯通地编写出教学项目，极大地提高了 C 语言的学习效率及教学效果。

本书由朱香卫（江苏联合职业技术学院苏州工业园区分院）、张建（苏州大学）编著，江苏联合职业技术学院苏州工业园区分院的章虹、赵空、刘丹、江帆、徐向前、李艳燕、闫自立、景鹏、蒋凤娟等老师参编；支付宝（中国）网络技术有限公司的项目经理周超及苏州峰之鼎科技有限公司项目经理孙中伟也参与了本书的编写工作。

由于时间仓促，加之编者水平有限，虽然我们力求完美，但书中难免有疏漏之处，敬请读者不吝指正。

编 者

目　　录

项目 **1**

菜单人机交互响应调用函数

项目学习目标

　　采用任务驱动的方法实现"菜单人机交互响应调用函数"项目的任务，循序渐进掌握 Visual C++ 6.0 进行项目式开发的方法，掌握 C 语言基本语法、函数、分支条件语句及循环语句等知识点。

　　1. 熟练掌握 Visual C++ 6.0 集成开发环境的使用方法。

　　2. 掌握 C 语言的基本语法成分：注释符、字符集、标识符、关键字、运算符及分隔符。

　　3. 熟练掌握 printf( ) 函数及 scanf( ) 函数的用法。

　　4. 了解自定义函数的基础知识和函数的调用。

　　5. 熟练掌握 if 条件语句和 switch 条件开关语句。

　　6. 熟练掌握算术运算符、比较运算符、逻辑运算符、赋值运算符。

　　7. 掌握 while 循环语句、do – while 循环语句及 for 循环语句。

任务 1-1 菜单的设计与实现

描 述

利用 C 语言提供的 printf( )系统函数实现项目菜单（主菜单）的显示，如图 1-1-1 所示，从而熟悉 Visual Studio 6.0 集成开发环境创建项目、源文件及项目的开发方法等知识点。

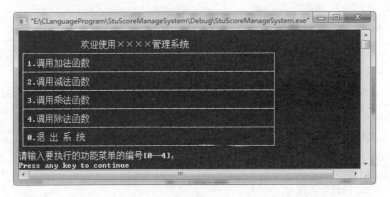

图 1-1-1 主菜单显示效果

**技能目标**

①熟练掌握 Visual C++6.0 集成开发环境及程序的调试方法。
②熟练掌握 printf( )函数的使用。
③掌握在 printf( )函数中运用换行符(转义字符\n)。
④掌握并理解 main( )函数的作用。
⑤掌握 C 语言的单行注释及多行注释的用法。

**操作要点与步骤**

①创建工程项目及项目主文件（main.c）。

在 E 盘新建一个文件夹，名称为"CLanguageProgram"，该文件夹主要用于存放使用 C 语言开发的相关项目程序。

a. 启动 Microsoft Visual C++6.0 （以下简称 VC++）

单击"开始"菜单后，单击"Microsoft Visual Studio 6.0"程序组中的"Microsoft Visual C++6.0"快捷方式（也可以是桌面上的"Microsoft Visual C++6.0"快捷方式），出现如

图1－1－2所示的 VC++ 集成开发环境。

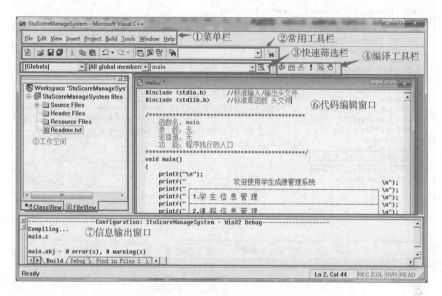

图1－1－2　VC++ 集成开发环境

图1－1－2 由以下7个部分组成：

· 菜单栏。

· 常用工具栏。

· 快速筛选栏。

· 编译工具栏。

· 工作空间。

· 代码编辑窗口。

· 信息输出窗口。

b. 创建项目工程。

在图1－1－2所示的 VC++ 集成开发环境中选择"File"→"New"菜单命令，则出现如图1－1－3所示的"New"对话框（"New"对话框默认为"Projects"标签页），标签页依次为文件、工程、工作空间、其他文档。

一般创建项目的顺序应为：工作空间→项目→文件，因创建项目的同时会默认创建新的工作空间（默认工作空间与第一个工程项目同名），所以一般会跳过创建工作空间这一步。

在图1－1－3 中，操作的顺序如下：

· 选择"Projects"标签页。

· 输入或单击"…"来确定工作存放位置：E:\CLanguageProgram。

· 项目类型一定要选择为"Win32 Console Application"（工程类型含义详见表1－1－1）。

· 输入工程名称为"StuScoreManageSystem"。

· 默认创建新的工作空间（Create new workspace），默认工作空间名与第一个项目名称相同，如图1－1－4 所示。

· 单击"OK"按钮后，在出现创建 Win32 Console Application 种类的界面中选择一个空的项目（An empty project），在此界面单击"Finish"按钮，完成了新的 StuScoreManageSystem

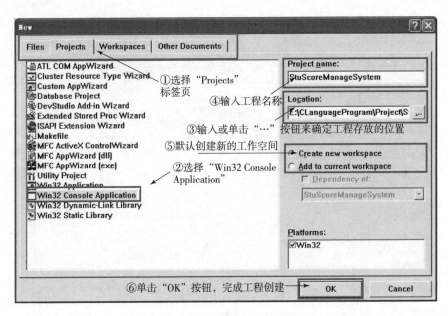

图1-1-3 新建工程对话框

工程创建，出现如图1-1-4所示的工作空间文件视图界面。

表1-1-1 工程类型含义

工程类型	中文含义
ATL COM AppWizard	用来新建一个COM组件的向导，比如Word的公式编辑器就是一个COM组件
Cluster Resource Type Wizard	群集资源类型向导，用来创建可以到处用的资源项目，比如字体就是一种资源
Custom AppWizard	用户自定义开发向导
Database Project	数据库项目
DevStudio Add-in Wizard	Visual系列工具插件开发向导
Extended Stored Proc Wizard	扩展存储过程向导，用C++代码来扩展SQL存储过程用的项目
ISAPI Extension Wizard	用C++代码扩展网站服务器功能的项目
Makefile	编译指示文件
MFC ActivceX ControlWizard	MFC开发ActiveX控件向导
MFC AppWizard(dll)	MFC开发dll应用程序向导
MFC AppWizard(exe)	MFC开发exe应用程序向导
New Database Wizard	数据库新建向导
Utility Project	实用工程
Win32 Application	Win32应用程序开发
Win32 Console Application	Win32控制台应用程序开发
Win32 Dynamic-Link Library	Win32动态链接库开发
Win32 Static Library	Win32静态库开发

·4·

工作空间文件视图提供 ClassView 和 FileView 两种视图,从不同的视角来展示工作空间中的所有项目及项目里的开发信息。

图 1 - 1 - 4 工作空间文件视图

注意:如果图 1 - 1 - 4 中的工作空间文件视图被关闭了,可以通过菜单"View"→"Workspace"打开工作空间视图。

c. 创建 C 源代码文件。

在创建工程后,在图 1 - 1 - 2 所示的 VC++ 集成开发环境下选择"File"→"New"菜单命令,则出现如图 1 - 1 - 5 所示的对话框。

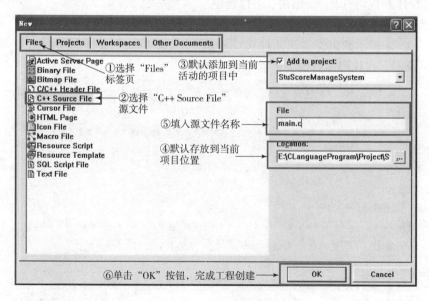

图 1 - 1 - 5 新建文件对话框

在图 1 - 1 - 5 中,操作的顺序如下:

· 选择 Files 标签页。

· 选择"C++ Source File"文件类型。

· 默认添加到当前的工程中（Add to project）。

· 默认存放到当前项目位置即可。

· 输入文件名"main. c"（源文件名应为××. c，其中文件名既要符合文件名命名规范，又要能体现文件中的内容；C 语言源代码文件的扩展名应为. c）。

· 单击"OK"按钮即可完成添加源文件。

在图 1 - 1 - 5 中，文件类型的含义见表 1 - 1 - 2。

表 1 - 1 - 2   文件类型含义

文件类型	中文含义
Active Server Page	活动服务器页面，用来创建动态网页
Binary File	二进制文件
Bitmap File	位图文件
C/C++ Header File	头文件
C/C++ Source File	源代码文件
Cursor File	光标文件
HTML Page	HTML 文件
Icon File	图标文件
Macro File	宏文件
Resource Script	资源脚本
Resource Template	资源模板
SQL Script File	SQL 脚本文件
Text File	文本文件

②编写程序源代码，编译、组建、运行程序。

a. 编辑 main. c 源程序文件

在图 1 - 1 - 4 所示的工作空间文件视图中的"Source Files"文件夹中双击 main. c 文件，打开 main. c 文件，在代码编辑窗口中输入如下代码：

```
#include <stdio.h >/ * 这是编译预处理指令:将标准输出的头文件包含到此文件中,以便使用
printf()函数 */
/ *******************************************
函数名:main
参    数:无
返回值:int
功    能:程序执行的入口
*******************************************/
int main(void)   //主函数。主函数的返回类型为整型(int)
{               //函数开始的标志
    printf("\n");//输出换行,即将光标移到下一行开始（换一行）
    printf("                欢迎使用×××管理系统                \n");
    printf(" ┌─────────────────────────────┐ \n");
    printf(" │1. 调用加法函数                                │ \n");
    printf(" ├─────────────────────────────┤ \n");
    printf(" │2. 调用减法函数                                │ \n");
```

```
printf("├─────────────────────┤\n");
printf("│3.调用乘法函数│\n");
printf("├─────────────────────┤\n");
printf("│4.调用除法函数│\n");
printf("├─────────────────────┤\n");
printf("│0.退 出 系 统│\n");
printf("├─────────────────────┤\n");
printf("请输入要执行的功能菜单的编号[0--4]：\n");
   return 0;//主函数的返回语句，与函数的返回类型一致（整型）
}          //函数结束的标志
```

 程序说明

· 要在图1-1-2所示的编辑窗口进行输入、修改、复制、剪切、粘贴、查找、替换、撤销等操作，既可以通过工具栏按钮完成，又可以通过菜单完成，还可以通过快捷键完成，与Word字处理软件常用的编辑用法相同。因Word排版问题，导致每行右侧的"│"字符没有对齐，在代码编辑窗口应在竖直方向对齐。

· 输入、编辑源程序时，注意语句中的标点符号只能是英文的标点符号，并要养成及时按Ctrl+S组合键保存程序文件的习惯。

· 每一行语句最后都有一个英文分号";"结尾，表示语句结束。如果一行只有一个英文的分号";"，表示此语句为空语句，编译时也不会报错。

· #include是编译预处理指令，而不是C语言的语句，因此，它不以";"结束。它的作用是将标准输出的头文件包含到此文件中，以便使用printf()函数。

· main是函数的名字，表示"主函数"。每一个C语言程序必须有一个main()函数。

主函数名main前面的int表示主函数的类型是int类型（整型），即在执行主函数后，会得到一个值（即函数值），其值为整型。

return 0;语句的作用是在main()函数执行结束前，将整数0作为函数值返回到调用函数处。

函数体由花括号{ }括起来。

· printf()是C编译系统提供的函数库中的输出函数。printf()函数中英文双引号内的字符串按原样输出。\n是换行符，即在输出英文双引号内的字符串后，显示屏上的光标位置移到下一行的开头。

注意：在main()主函数前加了多行注释，该多行注释便于更全面地了解该函数的函数名、函数的参数、函数的返回值及函数的功能情况。

b. 编译源文件。

执行"Build"→"Compile"菜单，可实现对源文件进行编译，也可以使用快捷键Ctrl+F7或编译工具栏中的 按钮对源文件进行编译。

编译过程主要是检查代码各语句的语法是否存在错误，如有语法错误，则显示在图1-1-2中的信息输出窗口；如源代码无语法错误，则生成目标文件（.obj），其目标文件名和源代码文件名一致，即 main. obj，该文件存放在当前项目文件夹下的"Debug"子文件夹中。

c. 连接应用程序。

执行"Build"→"Build"菜单，可实现将编译所产生的所有目标文件连接装配起来，再与库函数连接在一起，生成扩展名为.exe 的可执行文件，供计算机执行。也可以使用 F7 键或编译工具栏中的 按钮进行连接。

连接过程主要是检查目标文件之间是否冲突，如有冲突，则显示在图 1 – 1 – 2 中的信息输出窗口；如无冲突，则生成可执行文件（.exe），可执行文件名和项目名称一致，即 StuScoreManageSystem. exe，该文件存放在当前项目文件夹下的"Debug"子文件夹中。

d. 运行应用程序。

执行"Build"→"Execute"菜单，可实现对由项目生成的对应的应用程序进行执行，也可以使用快捷键 Ctrl + F5 或编译工具栏中的"执行"按钮 执行。

调用系统的命令窗口（cmd. exe）来执行所生成的可执行文件（StuScoreManageSystem. exe），根据运行的结果可以分析编写的程序代码是否存在错误，如运行的结果与所预期输出的结果不一致，则需分析修改源程序代码。

图 1 – 1 – 6 表明了上述源程序的编辑、编译、连接、运行的步骤。

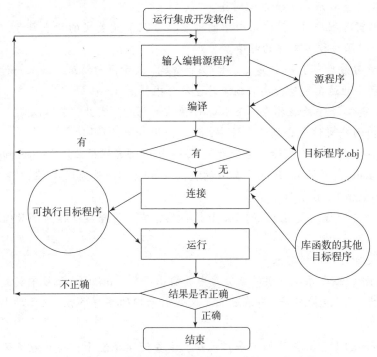

图 1 – 1 – 6　源程序的编辑、编译、连接、运行步骤

知识点 1 – 1　Visual C++6.0 集成开发环境及程序的调试

VC++ 集成开发环境的主窗口标题栏下是主菜单，本知识点主要介绍"File""Edit"和"Build"常用的主菜单，介绍连接和运行等操作所用的菜单及工具栏。

为便于开发，本知识点还介绍了 VC++ 调试程序的相关内容。

1. "File"菜单

表1-1-3列出了"File"菜单对应的功能。"File"菜单主要包含针对文件和工作空间的操作及打印等功能。

①文件操作菜单项。包括打开、新建、关闭、保存、另存为、保存全部等功能。

②工作空间操作菜单项。包括打开、保存、关闭工作空间等功能。

③保存操作菜单项。包括保存、另存为、保存全部操作。

④打印操作菜单项。包括页面设置、打印操作。

⑤辅助操作菜单项。包括最近使用的文件、最近使用的工作空间两个菜单项，用户可以通过使用这两个菜单项快速选择文件、工作空间，以便快速打开。

⑥退出菜单项。用于退出VC++6.0。

表1-1-3　"File"菜单对应的功能

New...　　Ctrl+N	创建新的文件、工程和工作区
Open...　　Ctrl+O	打开一个已存在的文件、工程和工作区
Close	关闭当前打开的文件
Open Workspace...	打开一个工作空间
Save Workspace	保存当前打开的工作空间
Close Workspace	关闭当前打开的工作空间
Save　　Ctrl+S	保存当前打开的文件
Save As...	将当前文件另存为一个新文件名
Save All	保存所有打开的文件
Page Setup...	为打印文件的页面进行设置
Print...　　Ctrl+P	打印文件的全部或选定的部分
Recent Files　　▶	最近打开的文件列表，可查看或重新打开
Recent Workspaces　▶	最近使用的工作空间，可查看或重新打开
Exit	退出开发环境

2. "Edit"菜单

表1-1-4列出了"Edit"菜单对应的功能。"Edit"菜单主要包含针对文件的具体操作。

表1-1-4　"Edit"菜单对应的功能

Undo	Ctrl+Z	撤销上一次的编辑操作
Redo	Ctrl+Y	恢复被取消的编辑操作
Cut	Ctrl+X	将所选择的内容剪切掉，并放剪贴板中
Copy	Ctrl+C	将所选内容复制到剪贴板中
Paste	Ctrl+V	在当前位置插入剪贴板中最新一次的内容

✕ Delete　　　　Del	删除被选择的内容
Select All　　　Ctrl+A	选择当前窗口中的全部内容
🔍 Find...　　　　Ctrl+F	查找指定的字符串
🔍 Find in Files...	在多个文件中查找指定字符串
Replace...　　　Ctrl+H	替换指定字符串
Go To...　　　　Ctrl+G	可将光标移到指定的位置
✏ Bookmarks...　Alt+F2	设置书签或书签导航，方便以后查找
Advanced　　　　▶	可进入下一级子菜单进行高级操作
Breakpoints...　Alt+F9	编辑程序中的断点
📋 List Members　Ctrl+Alt+T	列出全部成员
Type Info　　　Ctrl+T	显示变量、函数或方法的语法
Parameter Info　Ctrl+Shift+Space	显示函数的参数
A± Complete Word　Ctrl+Space	给出相关关键字的全称

①编辑动作菜单项。包括撤销和重做操作。

②文件内容编辑菜单项。包括剪切、复制、粘贴、删除等操作。

③查找操作菜单项。包括在当前文件中查找、在指定类型的多个文件中查找、查找到后将内容进行替换等功能。

④定位功能菜单项。包括转到当前文件中指定的位置、快速跳转到书签处等功能。

⑤辅助代码编写相关菜单项。包括列出成员、类型信息、参数信息、完成字词等功能，可以帮助开发人员有效地开发代码，提高编码效率。

⑥其他功能菜单项。对当前文件内容进行全选及其他非常见而又能辅助开发人员提高开发代码的高级功能菜单项。

3. "Build" 菜单

表1-1-5列出了"Build"菜单对应的功能。"Build"菜单主要包含针对代码生成、调试及工程配置选项等信息的具体操作。

①代码生成菜单项。对打开的源代码进行编译，编译无误后，生成目标文件（.obj）；将过程中所有的目标文件连接为一个可执行文件（.exe）；重新连接所有工程；一次编辑和连接多个工程；将当前工程中所有的中间文件及输出文件进行删除；运行当前工程连接生成的可执行文件。

②调试菜单项。进入 Start Debug 调试二级菜单。

③Debugger Remote Connection。编辑远程调试连接设置。

④配置菜单项。选择激活的工程及相关配置；编辑工程配置；设置配置文件的相关信息。

表1-1-5　"Build"菜单对应的功能

Compile menu.c　　　　Ctrl+F7	编译当前源代码编辑窗口中的源文件
Build StuScoreManageSystem.exe　　F7	生成一个工程,即编译、链接当前工程中所包含的所有文件
Rebuild All	重新链接所有工程
Batch Build...	一次编译和链接多个工程
Clean	删除当前项目中所有中间文件及输出文件
Start Debug　　　　　　　　▶	进入 Start Debug 调试的二级菜单项
Debugger Remote Connection...	用于编辑远程调试连接设置
Execute StuScoreManageSystem.exe　Ctrl+F5	运行程序
Set Active Configuration...	选择激活的工程及配置
Configurations...	编辑工程的配置
Profile...	配置文件

4. 工具栏

（1）标准工具栏

如图1-1-7所示,该工具栏提供了15个按钮,利用这些按钮可以完成对源程序的基本编辑工作。

图1-1-7　标准工具栏

（2）编译工具栏

编译工具栏如图1-1-8所示。该工具栏从左至右为"编译"(Ctrl+F7)、"组建"(F7)、"中止创建"、"运行"(Ctrl+F5)、"转移"及"插入/移去断点"6个按钮。其中"编译""组建"这两个按钮的作用分别等同于表1-1-5所示的"Build"菜单中的"Compile""Build"菜单命令。

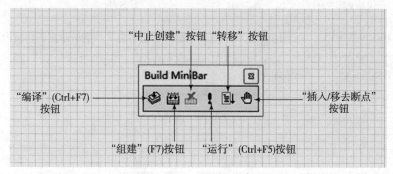

图1-1-8　编译工具栏

"转移"按钮用来启动或继续程序的执行。

"插入/移去断点"按钮用于在程序中插入或删除断点,以方便程序的调式,观察程序的运行过程。

VC++可以在程序中设置断点，跟踪程序实际执行流程。如果只希望调试某一部分代码，可以设置断点来调试。设置断点时，光标放在要设置断点的行，按F9键或单击"编译"微型条设置断点按钮即可。

如果要将已设置的断点移除，则将光标移动到所要移除的断点所在行，然后再次按F9键即可。

（3）调试工具栏

调试工具栏如图1-1-9所示。如果在程序中设置断点，可以按F5键启动调试模式（Debug模式），程序会在断点处停止，以便观察各变量的值的变化。

图1-1-9　调试工具栏

按F11键进入函数内部单步（逐语句）的调试代码。如果某一语句是调用函数语句，此时不希望进入该函数内部单步调试时，可按F10键来调试；如果希望跳出某一函数时，按快捷键Shift + F11来实现。如果要中止调试，可以按快捷键Ctrl + F10来实现。

在代码的调试过程中，通过监视窗口查看变量值的变化，从而确定代码是否存在错误。

调试工具栏常用图标含义见表1-1-6。

表1-1-6　调试工具栏常用图标含义

图标	快捷键	备注
鼉	Ctrl + Shift + F5	用户要从开始处调试程序，而不是从当前所跟踪的位置开始调试
鼉	Shift + F5	停止程序调试
鼉		在当前点上挂起程序的执行
鼉	Alt + F10	可以在程序正在调试时修改源代码
→	Alt + Num	显示程序代码中的下一条语句
鼉	F11	当语句是一个子程序调用（函数或方法）时，该选项单步进入所调用的子程序

续表

图标	快捷键	备注
	F10	当语句是一个子程序调用（函数或方法）时，该选项跳过所调用的子程序，停留在子程序调用下面的语句
	Shift + F11	确认当前子程序中没有程序错误时，该选项可以快速执行该子程序，并停留在子程序后面的语句
	Ctrl + F10	快速执行到光标所在的代码处
	Shift + F9	显示 QuickWatch 窗口，在该窗口可以计算表达式的值
		打开 Watch 窗口，该窗口包含该应用程序的变量名及其当前值，以及所有选择表达式
		打开 Variables 窗口，该窗口包含关于当前和前面的语句中所使用的变量和返回值
		显示 Regisers 窗口，显示微处理器的一般用途寄存器和 CPU 状态寄存器
		打开 Memory 窗口，显示该应用程序的当前内存内容
		显示所有未返回的被调用的子程序名
		打开一个包含汇编语言代码的窗口，其中的汇编语言代码来自编译后程序的反汇编

（4）显示或隐藏相应的工具栏操作

VC++集成开发环境提供了多种工具栏，在图1-1-2中右击菜单栏或工具栏的空白处，弹出如表1-1-7所示的菜单，通过单击相应的菜单项，显示（在菜单前面加上"√"）相应的工具或隐藏（去掉菜单前面的"√"）相应的工具栏。

表1-1-7　显示或隐藏相应的工具栏

Output	输出窗口
✓ Workspace	工作空间窗口
✓ Standard	标准菜单栏
Build	生成工具栏
✓ Build MiniBar	生成迷你工具栏
ATL	活动模板库工具栏
Resource	资源工具栏
Edit	编辑工具栏
Debug	调试工具栏
Browse	浏览工具栏
Database	数据库工具栏
✓ WizardBar	向导工具栏
Customize...	自定义

5. 工作空间与工程（项目）的关系

用 VC++ 开发 C 语言工程（项目）时，其新建的先后顺序应为：工作空间→工程（项目）→文件。工作空间是程序员开发代码的物理存放位置，在这个存放空间里可以存放多个工程（项目），而每个工程（项目）又由多个文件构成。

默认打开的 VC++ "新建" 对话框停留在 "工程" 标签页，创建第一个工程时，默认是创建一个同名的工作空间，并把该工程项目存放在这个同名的工作空间中；创建第二个工程时，一定要选择将该工程（项目）添加到当前的工作空间中；依此类推，在同一工作空间中就可以管理多个工程（项目）了。

由于一个工作空间可以建立多个工程（项目），在打开工作空间时，要先设置某一个工程（项目）为活动的工程（项目），则此活动的工程（项目）中只能有一个主函数 main()，并且是从 main() 开始执行。

✎注意：刚建立的工程（项目）为活动的工程（项目），要对其他工程（项目）进行操作时，应该先设置某一个工程（项目）为活动的工程（项目）。

知识点 1-2　main() 函数

一个工程有且仅有一个 main() 函数，故 main() 函数称为主函数。C 语言总是从主函数 main() 的函数体开始执行，执行到 main() 函数体的最后一条语句结束。

最简单的 main() 函数是无参数形式的，如任务 1-1 中的 main() 函数。

return 语句的功能：return 语句不仅可以返回一个值，还可以结束当前函数的调用。

任务 1-1 中的 main() 函数的返回值类型是 int 型，main() 函数体的最后一条语句是 return 0，表示执行到该语句，main() 函数返回 0 给调用 main() 函数的程序（操作系统），以表示本次函数调用结束，程序正常退出。

知识点 1-3　C 语言注释符

在编译阶段，编译器只对有效的代码进行编译，不对注释内容进行编译。注释是方便用户理解程序的设计意图或功能而人为提供的。

注释可出现在程序中的任何位置，程序编译时，不对注释做任何处理，当然，也不会检查注释内容中的标点符号是中文标点符号还是英文标点符号。

C 语言的 "注释符" 有以下两种格式：

1. 单行注释

单行注释符以 "//" 开头。以 "//" 开头的行称为注释行。

```
//注释一行
```

2. 多行注释

多行注释符是以 "/ *" 开头，以 " */" 结尾。在注释符开头与结尾之间的内容为被注释的多行内容。

```
/ *
注释多行内容
……………
*/
```

注意：

①注释一行时，也可以使用多行注释符。

②在调试程序中，可以用"注释符"对暂不使用的语句进行注释处理。这样，在编译时，编译器对被注释的语句行不做任何处理。如果要快速恢复相关语句功能，只要去掉相关的"注释符"即可，这样可以极大地提高程序的调试效率。

知识点 1 – 4　预编译指令#include < stdio. h > 的作用

由于在 stdio. h（stdio 是 standard input & output 的缩写，文件的扩展名 h 是 header 的缩写）头文件中包含了输出函数 printf( ) 的原型代码，所以在使用输出函数 printf( ) 前，必须将预编译指令#include < stdio. h > 放在程序文件的开头，程序中才能使用 stdio. h 头文件里面包含的输出函数 printf( )。

在任务 1 – 1 中，用到了 printf( ) 格式输出库函数，所以在任务 1 – 1 中程序代码的开始处使用了编译预处理指令#include < stdio. h >，即完成了将 stdio. h 头文件里的代码放到任务 1 – 1 的程序中。即任务 1 – 1 中#include < stdio. h > 编译预处理指令的作用是：将 C 语言为该程序提供的已经实现的输出函数 printf( ) 代码插入该程序内，然后编译器会将该程序和已经预先编译好的标准库函数（输出函数 printf( )）连接在一起。

注意：①#include 是编译预处理指令，而不是 C 语言的语句，因此，它不以";"结束，并且单独占一行。

②#include < stdio. h > 与#include"stdio. h"的作用都是将 stdio. h 头文件里的代码放到本程序中，它们的区别如下：

用尖括号形式（< stdio. h >）时，编译系统从存放 C 编译系统的子目录中去找所要包含的文件（stdio. h），这称为标准方式。

用双引号形式（"stdio. h"）时，在编译时，编译系统先在用户的当前目录（用户存放源程序文件的目录）中寻找要包含的文件，若找不到，再按标准方式查找。

在任务 1 – 1 中，不应该使用#include"stdio. h"，而应该使用#include < stdio. h > 标准方式，以提高查找 stdio. h 头文件的效率。

知识点 1 – 5　C 语言基本字符集

C 语言基本字符集是 ASCII 码的子集，包括以下几类：

1. 英文字母

26 个小写英文字母 a ~ z 和 26 个大写英文字母 A ~ Z，共 52 个字符。

2. 数字

分别为 0 ~ 9 共 10 个字符。

3. 分隔符

C 语言中常用的分隔符包括空格、制表符、逗号和换行符等。

在程序中适当的地方使用空格、制表符和换行符等分隔符将增加程序的可读性。

空格多用于语句各单词之间，作为间隔符。在关键字、标识符之间必须要有一个以上的空格符作间隔，否则将会出现语法错误。例如，把"int a;"写成"inta;"，C 语言编译器就会把"inta"当成一个关键字来处理，因为 C 语言没有"inta"关键字，所以编译出错。

逗号主要用在类型说明和函数参数表中，分隔各个变量。

4. 特殊字符

特殊字符有以下4类。

①标点：主要有"'""""："""；"等。

②特殊字符："\""_"" $ ""#"。

③括号："( )""｛｝""［］"。

④运算符号：" + "" – "" * ""/""%"" > "" < "" = ""&""｜""?""!""^"" ~ "等。

任务1-1中用到了C语言中字母、数字、标点、分隔符等字符集中最基本的元素。

巩固及知识点练习

1. 请将任务1-1的工程（项目）中main. c文件中的main( )函数名改为main1( )，编译、连接、运行会出现什么情况？请解释原因。

2. 任务1-1的工程（项目）中，main. c文件名可以变为其他文件名吗？请解释原因。

3. 工作空间与工程（项目）的关系是什么？

4. 预编译指令#include"stdio. h"与#include < stdio. h >的区别是什么？

5. 选择题。

（1）一个C语言项目的执行是从（　　　　）。

A. 本项目的main函数开始，到main函数结束

B. 本项目的第一个函数开始，到本项目文件的最后一个函数结束

C. 本项目的main函数开始，到本项目文件的最后一个函数结束

D. 本项目的第一个函数开始，到本项目main函数结束

（2）以下叙述正确的是（　　　　）。

A. 在C项目中，main函数必须位于程序的最前面

B. C程序的每行中只能写一条语句

C. C语言本身没有输入/输出语句

D. 在对一个C语言程序进行编译的过程中，可以发现注释中的拼写错误

（3）以下叙述不正确的是（　　　　）。

A. 一个C语言项目可以由一个或多个函数组成

B. 一个C语言项目必须包含一个main函数

C. C语言项目的基本组成单位是函数

D. 在C语言项目中，注释说明只能位于一条语句的后面

（4）当C语言的程序一个行写不下时，可以（　　　　）。

A. 用逗号换行　　　　　　　　　　B. 用分号换行

C. 在任意一个空格处换行　　　　　D. 用回车符换行

（5）以下叙述中，不正确的是（　　　　）。

A. 一条C语言语句可以分写在多行中

B. 一条C语言语句必须包含一个分号

C. 单独一个分号不能构成一条C语言语句

D. 在 C 语言程序中，注释说明可以位于程序的任何位置

6. 判断题。

（1）一个 C 语言源程序由若干函数组成，其中至少应含有一个 main( ) 函数，并且总是从 main( ) 函数开始执行。

（2）在 C 语言中，输出操作是由库函数 printf( ) 完成的。

（3）C 语言源程序文件的后缀是 . c；经过编译后，生成文件的后缀是 . obj；经过连接后，生成文件的后缀是 . exe。

（4）C 语言程序中，语句必须以逗号“，”作为结束标记。

（5）包含 main( ) 函数的文件名一定要命名为“main. c”。

7. 填空题。

（1）一个 C 语言源程序中至少应包括一个＿＿＿＿＿＿＿＿＿。

（2）C 语言程序中，语句必须以＿＿＿＿＿作为结束标记。

（3）C 语言程序中的多行注释说明必须以＿＿＿＿开头，以＿＿＿＿结束。

（4）系统默认的 C 语言源程序文件的扩展名是＿＿＿＿，经过编译后，生成的目标文件的扩展名是＿＿＿＿，经过连接后，生成的可执行文件的扩展名是＿＿＿＿。

8. 上机题。

参照任务 1 - 1，上机按步骤完成相应操作。掌握 Visual C++ 6. 0 集成开发环境下，C 语言程序的编辑、编译、连接、运行、修改和调试。

任务 1 - 2　计算两个整数加、减、乘、除的函数与调用

描　述

自定义计算两个整数加、减、乘、除 4 个函数，并在 main( ) 函数中调用这 4 个自定义函数，实现计算两个整数的加、减、乘、除运算。

技能目标

①能熟练掌握函数定义的格式。
②能深入理解函数的返回值。
③掌握函数声明的作用。
④理解函数调用及参数的传递的过程。
⑤掌握函数的嵌套调用。

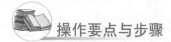

操作要点与步骤

①创建工程项目及项目主文件（main. c）。

a. 打开 E:\CLanguageProgram\StuScoreManagementSystem 文件夹, 在文件夹下找到 Stu-ScoreManagementSystem. dsw 工作空间文件, 右击, 在快捷菜单中找到 "打开方式(H)…", 单击后出现如图 1 - 2 - 1 所示的界面, 选择 "Microsoft(R) Developer Studio" 应用程序, 单击 "确定" 按钮即可打开任务 1 - 1 的工作空间所在的 "StuScoreManagementSystem" 工程。

或者在桌面上单击启动 VC++ 的快捷图标, 启动 VC++, 单击文件菜单下的 "Open Workspace…" 菜单, 则会弹出图 1 - 2 - 2 所示的对话框, 打开 E:\CLanguageProgram\StuScoreManagementSystem 文件夹下的 StuScoreManagementSystem. dsw 工作空间文件, 即可打开任务 1 - 1 的工作空间所在的 "StuScoreManagementSystem" 工程。

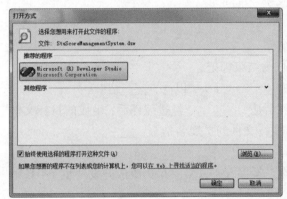 

图 1 - 2 - 1　用 VC++ 应用程序的 "打开方式" 界面　　图 1 - 2 - 2　VC++ 的 "Open Workspace" 对话框

b. 创建项目工程。

选择 "File" → "New" 菜单命令, 新建一个类型为 "Win32 Console Application" 的项目, 项目名称为 "task1_2"。注意, 选择将 task1_2 项目添加到当前的工作空间 (StuScoreManageSystem), 即在图 1 - 2 - 3 下, 单击 "Add to current workspace" 单选按钮。

此时在 StuScoreManageSystem 工作空间下有两个项目, 则新建的项目 (task1_2 项目) 为活动的项目, 即当前正在开发的项目。

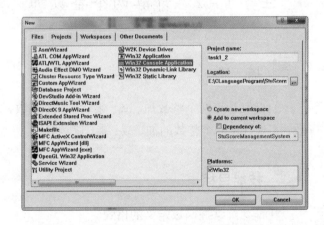

图 1 - 2 - 3　VC++ 在同一工作空间添加新的工程

如果想设置 task1_2 项目为当前活动的项目, 可以在 task1_2 项目上单击右键, 将该项目设置为活动的项目 ("Set as Active Project" 快捷菜单), 如图 1 - 2 - 4 所示。

c. 创建 C 源代码文件。

思考 (试一试): 由于新建的项目为活动的项目, 该活动项目下还没有建立任何 C 语言源文件, 此时单击 "编译" 工具栏的 "编译" "连接" 按钮时, 则会出现如图 1 - 2 - 5 所示的提示信息，请说明为什么会出现如图 1 – 2 – 5 的提示信息。

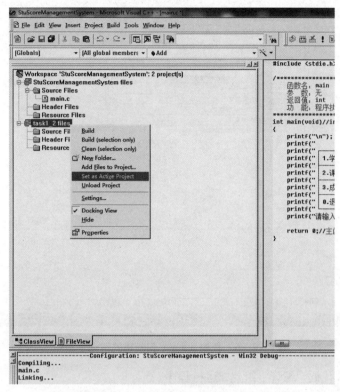

图 1 – 2 – 4　设置工程为活动的工程

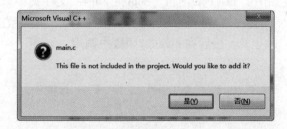

图 1 – 2 – 5　新建的活动项目编译时的提示消息

在图 1 – 2 – 5 中单击"是(Y)"按钮后，则会将任务 1 – 1 项目中的 main.c 复制到当前活动的 task1_2 项目的源文件中，如图 1 – 2 – 6 所示。

注意：建议不要在图 1 – 2 – 5 中单击"是(Y)"按钮，否则，当修改 task1_2 项目的源文件 main.c 时，任务 1 – 1 项目中的 main.c 文件也被同步修改（解决的办法是删除当前活动项目中的 main.c 文件，方法是在项目中选择该文件，按 Delete 键，删除后再按下述步骤重新建立该活动项目自己的 main.c 文件）。

建议在图 1 – 2 – 5 中单击"否(N)"按钮，则不会将任务 1 – 1 项目中的 main.c 复制到当前活动的 task1_2 项目的源文件中。

此时应该在 VC++ 集成开发环境下选择"File"→"New"菜单命令，在出现的对话框中输入 main.c 文件名（注意，一定要选择"C++ Source File"文件类型），然后单击"OK"按钮，则新建了 C 语言的 main.c 源文件。

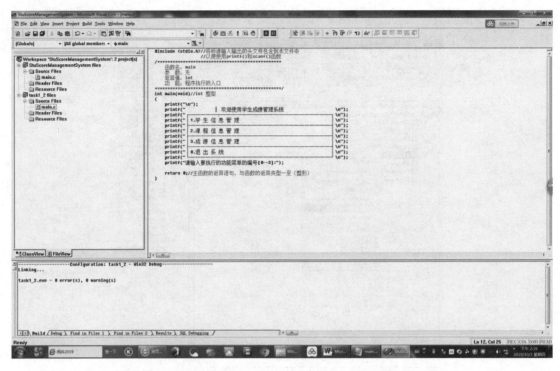

图 1 – 2 – 6　复制 main. c 到新建的活动项目中

②编写程序源代码，编译、组建、运行程序。

a. 编辑 main. c 源程序文件。

在工作空间文件视图中的 task1_2 项目"Source Files"文件夹中双击 main. c 文件，打开 main. c 文件，在空的代码编辑窗口中输入如下代码，则在 main( )函数前定义 4 个函数，实现 2 个整数的加、减、乘、除运算，然后在 main( )函数中调用。

```
#include <stdio. h>/*将标准输出的头文件包含到此文件中,以便使用 printf()函数 */
//在 main()函数前定义 4 个函数,实现 2 个整数的加、减、乘、除运算
int jiafa(int x,int y)    //2 个整数的加法函数的定义
{
return x + y;
}
int jianfa(int x,int y)    //2 个整数的减法函数的定义
{
return x - y;
}
int chengfa(int x,int y)    //2 个整数的乘法函数的定义
{
return x * y;
}
int chufa(int x,int y)    //2 个整数的除法函数的定义
{
return x/y;
```

```
}
/*******************************************
函数名:main
参　数:无
返回值:int
功　能:程序执行的入口
*******************************************/
int main(void) //函数的返回类型为整型(int)
{
  //在main()函数中调用已定义的加、减、乘、除函数
  printf("x+y=%d\n",jiafa(5,6));
  printf("x-y=%d\n",jianfa(5,6));
  printf("x*y=%d\n",chengfa(5,6));
  printf("x/y=%d\n",chufa(5,6));
  return 0;//主函数的返回语句,与函数的返回类型一致(整型)
}
```

注意:建议养成编辑程序的良好习惯,不要从程序的第一行输入到最后一行,而是先输入程序的基本框架。即先输入加、减、乘、除4个自定义函数及main()函数的空函数体框架,然后再分别向函数体中输入各自函数体中的功能语句。

程序说明

·在main()函数前面分别自定义加、减、乘、除4个函数,然后在main()函数中分别调用了这4个自定义的函数。

·在main()函数中分别调用加、减、乘、除4个自定义函数时,实参是固定的5和6,因此该程序只能计算5和6加、减、乘、除的结果,要计算其他2个数加、减、乘、除的结果,只能修改源程序main()函数中调用4个自定义的函数的实参值。

·加、减、乘、除4个自定义函数的形参及返回值都是int型的,因此只能计算2个整数的加、减、乘、除的结果,即返回值也是整型的。

注意:仿照main()函数前加的多行注释,在加、减、乘、除4个自定义函数前加上相应的注释。

b. 编译源文件。

执行"Build"→"Compile"菜单,可实现对源文件进行编译,也可以使用快捷键Ctrl+F7或编译工具栏中的 按钮对源文件进行编译,生成目标文件main.obj。

c. 连接应用程序。

执行"Build"→"Build"菜单,可实现对项目进行连接,也可以使用F7键或编译工具栏中的 按钮对源文件进行连接,生成可执行文件task1_2.exe。

d. 运行应用程序。

执行"Build"→"Execute"菜单,可实现对由项目生成的对应的应用程序进行执行,也

可以使用快捷键 Ctrl + F5 或编译工具栏中的"执行"按钮 ![] 进行执行。执行的结果如图 1 - 2 - 7 所示。

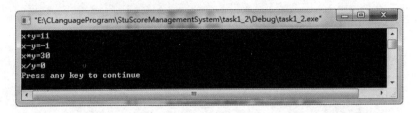

图 1 - 2 - 7 调用两个整数加、减、乘、除函数的运行结果

思考（试一试）：在图 1 - 2 - 7 所示的调用两个整数加、减、乘、除函数的运行结果中，为什么 x/y 的结果是 0，而不是 0.833 333？这个问题将在任务 1 - 3 中解决。

思考（试一试）：如果在 main( ) 函数后定义 4 个函数，实现 2 个整数的加、减、乘、除运算，然后在 main( ) 函数中调用，编译会出现什么情况？如何解决？

如果在 main( ) 函数后定义 4 个函数，实现 2 个整数的加、减、乘、除运算，然后在 main( ) 函数中调用，编译时会出现 4 个 warning，此时编译器会认为 4 个函数未定义，但不影响程序运行的结果，只是有 4 个 warning 提示，如图 1 - 2 - 8 所示。

图 1 - 2 - 8 编译时会出现 4 个 warning 界面

解决 4 个 warning 提示的方案是在 main( ) 函数前对 4 个自定义的函数进行声明：

```
int jiafa(int x,int y);    //2 个整数的加法函数的声明
int jianfa(int x,int y);   //2 个整数的减法函数的声明
int chengfa(int x,int y);  //2 个整数的乘法函数的声明
int chufa(int x,int y);    //2 个整数的除法函数的声明
```

具体的操作方法是将 4 个自定义的函数头复制到 main( )函数前面，并分别加上"；"（语句结束符）即可，如图 1 - 2 - 9 所示。

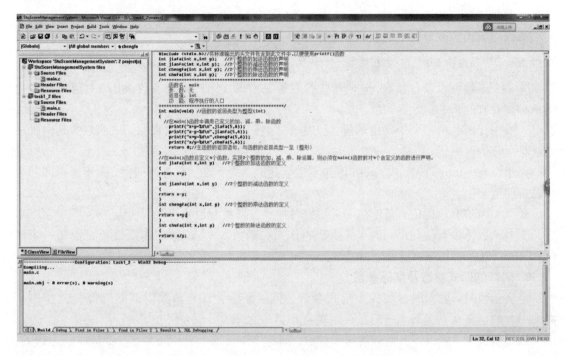

图 1 - 2 - 9　对 4 个自定义的函数进行声明

知识点 1 - 6　函数

1. 函数的一般形式

从本质上来说，函数就是能完成一定功能的程序段，其标识名叫函数名。建立函数的意义是定义一次，可以使用（调用）多次。即在其他程序要用该函数的功能时，可以通过函数名来调用它，从而实现函数定义一次，可反复调用多次的目的。

建立函数的过程称为"函数的定义"，在程序中使用函数称为"函数的调用"。被调用的函数称为"被调函数"，而调用函数的函数称为"主调函数"。

在 C 语言程序中，主函数 main( )可以调用任何非主调函数，非主调函数可以调用主调函数，也可以被其他子函数调用，但不能调用 main( )函数，也就是说，main( )只能作为主调函数。

一般情况下，函数对数据进行加工，最后得到一个结果作为函数的返回值。

函数的一般形式：

```
数据类型说明符　　函数名（[形式参数表]）
{
　[函数体]
}
```

说明：

①数据类型说明符用来说明该函数返回值的类型，如果没有返回值，则其类型说明符应

为"void"。

②形式参数表是一个用逗号分隔的变量表，当函数被调用时，这些变量接收调用该函数的实际参数(实参)值。

函数的形式参数表的一般形式如下：

数据类型说明符　函数名(数据类型 形式参数,数据类型 形式参数,…);

③一个函数可以没有参数，这时形式参数表是空的（即使没有参数，但一对英文括号仍然是必须要有的）。

④要想让函数返回一个确定的值，必须通过语句"return(表达式)；"来实现，其中表达式就是函数的返回值。

如果没有 return 语句，或 return 语句不带表达式，并不表示没有返回值，而表示返回一个不确定的值。

如果不希望有返回值，必须在定义函数时把"数据类型说明符"说明为"void"。

⑤当函数体没有任何语句时，此函数叫作"空函数"。空函数的作用是暂时定义一个函数，以后可以随时扩充该空函数的功能。

2. 函数的形式参数及实际参数

定义函数时，填入的参数称为形式参数，简称形参。其与函数内部的局部变量作用相同。形参的定义是在函数名之后的一对英文小括号之间。

调用函数时，填入的参数称为实际参数，简称实参。实参可以是常量、变量或表达式等，但要求它们有确定的值。在调用函数时，将实参的值赋给被调用函数的形参变量。

关于形参和实参，应注意以下几点：

①形参变量只有在被调用时才分配内存单元，在调用结束时，即刻释放所分配的内存单元。因此，形参只有在函数内部有效。

函数调用结束返回主调函数后，则不能再使用该形参变量。

②实参可以是常量、变量、表达式、函数等，无论实参是何种类型的量，在进行函数调用时，它们都必须具有确定的值，以便把这些值传送给形参。因此，应预先用赋值、输入等办法使实参获得确定值。

③实参和形参在数量、类型、顺序上应严格一致，否则，会发生"类型不匹配"的错误。

④C 语言规定，调用一个函数时，实参变量和形参变量之间的数据传递方式有值传递和地址传递两种。

值传递：又称单向传递，只能把实参数值传给形参，形参最后的结果不影响实参（形参改变大小，实参大小不变）。

地址传递：通过将数组指针作为参数传递指针，把实参的地址传给形参。形参的大小可以影响实参（在后续的项目上会用到）。

3. 函数的返回值

除 void 型以外，所有函数都返回一个值，函数的返回值是通过返回语句 return 来直接说明的。如果函数中没有 return 语句，那么返回值在技术上说是不确定的（但 C 语言编译程序一般会把这种情况下的返回值处理成 0。）

return 语句用于结束函数的执行，返回到主调函数中。说明如下：

①当 return 语句后面带有表达式时，就会将这个表达式的值转换为函数类型说明时指定的类型，并作为函数值返回到主调函数。

②当 return 语句后面不带有表达式时，那么只做返回到主调函数的操作。

4. 函数的调用

按函数在程序中出现的位置来分，有三种函数调用方式：

（1）函数语句

把函数调用作为一个语句。

例如：任务 1 – 1 中的 main( ) 函数多次调用系统库函数 printf( ) 函数。

（2）函数表达式

函数出现在一个表达式中，这种表达式称为函数表达式，此时函数要返回一个确定的值，以参加表达式的运算。

例如：任务 1 – 2 中的 main( ) 函数调用加、减、乘、除函数时，分别返回 2 个整数的和、差、积和商的结果。

再比如：

```
y = sqrt(2.0);/*调用系统库函数 sqrt(x)函数,计算函数 2.0 的平方根值,将计算结果返回的
值赋给变量 y */
```

（3）函数参数

函数调用作为一个函数的实参。

例如：

```
result = max(x,sqrt(y));/*通过 max 函数,计算 y 的平方根和 x 两个值的最大值,并将结果赋
值给 result */
```

5. 函数的声明

在函数中调用某函数之前，必须对该函数进行函数的声明，这一点与变量使用前应对该变量进行声明是类似的。

编译系统根据函数声明中所给信息对调用函数的表达式进行检测，以保证有关参数之间的正确传递。

函数声明的一般形式为：

```
函数类型　函数名(数据类型[参数名1][,数据类型[参数名2]…]);
```

例如，任务 1 – 2 中，如果在 main( ) 函数后定义 4 个函数，实现 2 个整数的加、减、乘、除运算，然后在 main( ) 函数中调用，编译时会出现 4 个 warning，此时编译器会认为 4 个函数未定义，故需要在 main( ) 前对 4 个函数进行声明。

6. 嵌套调用

在 C 语言程序中，函数不允许嵌套定义，但是允许嵌套调用。

函数的嵌套调用，是指在调用一个函数的过程中，又调用另一个函数。

例如：main( ) 函数调用了 func1( ) 函数，而 func1( ) 函数又调用了 func2( ) 函数，这就是函数嵌套调用。

上述函数嵌套调用的执行过程如图 1 – 2 – 10 所示。

上述函数嵌套调用的程序代码列示如下：

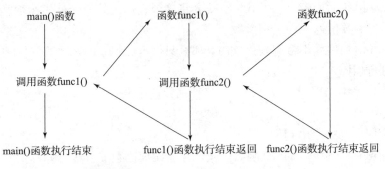

图 1 - 2 - 10　函数的嵌套调用

```
#include < stdio. h >
void func1();        //函数 fun1() 的声明
void func2();        //函数 fun2() 的声明
main()
{
    func1();         //在 main() 函数中调用了 fun1() 函数
    ...
}
void func1()         //函数 fun1() 的定义
{
    ...
    func2();         //在 fun1() 函数中调用了 fun2() 函数
}
void func2()         //函数 fun2() 的定义
{
    ...
}
```

巩固及知识点练习

1. 请参照任务 1 - 2 的操作步骤，完成 task1_2_LX1 工程（项目）创建，要求如下：

（1）该项目中的 main. c 程序代码与任务 1 - 2 中的 mian. c 的代码相同，但是将此项目中的 main. c 中的所有函数返回类型 int 去掉，试一试程序能否运行，请解释原因。

（2）要计算 11 和 12 的加、减、乘、除的结果，该如何修改程序？

（3）仿照任务 1 - 1 中 main( ) 函数前的多行注释，在加、减、乘、除函数前进行相应的函数注释。

2. 请参照任务 1 - 1 的操作步骤，完成 task1_2_LX2 项目创建，要求该项目中的 main. c 程序代码中只包含调用 menu( ) 函数的语句（menu( ) 函数功能是实现加、减、乘、除菜单的显示）。仿照任务 1 - 1 中 main( ) 函数前的多行注释，在 menu( ) 函数前进行相应的函数注释。

3. 请说明任务 1 - 2 中 4 个自定义函数放在 main( ) 函数前和放在 main( ) 函数后的区别。

4. 选择题。

（1）下面关于 C 语言源程序的函数的说法中，（　　）是正确的。

A. 函数体中可以不包含任何语句

B. 函数体可以使用英文的花括号或圆括号括起来

C. 如果没有参数，函数名后面的圆括号可以省略

D. 函数可以不需要定义函数名

（2）一个 C 语言程序由（　　　）。

A. 一个主程序和若干子程序组成　　　　　　B. 函数组成

C. 若干过程组成　　　　　　　　　　　　　D. 若干子程序组成

（3）以下说法中，正确的是（　　　）。

A. C 语言程序总是从第 1 个定义的函数开始执行

B. 在 C 语言程序中，要调用的函数必须在 main( ) 函数中定义

C. C 语言程序总是从 main( ) 函数开始执行

D. C 语言程序中的 main( ) 函数必须放在程序的开始部分

（4）C 语言规定，在一个源程序中，main 函数的位置（　　　）。

A. 必须在最开始　　　　　　　　　　　　　B. 必须在系统调用的库函数的后面

C. 可以任意　　　　　　　　　　　　　　　D. 必须在最后

（5）C 语言规定，函数的返回值的类型由（　　　）。

A. return 语句中的表达式的类型决定　　　　B. 调用该函数时系统临时决定

C. 调用该函数时的主调函数类型决定　　　　D. 定义该函数时所指定的函数类型决定

（6）函数的调用不可以（　　　）。

A. 出现在执行语句中　　　　　　　　　　　B. 出现在一个表达式中

C. 作为一个函数的实参　　　　　　　　　　D. 作为一个函数的形参

（7）下面对函数的定义形式，正确的是（　　　）。

A. int fun(int a,b)　　　　　　　　　　　B. int fun(int a;b)

C. int fun(int a,int b)　　　　　　　　　　D. int fun(int a;int b)

（8）C 语言中允许缺省的函数返回类型是（　　　）。

A. float　　　　　　B. double　　　　　　C. char　　　　　　D. int

（9）下面是一个函数：

```
fun(int x)
{
  printf("%d \n",x);
}
```

则该函数的返回类型是（　　　）。

A. int　　　　　　　B. void　　　　　　C. 不返回任何值　　　D. 无法确定

（10）在下列函数说明类型中，除（　　　）型以外，所有函数都有返回一个值，函数的返回值是通过返回语句 return 来直接说明的。

A. int　　　　　　　B. double　　　　　　C. char　　　　　　D. void

（11）按函数在程序中出现的位置来分，有三种函数调用方式：函数语句、函数参数和（　　　）。

A. 函数表达式　　　B. 函数返回　　　　　C. 实际参数　　　　　D. 形式参数

（12）以下函数值的类型是（   ）。

```
int fun(float x)
{
  return x +10;
}
```

A. int   B. 不确定   C. void   D. float

5. 判断题。

（1）实参可以是常量、变量或表达式等，但要求它们有确定的值，在调用时，将实参的值赋给形参变量。（   ）

（2）定义函数时，形参的类型说明可放在函数体内。（   ）

（3）return 语句后面的值可以为表达式。（   ）

（4）函数调用可以作为一个函数的形参。（   ）

（5）形参和实参的变量名称可以一样。（   ）

（6）在一个函数定义中只能包含一个 return 语句。（   ）

（7）主函数和其他函数可以互相调用。（   ）

（8）主调函数定义在前，被调函数定义在后，并且被调函数的类型不是整型的，此时必须在主调函数中对被调函数进行声明。（   ）

6. 填空题。

（1）在 C 语言中调用被定义的函数时，主调函数使用的参数是_____，被调函数名后面括弧中的参数是_____。

（2）被调函数的返回值是通过函数中的_____语句获得的。

（3）在一个 C 语言程序中，main 函数出现的位置是_____。

（4）若没有定义函数的类型，该函数的类型是_____。如果在函数中没有使用 return 语句，则返回的是_____值。

（5）实参可以是常量、变量或_____。

（6）C 语言源程序的基本单位是_____。

（7）下列程序的运行结果是_____。

```
#include < stdio.h >
void fun(int a)
{
  printf("a = % d \t",a);
}
main()
{
  fun(6);
  fun(8);
}
```

7. 上机题。

熟练掌握函数的定义及调用方法，掌握函数的嵌套调用方法，具有利用函数编程的能力。参照任务 1 - 2，编写一个 C 项目 task1_2_LX3，用加、减、乘、除的英文单词（add, subtract, multiply, divid）作为函数名替换任务 1 - 2 中的加、减、乘、除 函数名。

任务 1-3　计算两个浮点数加、减、乘、除的函数与调用

描　述

自定义计算两个浮点数加、减、乘、除 4 个函数，并在 main( )函数中调用这 4 个自定义函数，实现计算两个浮点数的加、减、乘、除运算。

技能目标

①能熟练掌握函数定义的格式。
②能深入理解函数的返回值。
③掌握函数声明的作用。
④理解函数调用及参数的传递的过程。
⑤掌握函数的嵌套调用。

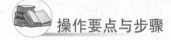

操作要点与步骤

①创建工程项目及项目主文件（main. c）。

a. 启动 VC++，单击"File"菜单下的"Open Workspace…"菜单，在出现的"Open Workspace"对话框中，打开 E:\CLanguageProgram\StuScoreManagementSystem 文件夹下的"StuScoreManagementSystem. dsw"工作空间文件，即可打开该工作空间中的所有工程项目。

b. 创建项目工程。

选择"File"→"New"菜单命令，新建一个类型为"Win32 Console Application"的项目，项目名称为"task1_3"。注意，选择将 task1_3 项目添加到当前的工作空间（StuScoreManageSystem），则新建的 task1_3 项目为活动的项目，即当前正在开发的项目。

为保险起见，可以在 task1_3 项目上单击右键，将该项目设置为活动的项目（"Set as Active Project"快捷菜单）。

c. 创建 C 语言源代码文件。

在 VC++集成开发环境下选择"File"→"New"菜单命令，在出现的对话框中输入 main. c 文件名，然后单击"OK"按钮，则新建了 C 语言的 main. c 源文件。

②编写程序源代码，编译、组建、运行程序。

a. 编辑 main. c 源程序文件。

在工作空间文件视图中的 task1_3 项目"Source Files"文件夹中双击 main. c 文件，打开 main. c 文件，在空的代码编辑窗口中输入如下代码。即将 task1_2 项目中的 main. c 的源代码全部复制到该项目中的 main. c 空文件中，并且将所有的整型(int)改为浮点型(float)，同时，

将 printf( )函数中的%d 改为%f,将所有注释中的"整数"全部改为"浮点数"。

```c
#include<stdio.h>/*将标准输出的头文件包含到此文件中,以便使用 printf()函数 */
float jiafa(float x,float y);   //2个浮点数的加法函数的声明
float jianfa(float x,float y);   //2个浮点数的减法函数的声明
float chengfa(float x,float y);//2个浮点数的乘法函数的声明
float chufa(float x,float y);   //2个浮点数的除法函数的声明
/***********************************************
函数名:main
参  数:无
返回值:float
功  能:程序执行的入口
***********************************************/
float main(void) //函数的返回类型为浮点型(float)
{
  //在main()函数中调用已定义的加、减、乘、除函数
    printf("x+y=%f\n",jiafa(5,6));
    printf("x-y=%f\n",jianfa(5,6));
    printf("x*y=%f\n",chengfa(5,6));
    printf("x/y=%f\n",chufa(5,6));
    return 0;//主函数的返回语句,与函数的返回类型一致(浮点型)
}
/*在main()函数后定义4个函数,实现2个浮点数的加、减、乘、除运算,则必须在 main()函数前
对4个自定义的函数进行声明。*/
float jiafa(float x,float y)   //2个浮点数的加法函数的定义
{
return x+y;
}
float jianfa(float x,float y)   //2个浮点数的减法函数的定义
{
return x-y;
}
float chengfa(float x,float y)   //2个浮点数的乘法函数的定义
{
return x*y;
}
float chufa(float x,float y)   //2个浮点数的除法函数的定义
{
return x/y;
}
```

注意:整型(int)改为浮点型(float),同时将 printf( )函数中的%d 改为%f,将所有注释中的
"整数"全部改为"浮点数",可以通过"Edit"→"Replace…"菜单命令或用快捷键 Ctrl+H 实现。

　　b.编译源文件。

执行"Build"→"Compile"菜单,可实现对源文件进行编译,也可以使用快捷键 Ctrl + F7 或编译工具栏中的 <img> 按钮对源文件进行编译,生成目标文件 main. obj。

c. 连接应用程序。

执行"Build"→"Build"菜单,可实现对项目进行连接,也可以使用 F7 键或编译工具栏中的 <img> 按钮对源文件进行连接,生成可执行文件 task1_3. exe。

d. 运行应用程序。

执行"Build"→"Execute"菜单,可实现对由项目生成的对应的应用程序进行执行,也可以使用快捷键 Ctrl + F5 或编译工具栏中的"执行"按钮 <img> 进行执行。执行的结果如图 1 – 3 – 1 所示。

图 1 – 3 – 1　调用两个浮点数加、减、乘、除函数的运行结果

思考:将 main( ) 函数中 printf("x + y = % f\n",jiafa(5,6));语句改为 printf("x + y = % f\n",jiafa(5. 3,6. 7));后,编译后为什么会出现"warning C4305:'function':truncation from 'const double' to 'float'"警告信息?

知识点 1 – 7　关键字、预定义标识符及用户标识符

C 语言的标识符可分为关键字、预定义标识符和用户标识符 3 类。

1. 关键字

在 C 语言中预先规定了一批标识符,它们在程序中代表着固定的含义,不能另作他用,这些字符称为关键字,也称为保留字。

根据 ANSI 标准,C 语言常用的关键字分类如下:

数据类型关键字包括 char、double、float、int、long、short、unsigned、union、void、enum、signed、struct 等;

控制语句关键字包括 do、break、case、continue、for、goto、return、else、default、if、while、switch、extern 等;

存储类型关键字包括 auto、register、static;

其他关键字包括 const、sizeof、typedef、volatile、inline。

注意:在 C 语言中,关键字都是小写的。

"int menuValue;"中"int"为关键字,它的含义是定义后面的变量 menuValue 为整型变量。

由于关键字(保留字)在 C 语言系统有固定含义,所以用户就不能再使用这些关键字作为变量名、数组名或函数名了。

2. 预定义标识符

即预先定义并具有特定含义的标识符。

预定义标识符是 C 语言中系统预先定义的标识符，如系统类库名、系统常量名、系统函数名。预定义标识符具有见字明义的特点，如函数 printf() 为"格式输出"函数，英语全称加缩写 printf；函数 scanf() 为"格式输入"函数，英语全称加缩写 scanf 等。预定义标识符可以作为用户标识符使用，但是这样会失去系统规定的原意，如果使用不当，程序会出错。

3. 用户标识符

由用户根据需要定义的标识符称为用户标识符，一般用来给 C 语言中的变量、函数、数组、文件、类型等命名。

在使用用户标识符时，需要注意 C 语言合法用户标识名的命名规则：

①在 C 语言中，用户标识符不能与"关键词"同名（C 语言的预处理命令（define、include、undef、ifdef、ifndef、endif）看成关键字）；用户标识符也不能与系统预先定义的"标准标识符"同名。

②用户标识符由字母、数字和下划线组成；C 语言规定，标识符只能是由字母（A ~ Z、a ~ z）、数字（0 ~ 9）、下划线（ _ ）组成的字符串，并且其第一个字符必须是字母或下划线。尽量避免使用会引起混淆的字符。如字母"O"和数字"0"，字母"I""l"和数字"1"，字母"z"和数字"2"等都易混淆。

③大小写敏感。例如 AGE 和 age 是两个不同的用户标识符。习惯上符号常量（在后面会学习）用大写字母表示，而变量名等用小写字母表示。

④标识符命名应当有一定的意义，做到见名知义，如 PI、name、count、max 等，以便于阅读和理解。

知识点 1-8 数据类型

在 C 语言中，程序在使用变量前应先定义，即凡是数据，都必须有类型，必须在使用前进行数据类型说明，不同的数据类型占用的存储空间不同。

数据类型是按照规定形式表示数据的一种方式。数据类型可分为基本类型、构造类型、指针类型、空类型四大类，如图 1-3-2 所示。

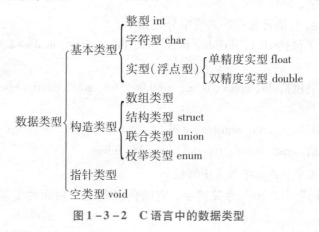

图 1-3-2 C 语言中的数据类型

知识点 1-9 常量

1. 常量的类型

常量是指在程序运行过程中其值不能改变的量。根据数据类型的不同，常量又可分为以下四种类型。

①整型常量：如 12、0、-34 等。

②实型常量：如 3.14、-2.3 等。

③字符常量：如 ' a '' A '' c '' \n' 等。

④符号常量：常量不仅可以用以上形式直接表示，还可以用一个标识符来代表，即给某个常量取个有意义的名字，这种常量称为符号常量。

符号常量在使用之前必须先定义，习惯上符号常量的标识符用大写字母，其一般格式如下：

```
#define  标识符  常量
```

符号常量因为是编译预处理指令#define，不是语句，所以行末没有分号，其功能是把该标识符定义为其后的常量值。

例如：#define PI 3.1415926   //定义符号常量 PI

一经定义，以后在程序中用该标识符代替该常量出现，这提高了程序的可读性，也给程序的修改带来了极大的方便（如果程序中需要改变 PI 的精度，只需要修改符号常量的定义即可，程序中所有用到符号常量 PI 的地方，精度全部改了）。

符号常量 PI 代表 3.141 592 6，它只是用符号常量代表一个字符串，在预编译时，仅进行字符替换，在预编译后，符号常量就不存在了（全置换成 3.141 592 6 了），对符号常量的名字是不分配存储单元的。

2. 整型常量及实型常量

基本数据类型是构成 C 语言数据类型的最基本要素，其值不可以再分解为其他类型。

常量也就是常数，一般自身的书写形式直接表示数据类型。在程序中，常量是可以不经说明而直接引用的。

（1）整型数据的取值范围及存储空间（表 1-3-1）

表 1-3-1 整型数据的取值范围及存储空间

整型数据类型	字节	取值范围
int	4	$-2^{31} \sim 2^{31}-1$
unsigned	4	$0 \sim 2^{32}-1$
short	2	$-2^{15} \sim 2^{15}-1$
unsigned short	2	$0 \sim 65\,535\,(0 \sim 2^{16}-1)$
long	4	$-2^{31} \sim 2^{31}-1$
unsigned long	4	$0 \sim 2^{32}-1$
long long	8	$-2^{63} \sim 2^{63}-1$
unsigned long long	8	$0 \sim 2^{64}-1$

整型常量，例如 65、0、-9；在整数后加 L 或 l，表示长整型常量，例如 986L。

（2）实型数据的取值范围及存储空间（见表 1-3-2）

表1-3-2　浮点型数据的取值范围及存储空间

实型数据类型	字节	取值范围
float	4	0 及 $1.2 \times 10^{-38} \sim 3.4 \times 10^{38}$
double	8	0 及 $2.3 \times 10^{-308} \sim 1.7 \times 10^{308}$
long double	8	0 及 $2.3 \times 10^{-308} \sim 1.7 \times 10^{308}$
	16	0 及 $3.4 \times 10^{-4\,932} \sim 1.1 \times 10^{4\,932}$

浮点型常量（实型常量）有两种书写方式：

①小数点式，例如16.80、-88.88。

②指数形式（浮点数），用字母 e 或 E 表示 10 的次幂，例如 123.45 和 1.2×10^{-9} 可表示为 1.234 5e2 和 1.2e-9。

单精度浮点数：在浮点后面加 f 或 F，例如 3.141 592 6，不加 F，默认实型常量是 double 类型的精度。

双精度浮点数：在浮点后面加 d 或 D，例如 3.141 592 6d。

3. 字符常量

字符常量分为一般字符和转义字符。字符常量是由一对英文单引号括起来的一个字符，在计算机的储存空间中占据一个字节。

（1）一般字符常量

一般字符常量是用英文单引号括起来的一个普通字符，其值为该字符的 ASCII 代码值。ASCII 代码值是一个 0~127 的整数，如 'a' 'A' 'c' 等都是一般字符常量。注意大写字符 'A' 和小写字符 'a' 是不同的字符常量，'A' 的 ASCII 代码值为 65，而 'a' 的 ASCII 代码值为 97。

（2）转义字符

C 语言允许用一种特殊的字符常量，它是以反斜杠（\）开头的特定字符序列，表示 ASCII 字符集中的控制字符、某些用于功能定义的字符和其他字符。

例如：'\n' 表示回车换行符，'\t' 表示横向跳到下一制表位置。

常用的转义符见表1-3-3。

表1-3-3　转义字符

转义符	ASCII 码	字符	含义
'\0'	0	NULL	表示字符串结束
'\a'	7	BEL	电脑的蜂鸣器发出"嘀"的一声
'\b'	8	BS	左退一格，即从当前位置移到前一列
'\f'	12	FF	换页
'\n'	10	NL（LF）	换行，将当前光标移到下一行的开头
'\r'	13	CR	回车，将当前光标移到本行的开头
'\t'	9	HT	横向跳到下一制表位置
'\v'	11	VT	垂直跳到下一制表位置
'\''	39	'	单引号

转义符	ASCII 码	字符	含义
'\"'	34	"	双引号
'\\'	92	\	反斜线
'\ddd'			1～3 位八进制 ASCII 码所代表的字符
'\xhh'			1～2 位十六进制 ASCII 码所代表的字符

注意：转义字符从书写上看是一个字符序列，实际上是作为 1 个字符对待的，只占用 1 个字节。

知识点 1-10　变量

1. 变量的属性

变量是指在程序运行过程中，取值可以改变的数据。每一个变量都用一个标识符来表示，该标识符称为变量名。每个变量都属于某个确定的数据类型，在内存中占据一定的存储单元，在该存储单元中存放变量的值，因此，变量具有如下 4 个属性：

①变量名：一个变量必须有一个名字，即变量名。变量名是一种标识符，它必须遵守标识符的命名规则。

②类型：不同的变量用不同的数据类型指定，例如整型变量用 int。

③地址：当变量被定义后，系统就自动为其在内存中开辟存储空间；不同数据类型的变量占用相应大小的内存空间。

④变量值：每个变量对应的值被保存在该变量在内存中分配的存储空间中。

在 C 语言中，变量一定要先定义后使用。定义变量的一般格式如下：

```
数据类型　变量1,[变量2,…];
```

数据类型必须是 C 语言的有效数据类型。变量名表是一个或多个标识符，中间用逗号隔开，最后用分号表示变量定义结束。以下是定义变量的例子，图 1-3-3 表示了变量 a 的 4 个属性。

```
int a,b;     //定义了两个整型变量a和b,int代表整型变量,a和b是变量名
a =10,b =5;  //分别将10,5赋给整型变量a和b
```

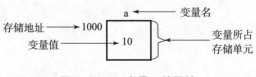

图 1-3-3　变量 a 的属性

注意：变量名和变量值是两个不同的概念。变量名在程序运行中不会改变，而变量值会变化，在不同的时刻可以是不同的值。在程序中，变量必须事先定义，才可以被使用，即"先定义，后使用"。

2. 变量的定义与初始化

C语言规定,在程序中用到的变量必须先定义后使用。程序中常需要对一些变量预先设置初值,称为变量初始化。C语言允许在定义变量的同时对变量初始化。

3. 整型、浮点型变量的数据在内存中的存放形式

数值型数据(整型、浮点型等)在内存中是以二进制形式存放的。图1-3-4(a)所示表示了整型变量i数据,该整型数据在内存中的存放形式如图1-3-4(b)所示,占4个字节。

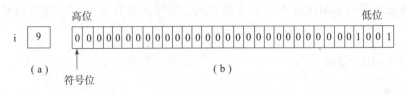

图1-3-4 整型变量在内存中的存放形式(4个字节)

```
int i;          //定义了一个整型变量 i
i = 9;          //将十进制数 9 赋给变量 i
```

4. 整型、浮点型等数据类型之间的转换

在C语言中,进行数据类型之间的转换有两种方式:隐式类型转换与强制类型转换。

(1)隐式类型转换(编译器主动进行的类型转换,也叫自动类型转换)

①变量的数据类型升级为高一级变量的数据类型时,可避免数据丢失(如图1-3-5所示从低类型到高类型的隐式类型转换是安全的,即 int→unsigned int→long→unsigned long→float→double→long double)。

在任务1-3 main()函数的语句 printf("x + y = % f\n",jiafa(5,6));中,实参的整数5和整数6分别传递给以下函数的形参时,整数5和整数6转换为单精度的浮点数是安全的。

```
float jiafa(float x,float y)
{
}
```

②从高类型到低类型的转换是不安全的,会产生截断,从而产生不正确的结果。

将任务1-3 main()函数中的printf("x + y = % f\n",jiafa(5,6));语句改为 printf("x + y = % f\n",jiafa(5.3,6.7));后,编译后为什么会出现警告信息?

这是因为当实参的双精度实数5.3和实数6.7分别传递给jiafa()函数的形参时,双精度实数5.3和实数6.7转换为单精度的浮点数是由高级向低级转换,是不安全的,会产生截断,所以会有警告提示信息。

(2)强制类型转换

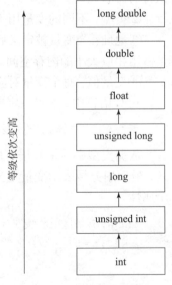

图1-3-5 从低类型到高类型的隐式类型转换

C 语言可显式指定类型转换（强制类型转换）。强制类型转换的语法格式如下：

```
(目标类型)变量名或者具体的数值
```

例如：

```
int sum =103,count =7;                    //数目
float ave;
double average = (double)sum/count;//注意,不要写作(double)(sum/count)
  ave = (float)average;
```

（3）隐式类型转换及强制类型转换应用的场景

①算术运算中，由低类型转换为高类型。

②赋值表达式中，赋值运算符" = "右边的变量类型转换为左边的变量类型。

③函数调用时，实参转换为形参的类型。

④函数返回时，函数返回值，return 表达式转换为返回值类型。

知识点 1 - 11　printf( )格式输出函数

1. printf( ) 函数的功能

printf( ) 函数是一个标准库函数，需要在使用 printf( ) 函数的程序开头将 stdio. h 头文件包含到程序中。

格式化输出 printf(print format) 函数的功能是按用户指定的格式，把指定的数据打印到显示器屏幕上。

2. printf( ) 函数的一般格式

printf( ) 函数的一般格式如下：

```
printf("格式控制字符串"[,输出列表]);
```

printf( ) 函数调用的一般格式中的"[,输出列表]"为可选项，如果 printf( ) 函数省略输出列表，表示只是原样输出英文双引号中的内容，起到显示提示用户操作、显示帮助信息等作用，此时，格式控制字符串中不能包含格式字符串。

任务 1 - 1 中的 printf( ) 函数没有选择可选项，只有"格式控制字符串"部分，没有"输出列表"项，所以只是原样输出字符串（其中包含了转义字符（\n），作用是换行）。

3. printf( )函数详解

（1）格式控制字符串

包含两类字符：

①普通字符：普通字符串，在输出时原样照印，在显示中起提示、分隔作用（转义字符'\n'等可以理解为特殊的字符）。

例如：

```
printf("please input two number \n");
```

②格式说明符：以"%"开头的字符串，在%后跟有各种格式字符，它的形式为"%[修饰符]格式符"，以说明输出数据的类型、形式、长度、小数位数等。

常用格式说明符及使用场合见表 1 - 3 - 4。

表 1 - 3 - 4　常用格式说明符及使用场合

类型		格式	使用场合
整型	int	%d	输入/输出基本整型数据
		%md	输出 m 位整型数据,如果数据的位数小于 m,则在左端补空格,数字向右对齐;如果数据的位数大于 m,则按实际数据位数输出
		%-md	与%md 类似,不同之处是,如果输出数据的位数小于 m,则数字左对齐,同时右端补空格
整型	int	%o	以八进制无符号形式输出整数
		%x 或%X	以十六进制无符号形式输出整数
		%u	以无符号的十进制形式输出整数
	long	%ld	输入/输出长整型数据
实型	float	%f	以小数形式输入/输出单精度实型数据
		%m.nf	指定输出的数据共占 m 列(包括小数点占 1 列)、小数部分占 n 列,如果数值长度小于 m,则左端补空格
		%-m.nf	与%m.nf 类似,不同之处是,如果输出数字的位数小于 m,则数字左对齐,同时右端补空格
		%e	以指数形式输入/输出单精度实型数据
		%lf	以小数形式输入/输出双精度实型数据
	double	%le	以指数形式输入/输出双精度实型数据
字符型	char	%c	输入/输出单个字符
字符串		%s	输出字符串

(2)输出列表

输出列表是用逗号分隔的常量、变量、函数等各种类型的表达式。C 语言按照自右向左的顺序依次计算"输出列表"中逗号分隔的各表达式的值,然后按照格式控制字符串中规定的格式输出到显示器上。

例如:int x = 1;

则执行 Printf("%d,%d\n",++x,x,x++);语句后的结果是 2,1,1。

注意:①要求格式控制字符串和各输出项在数量及类型上一一对应,并且格式控制字符串应为每个输出项说明一个格式字符。

②printf( )函数返回值为 printf( )函数输出数据的个数。

4. printf( )函数举例

(1)printf( )格式输出函数常用的格式符(表 1 - 3 - 5)

表 1 - 3 - 5 中的变量定义为"int a = 65;float x = 31. 415926;"。

表 1-3-5 printf( )格式输出函数常用的格式符

格式符	说明	举例	输出结果
d	按十进制整数输出	printf("%d",'a');	97
		printf("%d",a);	65
		printf("%5d",a);	□□□65
		printf("%d",26);	26
E 或 e	按科学计数法输出	printf("%e",x);	3.141593e+001
		printf("%E",x);	3.141593E+001
G 或 g	小数形式或指数形式,使输出宽度最小,不输出无意义的0	printf("%g",1.2345);	1.2345
		printf("%g",0.000002);	2e-006
		printf("%G",0.000002);	2E-006
f	按浮点型小数输出	printf("%f",x);	31.415926
m.nf	m 和 n 都表示正整数,其中,m 表示输出数据的总宽度,n 指精度,即输出数据小数部分的位数,未指定 n 时,隐含的精度为6位	printf("%6.2f",x);	□31.42
o	按八进制整数输出	printf("%o",a);	101
u	按无符号十进制整数输出	printf("%u",-a);	4294967231
x	按十六进制整数输出	printf("%x",a);	41
X	按十六进制整数输出	printf("%X",a);	41
%	输出一个百分号	printf("%%");	%
c	按字符型输出	printf("%c",a);	A
mc	按指定的宽度 m 输出字符	printf("%3c",a);	□□A
s	按字符串输出	printf("%s","abc");	abc
ms	按指定的宽度 m 输出字符串	printf("%5s","abc");	□□abc

(2) printf( )格式输出函数常用的修饰符(表 1-3-6)

表 1-3-6 中的变量定义为"int a=65; float x=31.415926;"。

表1-3-6 printf()格式输出函数常用的修饰符

格式符	说明	举例	输出结果
+	默认负数输出负号。当有"+"号标识符时，正数输出也带正号，负数输出带负号	printf("%+5d\n",a);	□□+65
		printf("%5d\n",-8);	□□□-8
		printf("%+5d\n",-8);	□□□-8
		printf("%5d\n",8);	□□□□8
		printf("%+5d\n",8);	□□□+8
-	左对齐标志（默认为右对齐）	printf("a=%-5d,x=%-5.1f\n",a,x);	a=65□□□,x=31.4□
		printf("x=%-5.1f,a=%-5d\n",x,a);	x=31.4□,a=65□□□
l 或 L	输出的是长整数或long double 浮点数，可加在格式符 d、o、x、u 前面	printf("a=%9Ld\n",88888888);	a=□88888888

【例1-3-1】 变量的定义与初始化。

```
//符号常量、变量的定义、初始化及输出
#include <stdio.h>
#define PI 3.1415        //定义符号常量PI
double area(double r); //计算圆的面积自定义函数声明
main()
{
 //double circle =area(2.4); /*定义双精度型变量circle接收调用area(float r)函数的返
回值*/
 //printf("圆的面积=%lf\n", circle); //输出双精度型变量circle的值
 printf("圆的面积=%lf\n",area(2.4)); //输出调用area(float r)函数的返回值
}
double area(double r) /*自定义函数,根据调用此函数时,形参r接收实参传入圆的半径值,计算
圆的面积*/
 {
double circle;          //定义双精度型变量
circle =PI* r* r;       //计算圆的面积,用到了符号常量PI及形参接收到的实参r的值
return circle;          //返回圆面积的值
}
```

巩固及知识点练习

1. 请参照任务1-3的操作步骤，完成task1-3LX1项目创建，要求该项目中的main.c程序代码实现2个双精度（double）型的数的加、减、乘、除运算。

2. 请分析任务1-1、任务1-2及任务1-3中使用的printf()函数的特点，进一步理解

printf( )函数的一般格式。

3. 请参照任务1-3的操作步骤,完成 task1-3LX2 项目创建,上机完成表1-3-5与表1-3-6中的实例,并验证输出结果,分析并理解 printf( )函数的一般格式的具体应用。

4. 思考题。

在任务1-2及任务1-3中,程序的运行结果中,只能显示5与6这2个整数或5.0与6.0这2个浮点数的加、减、乘、除结果。

请思考:利用目前所学的知识,如何才能计算任意2个整数或浮点数的加、减、乘、除的结果并显示呢?这样做的缺点是什么?

任务1-4 scanf( )函数解决编程通用性

描 述

在任务1-2及任务1-3中程序的运行结果只能显示2个整数5和6或2个浮点数5.0和6.0的加、减、乘、除运算结果。该任务的目标是不仅能实现2个固定数的加、减、乘、除运算,还可以实现任意2个数的加、减、乘、除运算,使程序具有通用性。

任务1-2和任务1-3存在的问题:

①在任务1-2及任务1-3中,程序存在的问题是:只能计算固定的2个数的加、减、乘、除运算,要计算其他2个数的加、减、乘、除运算,只能修改源程序,所以程序不通用。

②输出结果也是固定的,只能显示整数5和6或浮点数5.0和6.0的加、减、乘、除的结果。

解决方案:

①使用 scanf( ) 系统库函数实现通过键盘输入任意2个双精度数,使程序实现了通用性。

每次运行程序时,执行到 scanf( )函数时,要求从键盘输入任意2个 double 型数据(完成以人机对话的方式给2个 double 型的变量赋值的任务),从而程序实现了任意2个数的加、减、乘、除函数运算。即使用 scanf( )函数编程,也不需要修改源程序中的具体运算数据,程序具有了通用性。

②改造 main( ) 函数原来的 printf( ) 函数的输出格式,将输出格式中的具体数据改为格式变量输出,即输出2个变量的值是从键盘输入给 scanf( ) 2个变量赋值的值;当然,每次不固定的2个 double 型变量值,每次加、减、乘、除函数运算结果也是不固定。

技能目标

①能熟练掌握函数定义的格式。
②能深入理解函数的返回值。
③掌握函数声明的作用。

④理解函数调用及参数的传递过程。

⑤掌握函数的嵌套调用。

 操作要点与步骤

①创建工程项目及项目主文件（main. c）。

a. 启动 VC++，单击"File"菜单下的"Open Workspace…"菜单，在出现的"Open Workspace"对话框中，打开 E:\CLanguageProgram\StuScoreManagementSystem 文件夹下的"StuScoreManagementSystem. dsw"工作空间文件，即可打开该工作空间中的所有工程项目。

b. 创建项目工程。

选择"File"→"New"菜单命令，新建一个类型为"Win32 Console Application"的项目，项目名称为"task1_4"。注意,选择将 task1_4 项目添加到当前的工作空间（StuScoreManageSystem），则新建的 task1_4 项目为活动的项目，即当前正在开发的项目。

为保险起见，可以在 task1_4 项目上单击右键，将该项目设置为活动的项目（"Set as Active Project"快捷菜单）。

c. 创建 C 语言源代码文件。

在 VC++集成开发环境下选择"File"→"New"菜单命令，在出现的对话框中输入 main. c 文件名，然后单击"OK"按钮，则新建了 C 语言的 main. c 源文件。

②编写程序源代码，编译、组建、运行程序。

a. 编辑 main. c 源程序文件。

在工作空间文件视图中的 task1_4 项目"Source Files"文件夹中双击 main. c 文件，打开 main. c 文件，在空的代码编辑窗口中输入如下代码。即将 task1_3 项目中的 main. c 的源代码全部复制到该项目中的 main. c 空文件中，并且将所有的单精度浮点型（float）都改为双精度浮点型（double），将所有注释中的"浮点数"全部改为"双精度数"。

```
double a,b;  //定义2个双精度变量a和b
printf("请通过键盘任意输入2个数,2个数以空格隔开: ");//人机对话提示信息
scanf("% lf% lf",&a,&b);    /* 通过键盘输入任意2个数,分别赋值给a,b两个double
变量*/
printf("% f+% f=% f\n",a,b,jiafa(a,b));  /* 既输出2个数进行运算,又输出2个数
的和*/
```

注意：scanf("% lf% lf",&a,&b); /*通过键盘输入任意2个数,分别赋值给a,b两个 double 型的变量的控制格式符是% lf。*/

main( )函数中其他几个输出函数参照输出加法函数做相应的修改，按上述步骤进行修改的代码如下：

```
#include <stdio. h>/*将标准输出的头文件包含到此文件中,以便使用printf()函数*/
double jiafa(double x,double y);    //2个双精度数的加法函数的声明
double jianfa(double x,double y);   //2个双精度数的减法函数的声明
double chengfa(double x,double y); //2个双精度数的乘法函数的声明
double chufa(double x,double y);    //2个双精度数的除法函数的声明
```

```
/*************************************************
函数名:main
参　数:无
返回值:double
功　能:程序执行的入口
*************************************************/
double main(void) //函数的返回类型为浮点型(double)
{
    double a,b;  //定义2个双精度的变量a和b
  printf("请通过键盘任意输入2个数,2个数以空格隔开:  ");//人机对话提示信息
  scanf("%lf%lf",&a,&b);    /*通过键盘输入任意2个数,分别赋值给a,b两个double
变量*/
    //在main()函数中调用已定义的加、减、乘、除函数
    printf("%f+%f=%f\n",a,b,jiafa(a,b)); /*既输出2个数进行运算,又输出2个
数的和*/
    printf("x-y=%f\n",jianfa(5,6));
    printf("x*y=%f\n",chengfa(5,6));
    printf("x/y=%f\n",chufa(5,6));
    return 0;//主函数的返回语句,与函数的返回类型一致(双精度型)
}
/*在main()函数后定义4个函数,实现2个双精度数的加、减、乘、除运算,则必须在main()函数
前对4个自定义的函数进行声明。*/
double jiafa(double x,double y)   //2个双精度数的加法函数的定义
{
return x+y;
}
double jianfa(double x,double y)   //2个双精度数的减法函数的定义
{
return x-y;
}
double chengfa(double x,double y)   //2个双精度数的乘法函数的定义
{
return x*y;
}
double chufa(double x,double y)   //2个双精度数的除法函数的定义
{
return x/y;
}
```

b. 编译源文件。

执行"Build"→"Compile"菜单,可实现对源文件进行编译,也可以使用快捷键Ctrl+F7或编译工具栏中的 按钮对源文件进行编译,生成目标文件main.obj。

c. 连接应用程序。

执行"Build"→"Build"菜单，可实现对项目进行连接，也可以使用 F7 键或编译工具栏中的  按钮对源文件进行连接，生成可执行文件 task1_4. exe。

　　d. 运行应用程序。

执行"Build"→"Execute"菜单，可实现对由项目生成的对应的应用程序进行执行，也可以使用快捷键 Ctrl + F5 或编译工具栏中的"执行"按钮 进行执行。

运行程序后，先在屏幕上出现"请通过键盘任意输入 2 个数，2 个数以空格隔开:"提示信息。然后通过键盘输入任意 2 个数"50　60"并按 Enter 键，则将"50　60"分别赋给 a、b 两个变量，scanf( )函数运行结束。接着执行下面的语句或函数。

最终的结果如图 1 - 4 - 1 所示。在输出结果中，既输出 2 个数进行加法运算，又输出 2 个数的和。

图 1 - 4 - 1　运行结果

知识点 1 - 12　scanf( )函数

C 语言没有专门的输入语句，输入的操作是通过调用 C 语言的 scanf( )库函数来实现的，它是一个标准库函数，函数原型包含在标准输入/输出头文件"stdio. h"中。其功能是要求用户从键盘输入若干个运算数据，数据的类型和格式可以在函数中进行设置。其一般形式如下:

```
scanf ("格式控制字符串",地址列表);
```

其中，"格式控制字符串"的组成与 printf( )函数中的"格式控制字符串"相同;与 printf( )函数中的"输出列表"不同，scanf( )函数要求的是"地址列表"，可以是变量的地址，变量的地址是在变量名前加上一个取地址符"&"，也可以是数组名或指针变量名。

注意:变量地址或字符串地址，地址间用","分隔，地址列表中每一项必须以取地址运算符 & 开头。

scanf( )函数常用的格式见表 1 - 4 - 1。

表 1 - 4 - 1　scanf( )函数常用的格式

举例	输入与赋值情况	说明
scanf("%d%d", &num1, &num2);	输入 12□36 ↵ 或者 12 ↵ 36 ↵ 则 12 ⇒num1,36 ⇒num2	相邻 2 个格式指示符之间不指定数据分隔符（如逗号、冒号等），则相应的 2 个输入数据之间至少用 1 个空格分开，或者用 Tab 键分开;或者输入 1 个数据后，按 Enter 键（↵），然后再输入下 1 个数据，按 Enter 键（↵）（"↵"符号表示按 Enter 键操作，在输入数据操作中的作用是，通知系统输入操作结束）

举例	输入与赋值情况	说明
scanf("%2d□%*3d□%2d",&a,&b);	输入 12□345□67 ↵ 则 12 ⇒a, 67 ⇒b	□（空格）做分隔符，所以输入时对应位置也要有□字符
scanf("%d:%d:%d",&h,&m,&s);	输入 12:30:45 ↵ 则 12 ⇒h, 30 ⇒m, 45 ⇒s	:做分隔符，所以输入时对应位置也要有:字符
scanf("%d,%d",&num1,&num2);	输入 12,36 ↵ 则 12 ⇒num1,36 ⇒num2	,做分隔符，所以输入时对应位置也要有,字符
scanf("num1=%d, num2=%d\n",&num1,&num2);	输入 num1=12,num2=36\n ↵ 则 12 ⇒num1,36 ⇒num2	"格式控制字符串"中出现的普通字符（包括转义字符形式的字符），务必原样输入
scanf("%c%c%c",&ch1,&ch2,&ch3);	输入：A□B□C ↵ 则 'A'⇒ch1, '□'⇒ch2, 'B'⇒ch3	使用格式说明符"%c"输入单个字符时，空格和转义字符均作为有效字符被输入
scanf("%d%c%f",&a,&b,&c);	输入 1234a123d.26 ↵ 则 1234 ⇒a, 'a'⇒b, 123 ⇒c	按控制字符的类型赋值给相应的变量
scanf("%2d%*2d%3d",&num1,&num2);	输入 123456789 ↵ 则 12 ⇒num1, 34 ⇒舍弃掉（*的作用） 567 ⇒num2	如果在%后有一个"*"附加说明符，表示跳过它指定的列数。 表示本输入项对应的数据读入后，不赋给相应的变量（该变量由下一个格式指示符输入）
scanf("%3d%*4d%f",&k,&f);	输入 12345678765.43 ↵ 则 123 ⇒k, 8765.43 ⇒f	
scanf("%4d%2d%2d",&yy,&mm,&dd);	输入 19991015 ↵ 则 1999 ⇒yy, 10 ⇒mm, 15 ⇒dd	读取输入数据中相应的 n 位，但按需要的位数赋给相应的变量，多余部分被舍弃
scanf("%3c%2c",&c1,&c2);	输入 abcde ↵ 则 'a'⇒c1, 'd'⇒c2	

注意：①当调用 scanf( )函数时，数据的分隔符要和"格式控制字符串"中的分隔符相一致。如 scanf("%d;%d",&m,&n); 只能输入 "1;2"，其他形式都不正确。

对于数值型数据，若在格式控制字符串中，两个格式之间无分隔符或用一个空格分隔，则输入数据时，用空格符、制表符或回车符作分隔符。

②scanf( )函数没有计算功能，因此输入的数据只能是常量，而不能是表达式。

③提高人机交互性建议：为改善人机交互性，同时简化输入操作，在设计输入操作时，一般先用 printf( )函数输出一个提示信息，再用 scanf( )函数进行数据输入。

例如，将 scanf("num1=%d, num2=%d\n", &num1, &num2);

改为：

printf("num1="); scanf("%d", &num1);

printf("num2 ="); scanf("%d", &num2);

④输入数据时, 如果遇到以下情况, 系统认为该数据结束。

a. 遇到空格, 或者 Enter 键, 或者 Tab 键。

b. 当输入数据的宽度超过输入格式控制的宽度时, 只取有效宽度的数据。例如"%3d", 只取 3 列。

c. 遇到非法输入。例如, 在输入数值数据时, 遇到字母等非数值符号 (数值符号仅由数字字符 0~9、小数点和正负号构成)。

巩固及知识点练习

1. 请按照任务 1-4 的操作步骤完成相应操作, 并回答以下两个问题:

(1) scanf()函数的执行过程是什么?

(2) scanf()函数是如何使程序具有通用性的?

2. 请说出 printf()函数与 scanf()函数的区别与联系。

3. 请参照任务 1-4 的操作步骤, 对任务 1-2、任务 1-3 进行通用程序的修改, 并填写表 1-4-2 中的内容, 从而进一步体会程序通用性设计的重要性。

表 1-4-2　填写内容

任务	scanf()函数格式	printf()函数格式
任务 1-2(int)		
任务 1-3(float)		
任务 1-4(double)		

提示: 为了保留程序的渐进的学习过程, 建议将原来的程序注释并复制后再修改。

4. 请参照任务 1-4 的操作步骤, 完成 task1-4LX1 项目创建, 上机完成表 1-4-1 中所有 scanf()函数的实例, 并理解通过键盘输入的格式要求及应用。

任务 1-5　除数为 0 的条件判断编程

描　述

在任务 1-2~任务 1-4 中, 所有的除法函数都没有考虑除数为 0 时的情况 (因为当除数为 0 时, 计算机会报错), 即任务 1-2~任务 1-4 中所有的除法函数都缺少除数为 0 的条件判断语句。

技能目标

①熟练掌握函数定义的格式, 理解函数调用及参数的传递过程。

②能掌握算术运算符、关系运算符、逻辑运算符、自增自减运算符、赋值运算符及条件

运算符等。

③掌握简单条件语句的格式及用途。

④掌握双分支条件语句的格式与用途。

⑤理解条件运算符与双分支条件语句的关系。

 操作要点与步骤

①创建工程项目及项目主文件（main. c）。

a. 启动 VC++，单击"File"菜单下的"Open Workspace…"菜单，在出现的"Open Work-space"对话框中，打开 E:\CLanguageProgram\StuScoreManagementSystem 文件夹下的"Stu-ScoreManagementSystem. dsw"工作空间文件，即可打开该工作空间中的所有工程项目。

b. 创建项目工程。

选择"File"→"New"菜单命令，新建一个类型为"Win32 Console Application"的项目，项目名称为 task1_5。注意，选择将 task1_5 项目添加到当前的工作空间（StuScoreManageSys-tem），则新建的 task1_5 项目为活动的项目，即当前正在开发的项目。

为保险起见，可以在 task1_5 项目上单击右键，将该项目设置为活动的项目（"Set as Active Project"快捷菜单）。

c. 创建 C 语言源代码文件。

在 VC++集成开发环境下选择"File"→"New"菜单命令，在出现的对话框中输入 main. c 文件名，然后单击"OK"按钮，则新建了 C 语言的 main. c 源文件。

②编写程序源代码，编译、组建、运行程序。

a. 编辑 main. c 源程序文件。

在工作空间文件视图中的 task1_5 项目"Source Files"文件夹中双击 main. c 文件，打开 main. c 文件，在空的代码编辑窗口中输入如下代码。即将 task1_4 项目中的 main. c 的源代码全部复制到该项目中的 main. c 空文件中，同时，在 main. c 中对 chufa( )函数体进行修改。

```
#include < stdio. h >/*将标准输出的头文件包含到此文件中,以便使用 printf()函数*/
double jiafa(double x,double y);  //2 个双精度数的加法函数的声明
double jianfa(double x,double y);  //2 个双精度数的减法函数的声明
double chengfa(double x,double y); //2 个双精度数的乘法函数的声明
double chufa(double x,double y);  //2 个双精度数的除法函数的声明
/*********************************************
   函数名:main
   参  数:无
   返回值:double
   功  能:程序执行的入口
 *********************************************/
double main(void) //函数的返回类型为浮点型(double)
{
   double a,b;  //定义2 个双精度的变量a 和b
printf("请通过键盘任意输入2 个数,2 个数以空格隔开:   \n");/*人机对话提示信息*/
```

```
    scanf("% lf% lf",&a,&b);        /*通过键盘输入任意2个数分别赋值给a,b两个double
变量*/
    //在main()函数中调用已定义的加、减、乘、除函数
    printf("% f+% f=% f\n",a,b,jiafa(a,b));   /*既输出2个数进行运算,又输出2
个数的和*/
    printf("% f-% f=% f\n",a,b,jianfa(a,b)); /*既输出2个数进行运算,又输出2
个数的差*/
    printf("% f*% f=% f\n",a,b,chengfa(a,b));/*既输出2个数进行运算,又输出2
个数的积*/
    if(b==0)
    {
    printf("除数为0,不能做除法运算\n");
    return 1;
    }
    else
    {
    printf("% f/% f=% f\n",a,b,chufa(a,b));   /*既输出2个数进行运算,又输出2个
数的商*/
    }
    return 0;//主函数的返回语句,与函数的返回类型一致(双精度型)
}
/*在main()函数后定义4个函数,实现2个双精度数的加、减、乘、除运算,则必须在main()函数
前对4个自定义的函数进行声明。*/
double jiafa(double x,double y)    //2个双精度数的加法函数的定义
{
return x+y;
}
double jianfa(double x,double y)    //2个双精度数的减法函数的定义
{
return x-y;
}
double chengfa(double x,double y)    //2个双精度数的乘法函数的定义
{
return x*y;
}
double chufa(double x,double y)    //2个双精度数的除法函数的定义
{
    return x/y;
}
```

b. 编译源文件。

执行"Build"→"Compile"菜单,可实现对源文件进行编译,也可以使用快捷键Ctrl+F7或编译工具栏中的 ⚙ 按钮对源文件进行编译,生成目标文件main.obj。

c. 连接应用程序。

执行"Build"→"Build"菜单，可实现对项目进行连接，也可以使用 F7 键或编译工具栏中的 按钮对源文件进行连接，生成可执行文件 task1_5. exe。

d. 运行应用程序。

执行"Build"→"Execute"菜单，可实现对由项目生成的对应的应用程序进行执行，也可以使用快捷键 Ctrl + F5 或编译工具栏中的"执行"按钮 ┇ 进行执行。

运行程序后，先在屏幕上出现"请通过键盘任意输入 2 个数，2 个数以空格隔开："提示信息。然后通过键盘输入任意 2 个数"50　0"并按 Enter 键（故意输入除数为：0），则将"50　0"分别赋给 a、b 两个变量，scanf( )函数运行结束。接着执行下面的语句或函数。

最终的执行结果如图 1－5－1 所示。

图 1－5－1　运行结果

程序说明

①在 if(b!=0)双分支条件语句中，if 关键字后是条件表达式，该表达式的结果为逻辑值（true 等同于 1，或 false 等同于 0）。!= 为关系运算符，表示不等于。

②程序中的双分支条件语句也可以改写成如下代码，结果是等价的。

== 关系运算符表示判断两个等号的右边的值是否与左边的变量值相等（注意：1 个"="是赋值符，表示将右边的值赋给左边的变量）。

```
if(b==0)//除数 b 为 0
{
printf("除数为 0,不能做除法运算\n"); //当除数为 0,不进行运算,而是显示提示信息
  return 1;
}
else  //除数 b 不等于 0
{
  printf("% f/% f=% f\n",a,b,chufa(a,b)); //既输出 2 个数进行运算,又输出 2 个数的商
return 1;
}
```

知识点 1-13 顺序结构

顺序结构表示程序中的各操作是按照它们出现的先后顺序执行的。图1-5-2所示是用流程图表示的顺序结构。其中A和B表示两个处理步骤，执行过程是先执行A，再执行B。顺序结构是最简单的结构。

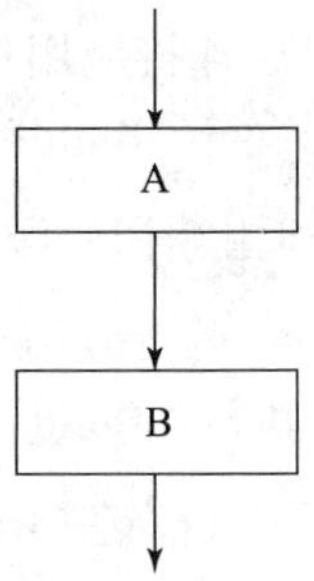

图 1-5-2 顺序
结构流程图

知识点 1-14 C语言运算符

运算符是C语言中用于描述数据运算的特殊符号。C语言提供的运算符相当丰富，按其连接的运算对象个数，可分为单目运算符、双目运算符和三目运算符。除了常见的算术运算符、关系运算符、逻辑运算符外，还有自增自减运算符、赋值运算符等，见表1-5-1。

表 1-5-1 C语言运算符

运算符类型	运算符号	含义
算术运算符	+，-，*，/，%	对数值进行常规算术运算
关系运算符	>，<，>=，<=，==，!=	大小比较运算
逻辑运算符	!，&&，||	对条件进行判断
自增、自减运算符	++，--	自增1、自减1
赋值运算符	=及其扩展赋值运算符	赋值运算
位运算符	>>，<<，~，|，^，&	对二进制数进行处理
条件运算符	?:	根据条件判断结果并返回相应值
逗号运算符	,	多个表达式的组合
指针运算符	*，&	指针类型特有的运算
求字节数运算符	sizeof	求变量存储的字节数
强制类型转换运算符	（类型）	不同数据类型的转换
分量运算符	.，->	结构体特有的运算
下标运算符	[ ]	取数组元素值

1. 算术运算符

算术运算符是最基本、最常用的运算符，其种类和功能见表1-5-2。

表 1-5-2 算术运算符

算术运算符	含义	运算对象	例子
+	加法运算	双目运算符	5+3
-	减法运算或负号	双目、单目运算符	-5，5-3
*	乘法运算	双目运算符	5*3
/	除法运算	双目运算符	5/3（值为1）
%	取模运算	双目运算符	5%3（值为2）

使用算术运算符应注意以下几点：

①减法运算符"-"既可作单目运算符，此时是取负运算，如-10、-（x+y），又可作双

目运算符，此时是减法运算，如 5 − 3，x − y。

②乘法运算符不是"×"，而是"*"。

③使用除法运算符"/"时，要注意数据类型，如果操作数都是整数，结果也是整数(舍去小数)；如果操作数都是实数，则结果是实数。

④"%"又称求余运算符，它的操作数要求都是整数，其结果为两个整数相除所得的余数。一般情况下，所得的余数与被除数符号相同。

2. 自增、自减运算符

自增、自减运算符的功能是使变量值自增 1 和自减 1，是单目运算符。参加运算的运算对象只能是变量而不能是表达式或常量。自增、自减运算符的种类和功能见表 1 − 5 − 3。

表 1 − 5 − 3　自增、自减运算符

运算符	名称	例子	含义
++	加 1	i ++ 或 ++ i	i = i + 1
−−	减 1	i −− 或 −− i	i = i − 1

在进行运算时，运算符可以位于变量的左边，也可以位于变量的右边，具体含义有所不同：

① i ++(i −−)：先使用 i 的值后，再执行 i = i + 1。

② ++ i(−− i)：先执行 i = i + 1，再使用 i 的值。

3. 赋值运算符及复合赋值运算符

(1)赋值运算符

"="就是赋值运算符，由赋值运算符组成的表达式称为赋值表达式。其一般形式为：

变量名 = 表达式

赋值的含义：将赋值运算符右边的表达式的值存放到以左边变量名为标识的存储单元中。例如，x = 10 + y 的作用是将 10 + y 的值存放到以 x 为标识的存储单元中。

赋值表达式的求解过程是：

①先计算赋值运算符右侧的"表达式"的值。

②将赋值运算符右侧"表达式"的值赋给左侧变量。

③赋值表达式的值就是被赋值变量的值。

注意：①赋值运算符的左边必须是变量，右边的表达式可以是单一的常量、变量、表达式或函数调用语句。例如，下面都是合法的赋值表达式：

```
x = 10;
y = x + 10;
```

②在一个赋值表达式中，可以出现多个赋值运算符，其运算顺序是从右到左。例如，x = y = z = 0 相当于 x = (y = (z = 0))，运算时，先计算表达式 z = 0，再把它的结果赋予 y，最后再把 y 的赋值表达式结果值 0 赋予 x。

(2) 复合赋值运算符

为了提高编译生成的可执行代码的执行效率，C 语言中，可以在赋值运算符"="之前加上其他运算符，以构成复合赋值运算符，其一般形式为：

> <变量名>　<双目运算符>=<表达式>

等价于：

> <变量名>　=　<变量名><双目运算符><表达式>

例如：

a += 1　　　　等价于　　　a = a + 1

x *= y + 1　等价于　　　x = x * (y + 1)

C语言中共有10种复合赋值运算符，分别是 += 、-= 、*= 、/= 、%= 、<<= 、>>= 、&= 、^= 、||= 。其中后5种是有关位运算的，位运算暂不介绍。

复合赋值运算符的优先级与赋值运算符的优先级相同，并且结合方向也一致。

4. 关系运算符

关系运算符用于比较两个表达式之间的关系，其运算结果只有两种可能，即成立（真或1）和不成立（假或0）。常见的关系运算符见表1-5-4。

表1-5-4　关系运算符

关系运算符	含义	例子
>	大于	1 > 2 的值为 0
<	小于	1 < 2 的值为 1
>=	大于等于	1 >= 2 的值为 0
<=	小于等于	1 <= 2 的值为 1
==	等于	1 == 2 的值为 0
!=	不等于	1 != 2 的值为 1

关系运算符 > 、< 、>= 、<= 的优先级相同，且高于 == 和 != 。== 和 != 等赋值运算符的优先级相同。优先级相同时，关系运算符的结合是自左到右。

例如：1 > 2 == 0 等价于（1 > 2）== 0，其值为1，因为1 > 2值为0，0 == 0值为1。

5. 逻辑运算符

逻辑运算符用于对被连接的表达式进行逻辑运算，逻辑运算的结果只有两种，即成立（真或1）和不成立（假或0）。常见的逻辑运算符见表1-5-5。

表1-5-5　逻辑运算符

逻辑运算符	名称	含义
||	逻辑或	左右两边表达式只要有一个为真，整个表达式就为真
&&	逻辑与	只有左右两边表达式同时为真时，整个表达式才为真
!	逻辑非	对表达式取反

注意：三个逻辑运算符的优先级从高到低依次是！、&&、||。和其他运算符间的优先关系从高到低如下：! →算术运算符→关系运算符→&&→||→赋值运算符→逗号运算符。

6. 逗号运算符

逗号运算符 "，" 用于将若干个表达式连接起来构成一个逗号表达式，其一般形式为：

> 表达式1，表达式2，…，表达式 n

运算过程为：自左向右，先求表达式1，再求表达式2，依此计算，最后求解表达式 n。表达式 n 的值就是整个逗号表达式的值。

注意：①逗号运算符的优先级是所有运算符中最低的，它的运算规则是从左到右。

②并不是任何位置出现逗号都是逗号运算符。

7. 条件运算符

条件运算符是 C 语言中唯一的三目运算符，它是由运算符"?"和":"组合而成的，可以实现 if else 的功能，其一般格式如下：

> <表达式1>？<表达式2>：<表达式3>

其功能是：先判断表达式1的值，若表达式1成立，即值为真时，计算表达式2，并将结果作为整个表达式的结果返回；若表达式1不成立，即值为假时，计算表达式3，并将结果作为整个表达式的结果返回。

例如条件语句：if(a>b) max=a;else max=b;

可用条件表达式写为 max=(a>b)？a:b;

执行该语句的语义是：如果 a>b 为真，则把 a 赋予 max，否则，把 b 赋予 max。

知识点1-15　单分支 if 语句(if 语句)

C 语言中提供了3种形式的 if 语句：单分支 if 语句(if 语句)、双分支 if 语句(if-else 语句)、多分支 if 语句(if-else-if 语句)。

单分支条件的语法格式为：

> if(表达式) 语句块1;

单分支条件语句（if 语句）的功能是：首先判断表达式的值，若为真(非0值)，则执行语句块1，然后跳出本 if 语句，继续执行 if 语句的后继语句；否则，不执行语句块1，直接转去执行 if 语句的后继语句。

单分支条件语句（if 语句）的程序流程图如图1-5-3所示。

说明：

①表达式一般为关系表达式或逻辑表达式，但也可以是其他表达式（任意的数值类型表达式，包括整型、实型、字符型、指针型数据表达式）。

例如：

> if(2.5)printf("It is ture!");

该 if 语句合法，因为表达式的值2.5是非0，按"真"处理，执行结果是：It is ture!。

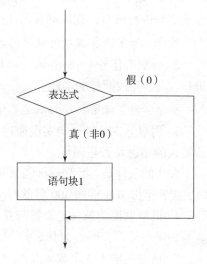

图1-5-3　单分支条件结构流程图

②语句块1处若有两个以上语句，则必须把这一组语句用｛｝括起来，组成一个复合语句。

注意：复合语句的大括号"{"和"}"之后不能加分号。

知识点1-16 双分支if语句(if-else语句)

双分支if语句(if-else语句)的语法格式为：

```
if(表达式)
{
语句块1;
}
else
{
    语句块2;
}
```

双分支条件语句的执行过程：首先判断表达式的值，若为真(非0值)，则执行语句块1，然后跳出语句块1，继续执行语句块1的后继语句；否则，执行语句块2，然后跳出语句块2，继续执行语句2的后继语句。

双分支条件语句的程序流程图如图1-5-4所示。

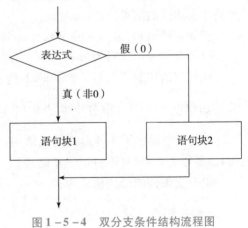

图1-5-4 双分支条件结构流程图

巩固及知识点练习

1. 在完成任务1-5的基础上，分别将任务1-5中的if(b==0)和if(b!=0)两种条件的双分支语句进行改写，完成同样的功能。

提示：为了保留程序的渐进的学习过程，建议将原来的程序注释，并复制后再修改。

2. 分别将任务1-5中if(b==0)和if(b!=0)两种条件的双分支语句分别用单分支语句进行改写，完成同样的功能。

提示：为了保留程序的渐进的学习过程，建议将原来的程序注释，并复制后再修改。

3. 用双分支条件语句实现通过人机对话的方式输入一个年份值赋给整型变量year，判断所输入的年份是否是闰年。

闰年的条件是：年份year能被4整除，并且不能被100整除（year%4==0&&year%100!=0)，或者年份year能被400整除(year%400==0)。

4. 请举例说明条件运算符与双分支条件语句的关系。任务1-5的双分支条件语句可以改写为条件运算符吗？为什么？

5. 从键盘输入3个数a、b、c，判断能否构成三角形。若能构成三角形，计算以这3个数为边长的三角形面积；同时，判断这个三角形构成的是等腰、等边、直角三角形还是普通三角形。

6. 求一元二次方程$ax^2+bx+c=0$的解(设$a\neq0$)。

提示：求解一元二次方程，先求$\Delta=b^2-4ac$的值，若$\Delta\geqslant0$,方程有解，若$\Delta<0$,方程

无解。

当 $\Delta \geqslant 0$，根据求根公式得：

$$x_1 = \frac{-b + \sqrt{b^2 - 4ac}}{2a}$$

$$x_2 = \frac{-b - \sqrt{b^2 - 4ac}}{2a}$$

在这个公式中，要用到 sqrt( ) 平方根函数，所以在程序的开头用预处理命令#include<math.h>，把头文件"math.h"包含到程序中。

7. 选择题。

（1）C 语言中，if 语句用作判断的表达式为（　　）。

A. 关系表达式　　　　B. 逻辑表达式　　　　C. 算术表达式　　　　D. 任意表达式

（12 能正确表示 $a \geqslant 10$ 或 $a \leqslant 0$ 的关系表达式是（　　）。

A. a>=10 or a<=0　　　　　　　　　　B. a>=10 && a<=0

C. a>=10|a<=0　　　　　　　　　　　　D. a>=10||a<=0

（3）在 C 语言中，要求运算数必须是整型的运算符是（　　）。

A. %　　　　　　　　B. /　　　　　　　　C. <　　　　　　　　D. !

（4）表达式 3>5&&-1||5<3-!-1) 的值是（　　）。

A. 0　　　　　　　　　　　　　　　　　B. 1

C. 表达式不合法　　　　　　　　　　　　D. 均不对

（5）当 a 为偶数时，表达式（　　）的值为真。

A. a%2==0　　　　B. !(a/2*2-a)　　　　C. a%2=0　　　　D. !a%2!=0

（6）下列程序的输出结果为（　　）。

```
#include<stdio.h>
main()
{
  int a=3,b=-4,c;
  if((a=b)<0)
    c=a+b;
  printf("%d\n",c);
}
```

A. 3　　　　　　　　B. -1　　　　　　　C. 语法错误，无输出　　　　D. -8

（7）下列语句中，与其他语句不等价的是（　　）。

A. if(a)x++;else y-　　　　　　　　　B. if(a!=0)x++;else y-

C. if(a==0)y--;else x++　　　　　　　D. if(a==0)x++;else y-

8. 填空题。

（1）x 小于 y 或大于 z 的逻辑表达式是＿＿＿＿＿＿＿＿＿。

（2）"x 是小于 100 的非负数"，用 C 语言表达式表示是＿＿＿＿＿＿＿＿＿。

（3）x 为 3 的倍数，y 为偶数，z 为 5 的倍数的逻辑表达式是＿＿＿＿＿＿＿＿＿。

（4）C 语言用＿＿＿＿＿＿＿表示逻辑值"真"，用＿＿＿＿＿＿＿表示逻辑值"假"。

（5）已知 n=9，m=17，逻辑表达式!(n>=12)&&(m>=12) 的值是＿＿＿＿＿＿＿。

（6）设 $a=20$，$b=80$，$c=70$，$d=30$，则表达式 $a+b>160||(b*c>200\&\&!d>60)$ 的值为_____。

9. 程序阅读题。

（1）下列程序的运行结果是_____。

```
#include<stdio.h>
void function();
void main()
{
  function();
}
void function()
{
  int k=1,a;
  if(k<=1)
    a=2*k;
  if(k<=2)
    a=2*k+1;
  if(k<=3)
    a=k;
  printf("%d,%d\n",k,a);
}
```

（2）两次运行下面的程序，如果从键盘上分别输入 6 和 4，则输出结果是_____。

```
#include<stdio.h>
void function();
void main()
{
function();
}
void function()
{
  int x;
  scanf("%d",&x);
  if(x++ >5)
    printf("%d",x);
  else
    printf("%d\n",x--);
}
```

（3）下列程序的运行结果是_____。

```
#include<stdio.h>
void function();
void main()
{
```

```
function();
}
void function()
 {
 int a = 2,b = -1,c = 2;
 if(a)
   if(b < 0)
     c = 0;
   else
     c++;
 printf("%d\n",c);
}
```

任务 1 – 6　菜单项人机交互响应 if – else – if

描　述

任务 1 – 1 中的程序只能够输出菜单信息,不能输入菜单选项编号,用户无法输入菜单选项编号进行相应的响应处理。

本任务主要实现当屏幕上显示任务 1 – 1 的菜单信息后,用户可以通过人机对话的方式输入菜单选项编号,然后程序根据输入的菜单编号,使用多分支条件语句(if – else – if 语句)进行判断,实现对相应函数的调用(完成所选菜单编号对应的功能)。

技能目标

①进一步熟练掌握 Visual C++6.0 集成开发环境及程序的调试方法。
②熟练掌握变量定义方法及常见的数据类型。
③熟练掌握 main( )主函数、自定义函数、scanf( )函数及 printf( )函数的相关知识点。
④熟练掌握比较运算符、逻辑运行符、算术运算符等相关知识点。
⑤掌握多分支条件语句(if – else – if 语句)的格式及程序执行流程。
⑥掌握程序的锯齿形结构编程的优点。

操作要点与步骤

①创建工程项目及项目主文件(main. c)。
a. 启动 VC++,单击"File"菜单下的"Open Workspace…"菜单,在出现"Open Workspace"对话框中,打开 E:\CLanguageProgram\StuScoreManagementSystem 文件夹下的"StuScoreManagementSystem. dsw"工作空间文件,即可打开该工作空间中的所有工程项目。

b. 创建项目工程。

选择"File"→"New"菜单命令，新建一个类型为"Win32 Console Application"的项目，项目名称为"task1_6"。注意，选择将 task1_6 项目添加到当前的工作空间（StuScoreManage-System），则新建的 task1_6 项目为活动的项目，即当前正在开发的项目。

为保险起见，可以在 task1_6 项目上单击右键，将该项目设置为活动的项目（"Set as Active Project"快捷菜单）。

c. 创建 C 语言源代码文件。

在 VC++ 集成开发环境下选择"File"→"New"菜单命令，在出现的对话框中输入 main.c 文件名，然后单击"OK"按钮，则新建了 C 语言的 main.c 源文件。

②编写程序源代码，编译、组建、运行程序。

a. 编辑 main.c 源程序文件。

在工作空间视图中，在 task1_6 项目"Source Files"文件夹中双击"main.c"文件，打开 main.c 文件，在空的代码编辑窗口中将 task1_5 项目中的 main.c 的源代码全部复制到该项目的 main.c 空文件中。

然后将任务 1 - 1 中 StuScoreManageSystem 项目中的 main.c 文件的 main()函数体内容（菜单项）添加到该项目中的 main.c 文件中 main()函数体的开始。

接着在 main.c 中将 main()函数体中的第一行及第二行添加变量的声明。

```
int MenuValue;//存储用户输入的菜单项的数值
double a,b;//定义2个双精度的变量a和b,存储参与加、减、乘、除运算的两个数
```

在 return 语句之前添加如下语句（使用多分支条件判断语句实现）

```
/*通过人机对话输入一个菜单编号存放到整型变量 MenuValue 地址对应的内存单元中*/
scanf("%d",&MenuValue);
/*单分支选择条件语句的作用是判断当菜单编号是1,2,3,4时才有必要通过人机对话输入参与加、
减、乘、除运算的两个数*/
if(MenuValue >0 && MenuValue <=4)
{
printf("请通过键盘任意输入2个数,2个数以空格隔开: ");/*人机对话提示信息*/
scanf("%lf%lf",&a,&b);        /*通过键盘输入任意2个数,分别赋值给a、b两个double
变量*/
}
    //多分支选择条件语句
    if(MenuValue ==1)
    {
printf("%f+%f=%f\n",a,b,jiafa(a,b));  /*既输出2个数进行运算,又输出2个数的
和*/
    }
    else if(MenuValue ==2)
    {
printf("%f-%f=%f\n",a,b,jianfa(a,b)); /*既输出2个数进行运算,又输出2个数的
差*/
    }
```

```
      else if(MenuValue ==3)
       {
      if(b ==0)
        {
        printf("除数为 0,不能做除法运算\n");
        return 1;
        }
       else
       {
       printf("% f/% f=% f\n",a,b,chufa(a,b)); /* 既输出 2 个数进行运算,又输出 2 个数
的商 */
     }
     }
     else if(MenuValue ==4)
         {
          printf("% f/% f=% f\n",a,b,chufa(a,b));  /* 既输出 2 个数进行运算,又
输出 2 个数的商 */
          }
       else if(MenuValue ==0)
          {
          printf("按下 Esc 退出程序 \n");
          }
          else
          {
          printf("输入错误! 请输出正确的选项(0 ~4) \n");
          }
```

b. 编译源文件。

执行 "Build"→"Compile" 菜单, 可实现对源文件进行编译, 也可以使用快捷键 Ctrl + F7 或编译工具栏中的 🐝 按钮对源文件进行编译, 生成目标文件 main. obj。

c. 连接应用程序。

执行 "Build"→"Build" 菜单, 可实现对项目进行连接, 也可以使用 F7 键或编译工具栏中的 📖 按钮对源文件进行连接, 生成可执行文件 task1_6. exe。

d. 运行应用程序。

执行 "Build"→"Execute" 菜单, 可实现对由项目生成的对应的应用程序进行执行, 也可以使用快捷键 Ctrl + F5 或编译工具栏中的 "执行" 按钮 ▌ 进行执行。

运行程序后, 先在屏幕上显示菜单, 然后出现提示信息:"请输入要执行的功能菜单的编号 [0 ~4]:", 此时, 通过键盘输入相应的菜单编号 4 并按 Enter 键后, 接着程序要求通过人机对话输入参与除法运算的两个数, 此时通过键盘输入 "50　0"(两个数之间以空格间隔)。

最后程序调用菜单编号为 4 的对应的除法函数, 完成除法函数相应的功能, 运行结果如

图 1 - 6 - 1 所示。

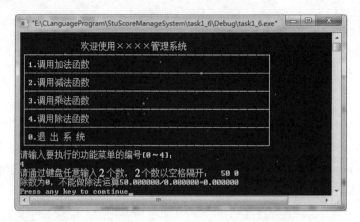

图 1 - 6 - 1　运行结果

知识点 1 - 17　多分支条件判断

多分支条件语句语法格式为:

```
if(表达式1)
    {
        语句块1;
    }
else if(表达式2)
    {
        语句块2;
    }
else if(表达式3)
    {
        语句块3;
    }
    …
    else if(表达式n-1)
        {
            语句块n-1;
        }
        else
        {
            语句块n;
        }
```

多分支条件语句 if - else - if 程序流程图如图 1 - 6 - 2 所示。

图 1 - 6 - 2 是多分支条件语句 if - else - if 语句的执行过程:首先判断表达式 1 的值,若表达式 1 的值为真(非 0),则执行语句 1;否则,进行下一个条件表达式 2 判断,如果条件表达式 2 为真(非 0),则执行语句 2;依此类推,如果条件表达式 n - 1 为真(非 0),则执行语

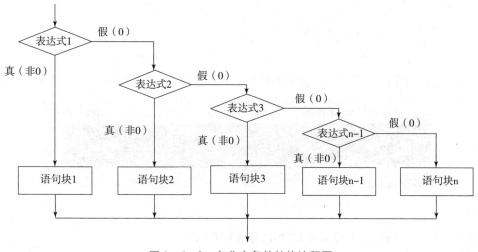

图1-6-2 多分支条件结构流程图

句 n-1，否则，执行语句 n。任务 1-6 中的根据输入菜单选项值调用相应的功能函数就是采用多分支条件语句进行处理的。

【例 1-6-1】编写出租汽车收费函数。

出租汽车收费办法是：行驶里程在 3 km 以内（含 3 km），按 8 元收费；超过 3 km，在 5 km（含 5 km）以内，每千米按 1.8 元加收；超过 5 km，每千米按 2.4 元加收。

分析：假设出租汽车行驶里程为 x，则收费为 y。根据题目，得出下列出租汽车收费表达式为：

$$y = \begin{cases} 8 & (x <= 3) \\ 8 + 1.8(x-3) & (3 < x < = 5) \\ 8 + 1.8 * 2 + 2.4(x-5) & (x > 5) \end{cases}$$

```
#include<stdio.h>
void function();
int main()
{
  function();
  return 0;
}
void function()
{
  float x,y;
  printf("Please enter x: \n");
  scanf("% f",&x);
  if(x <= 3)
      y = 8;
  else if(x <= 5)
        y = 8 + 1.8 * (x - 3);
    else
```

```
        y = 8 + 1.8 * 2 + 2.4 * (x - 5);
    printf("y = %.2f \n", y);
}
```

运行上面的程序代码后,输入数字 4 并按 Enter 键后,效果如图 1 - 6 - 3 所示。

图 1 - 6 - 3 运行效果

【例 1 - 6 - 2】编写根据考试成绩评定成绩等级函数。

根据考试成绩评定成绩等级:90 分以上为 "A",80 ~ 89 分为 "B",70 ~ 79 分为 "C",60 ~ 69 分为 "D",60 分以下为 "E"。

首先输入学生成绩,然后判断成绩属于哪个分数段。如果在 90 分及 90 分之上,输出 A;在 80 ~ 89 分之间,输出 B;在 70 ~ 79 分之间,输出 C;在 60 ~ 69 分之间,输出 D;在 60 分以下,输出 E。

```c
#include< stdio.h >
void score_rank();
void main()
{
  score_rank();
}
void score_rank()
{
char ch;
  float score;
  printf("请输入学生的成绩:\n");
  scanf("% f",&score);
  if(score >=90)
     ch = 'A';
  else if(score >=80)
       ch = 'B';
     else if(score >=70)
          ch = 'C';
        else if(score >=60)
             ch = 'D';
           else
              ch = 'E';
  printf("% f ------>% c \n",score,ch);
}
```

运行上面的程序代码后，输入数字88回车后，效果如图1-6-4所示。

图1-6-4　运行效果

知识点1-18　if语句的嵌套

要处理多分支选择问题，除了用 if-else-if 语句外，还可以利用 if 语句的嵌套来实现。在 if 语句中双包含一个或多个 if 语句称为 if 语句的嵌套。图1-6-5 给出了 if-else 语句二重嵌套的一般形式。

📝注意：嵌套内的 if 语句既可以是 if 语句形式，也可以是 if-else 语句形式，这就会出现多个 if 和多个 else 重叠的情况，此时要特别注意 if 和 else 的配对问题。if 和 else 配对规则为：else 总是与它前一个最近的 if 配对，如图1-6-6 所示。

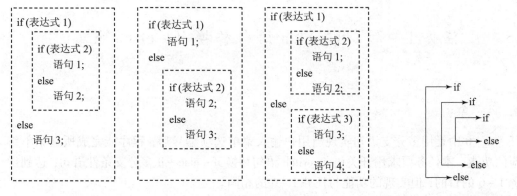

图1-6-5　if-else 语句二重嵌套的一般形式　　图1-6-6　if 和 else 配对规则

如果把嵌套写成如下形式：

```
if(表达式1)
  if(表达式2)
      语句1;
else
      语句2;
```

对于上面的程序，编程者可能会认为 else 会跟第一个 if 对应，实际上这个 else 是跟第二个 if 对应，因为它们离得最近。由此可见，C 语言不是以书写格式来分隔语句的，而是由逻辑关系来决定的。

当 if 和 else 的数目不等时，为了保险起见，也可以用一对大括号括起来确定配对关系。对于上述例子，为了实现编程者的意图，可做如下处理：如果"语句1"或"语句2"为多条语句构成，则也需要用一对大括号括起来。

```
if(表达式1)
{
    if(表达式2)
        语句1;
}
else
    语句2;
```

巩固及知识点练习

1. 上机完成任务 1 – 6 的操作。

2. 新建一个项目 task1_6LX1，上机完成例 1 – 6 – 1 及例 1 – 6 – 2 的函数编写。

3. 新建一个项目 task1_6LX2，编写一个程序，实现从键盘上输入 3 个实数 a、b、c，求出其中的最大值并输出其值的函数，并由主函数调用此函数。

要求求最大值并输出其值的函数用多分支条件语句实现。

4. 多分支条件语句是否可以用简单分支语句实现？请上机实践。

任务 1 – 7　用 switch 语句替换 if – else – if

描　述

任务 1 – 6 中是用多分支语句实现当用户输入菜单选项编号后，程序能完成所选菜单编号对应的功能。本任务要求用开关语句 switch 语句替换 if – else – if 多分支条件语句，达到优化任务 1 – 6 的目的，但实现的功能与任务 1 – 6 的相同。

技能目标

①进一步熟练掌握 Visual C++6.0 集成开发环境及程序的调试方法。

②熟练掌握变量定义方法及常见的数据类型。

③熟练掌握 main( ) 主函数、自定义函数、scanf( ) 函数及 printf( ) 函数的相关知识点。

④熟练掌握比较运算符、逻辑运算符、算术运算符等相关知识点。

⑤掌握 switch 开关语句替换多分支条件语句（if – else – if 语句）的用法，以及 switch 开关语句的格式及执行过程。

⑥ 掌握程序的锯齿形结构编程的优点。

操作要点与步骤

①创建工程项目及项目主文件（main. c）。

a. 启动 VC++ ，单击 "File" 菜单下的 "Open Workspace…" 菜单，在出现的 "Open Workspace"对话框中，打开 E：\CLanguageProgram\StuScoreManagementSystem 文件夹下的"Stu-ScoreManagementSystem. dsw"工作空间文件，即可打开该工作空间中的所有工程项目。

b. 创建项目工程。

选择"File"→"New"菜单命令，新建一个类型为"Win32 Console Application"的项目，项目名称为"task1_7"。注意，选择将 task1_7 项目添加到当前的工作空间（StuScoreManage-System），则新建的 task1_7 项目为活动的项目，即当前正在开发的项目。

为保险起见，可以在 task1_7 项目上单击右键，将该项目设置为活动的项目（"Set as Active Project"快捷菜单）。

c. 创建 C 源代码文件。

在 VC++集成开发环境下选择"File"→"New"菜单命令，在出现的对话框中输入 main. c 文件名，然后单击"OK"按钮，则新建了 C 语言的 main. c 源文件。

②编写程序源代码，编译、组建、运行程序。

a. 编辑 main. c 源程序文件。

在工作空间视图中，在 task1_7 项目"Source Files"文件夹中双击"main. c"文件，打开 main. c 文件，在空的代码编辑窗口中将 task1_6 项目中的 main. c 的源代码全部复制到该项目的 main. c 空文件中。

在 main. c 中，将 main( )函数体中的 if – else – if 多分支语句用 switch 开关语句替换，优化为如下代码：

```
switch(MenuValue)      //switch 开关语句,比 if 更方便
{
  case 1:       //输入的值会与 case 相比较,若匹配,则执行后面的语句
                //若是数据型,可以省略",若是字符型,必须在"中输入定义的值
  {
      printf("% f + % f = % f \n",a,b,jiafa(a,b));
                              //既输出 2 个数进行运算,又输出 2 个数的和
      break;                  //break 中止 switch 的开关判断
  }
  case 2:
  {
      printf("% f - % f = % f \n",a,b,jianfa(a,b));
                  //既输出 2 个数进行运算,又输出 2 个数的差
      break;
  }
  default:
  / * default 为可选项,可以放在 switch 语句的任何位置,如果放在最后,可以省略 break 语句 */
  {
      printf("输入错误! 请输出正确的选项(0 - 4) \n");
      / * 当输入的值与任何一个 case 定义的值不相符时,则会执行 default 后面的语句 */
      break;
  / * 当 default 不在最后时,需要加上 break 语句,中止 switch 的开关判断;当 default 语句在最
后时,不用加上 break 语句 */
```

```
    }
    case 3:
    {
        printf("% f * % f = % f \n",a,b,chengfa(a,b));
        //既输出 2 个数进行运算,又输出 2 个数的积
        break;
    }
    case 4:
    {
    if(b ==0)
    {
    printf("除数为 0,不能做除法运算\n");
    return 1;
    }
    else
    {
    printf("% f/% f = % f \n",a,b,chufa(a,b));   /* 既输出 2 个数进行运算,又输出 2 个数
的商 */
    }
        break;
    }
    case 0:
    {
        printf("按下 Esc 退出程序 \n");
        break;          // 最后的 break 语句可以省略
    }
    }
```

b. 编译源文件。

执行"Build"→"Compile"菜单,可以实现对源文件进行编译,也可以使用快捷键 Ctrl +
F7 或编译工具栏中的 ⬙ 按钮对源文件进行编译,生成目标文件 main. obj。

c. 连接应用程序。

执行"Build"→"Build"菜单,可以实现对项目进行连接,也可以使用 F7 键或编译工具
栏中的 ⬚ 按钮对源文件进行连接,生成可执行文件 task1_7. exe。

d. 运行应用程序。

执行"Build"→"Execute"菜单,可以实现对由项目生成的对应的应用程序进行执行,也
可以使用快捷键 Ctrl + F5 或编译工具栏中的"执行"按钮 ❗ 进行执行。

运行程序后,先在屏幕上显示菜单,然后出现提示信息:"请输入要执行的功能菜单的
编号 [0 ~4]:",此时通过键盘输入相应的菜单编号 4 并按 Enter 键后,接着程序要求通
过人机对话输入参与除法运算的两个数,此时通过键盘输入"50 0"(两个数之间以空
格间隔)。

最后程序调用菜单编号为 4 的对应的除法函数，完成除法函数相应的功能，运行结果如图 1-6-1 所示（与任务 1-6 实现的功能完全相同）。

知识点 1-19　switch 开关语句

多分支 if 语句的逻辑关系比较复杂，程序的清晰度不高，给阅读和设计带来一定的困难，因此，C 语言又提供了一种专门用于处理多分支结构的条件选择语句，称为 switch 语句，又称开关语句，其可以将复杂的多分支问题予以简单化和形象化处理。使用 switch 语句直接处理多个分支（当然包括两个分支）的语句格式为：

```
switch(表达式)
{
  case 常量 1:
      语句块 1;
      [break;]
  case 常量 2:
      语句块 2;
      [break;]
  ...
  case 常量 n:
      语句块 n;
      [break;]
  [default:
      语句块 n +1;]
}
```

switch 开关语句的执行流程是：首先计算 switch 后面圆括号中表达式的值，然后用此值依次与各个 case 的常量表达式进行比较，若圆括号中表达式的值与某个 case 后面的常量表达式的值相等，就执行此 case 后面的语句，执行后遇 break 语句就退出 switch 语句；若圆括号中表达式的值与所有 case 后面的常量表达式的值都不等，则执行 default 后面的语句 n +1，然后退出 switch 语句，程序流程转向 switch 语句的下一个语句。图 1-7-1 给出了 switch 开关语句的执行流程。

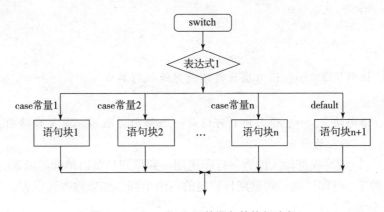

图 1-7-1　switch 开关语句的执行流程

注意：①switch 后的表达式的结果值必须是整数、字符或枚举量值，所以要注意 switch 后的表达式的结果值应该与 case 后的常量表达式的值相匹配。

②在 switch – case 语句中，case 后的常量表达式的值的类型应与 switch 后的表达式的数据类型相同。

尽管 case 后的常量表达式值的顺序可以是任意的，但为了程序的可读性，case 后的常量表达式的值应按顺序排列。

③break 是中断跳转语句，表示在完成相应的 case 标号规定的操作之后，不继续执行 switch 语句的剩余部分而直接跳出 switch 语句之外，继而执行 switch 结构后面的第一条语句。如果不在 switch 结构的 case 中使用 break 语句，程序就会接着执行下面的语句。

正常情况下，任何一个 case 分支执行完后，会直接退出 switch 语句。即使在 case 标号后面包含多条执行语句，也不需要加大括号，进入某个 case 标号后，会自动顺序执行本 case 标号后面的所有执行语句。若某一 case 标号后的语句序列为空，则对应的 case 标号后的 break 语句可以省略（去掉）。

④default 是可选项，如果选择了 default 可选项，当 switch 后面圆括号中表达式的值与所有 case 后面的常量表达式的值都不相等时，则执行 default 是可选项。

default 可选项可以放在 switch 开关语句的任意位置。

当 default 可选项放在最后分支时，default 后不需要加 break 语句，执行 default 分支的所有语句后，也会自动退出 switch 语句。

当 default 可选项不是放在最后分支时，即 default 可选项放在其他位置，则需要加 break 语句；否则，执行完 default 分支语句后，会执行最近的 case 标号后的语句列，直到遇到 break 中断跳转语句，才跳出 switch 语句之外。

例如，在 switch – case 语句中，多个 case 可以共用一条执行语句（当开关语句 switch 表达式的值分别为 1、2、3 时，都打印"hello"并换行。

```
...
case  1:
case  2:
case  3:
    printf("hello\n");
    break;
...
```

思考1：

语句块1、语句块2、…、语句块 n 是不是只能执行其中一个？

思考2：

语句块1、语句块2、…、语句块 n 可以是一条语句，也可以是复合语句，如果是复合语句需要，加 {} 吗？为什么？

【例1–7–1】编写根据输入的数字打印星期一到星期日英语单词的函数。

根据输入数字，打印星期一到星期日相应的英语单词。如果输入数字大于7，提示：输入星期数字应该小于等于7。

分析：根据题目得出以下结论：输入1，输出 Monday；输入2，输出 Tuesday；输入3，输出

Wednesday；输入 4，输出 Thursday；输入 5，输出 Friday；输入 6，输出 Saturday；输入 7，输出 Sunday；输入其他数字时，输出提示信息：输入星期数字应该小于等于 7。如图 1 - 7 - 2 所示。

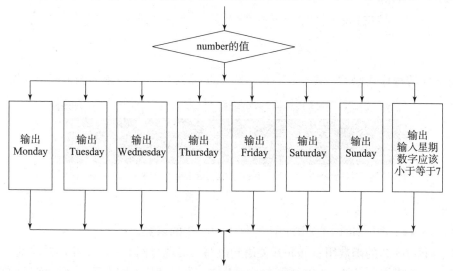

图 1 - 7 - 2　根据输入数字打印星期一到星期日英语单词函数的流程图

```c
#include< stdio.h >
void print_weekday();
void main()
{
    print_weekday();
}
void print_weekday()
{
    int number;
    printf("请输入星期几对应的数字:\n");
    scanf("% d",&number);
    switch(number)
    {
        case 1:printf("您输入的星期数字为: % d,该数字对应的星期的英文单词为: Monday\n",number);break;
        case 2:printf("您输入的星期数字为: % d,该数字对应的星期的英文单词为: Tuesday\n",number);break;
        case 3:printf("您输入的星期数字为: % d,该数字对应的星期的英文单词为: Wednesday\n",number);break;
        case 4:printf("您输入的星期数字为: % d,该数字对应的星期的英文单词为: Thursday\n",number);break;
        case 5:printf("您输入的星期数字为: % d,该数字对应的星期的英文单词为: Friday\n",number);break;
        case 6:printf("您输入的星期数字为: % d,该数字对应的星期的英文单词为: Saturday\n",number);break;
```

```
case 7:printf("您输入的星期数字为:% d,该数字对应的星期的英文单词为: Sunday \
n",number);break;
    default:printf("输入星期数字应该小于等于7\n");
  }
}
```

运行上面的程序代码后,输入数字6并按Enter键后,运行效果如图1-7-3所示。

图1-7-3 运行效果

【例1-7-2】 用switch开关语句改写例1-6-2的函数。

现将例1-6-2的函数用switch开关语句改写,实现与例1-6-2相同的功能。

分析:将成绩分为五段,所以必须有五个分支,为了使用switch开关语句完成此功能,将switch后面的表达式写成输入成绩除以10的形式来实现五个分支。

```
#include<stdio.h >
void score_rank();
void main()
{
  score_rank();
}
void score_rank()
{
  int score;
  printf("请输入学生的成绩:\n");
  scanf("% d",&score);
  switch(score/10)
  {
      case 9:
      case 10:printf("您输入的学生成绩为:% d,对应的分数等级为: A 等 \ n",score);
break;
      case 8:printf("您输入的学生成绩为:% d,对应的分数等级为: B 等\n",score);break;
      case 7:printf("您输入的学生成绩为:% d,对应的分数等级为: C 等\n",score);break;
      case 6:printf("您输入的学生成绩为:% d,对应的分数等级为: D 等\n",score);break;
      default:printf("您输入的学生成绩为:% d,对应的分数等级为: E 等\n",score);
  }
}
```

运行上面的程序代码后,输入数字92并按Enter键后,结果如图1-7-4所示。

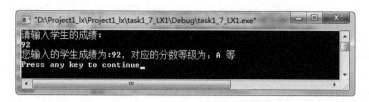

图 1 - 7 - 4 运行效果

巩固及知识点练习

1. 上机完成任务 1 - 7 的操作。

2. 新建 task1_7LX1，上机完成例 1 - 7 - 1 及例 1 - 7 - 2 的编程。

3. 编写程序，实现从键盘上输入 4 个实数 a、b、c、d，求出其中的最大值并输出其值的函数，并由主函数调用此函数。

要求求最大值并输出其值的函数用 switch 开关语句实现。

4. 下列程序的运行结果是_____。

```c
#include< stdio.h >
void function();
void main()
{
    function();
}
void function()
{
  int x = 1,a = 0,b = 0;
  switch(x)
  {
      case 0:
          b++;
      case 1:
          a++;
      case 2:
          a++;
          b++;
  }
  printf("a = % d,b = % d\n",a,b);
}
```

5. 下列程序的运行结果是_____。

```c
#include< stdio.h >
void function();
int main()
```

```
{
    function();
    return 0;
}
void function()
{
    int x =10,y =5;
    switch(x)
    {
        case 1:x++;
        default:x += y;
        case 2:y --;
        case 3:x --;
    }
    printf("x =% 4d ,y =% 4d \n",x,y);
}
```

6. 下列程序的运行结果是_____。

```
#include< stdio.h >
void function();
int main()
{
    function();
    return 0;
}
void function()
{
    int c = 0,k;
    for(k =1;k <3;k++)
    {
        switch(k)
        {
            default: c += k;
            case 2:  c ++; break;
            case 4:  c +=2; break;
        }
    }
    printf("c =% d\n",c);
}
```

任务1-8 循环实现菜单项人机交互响应

 **描 述**

任务1-6和任务1-7虽然能实现菜单项人机交互响应,但是只能人机交互响应一次,不能满足多次人机交互响应,要实现多次菜单项人机交互响应,必须多次运行程序,很不方便,本任务通过学习C语言的循环知识点,可以解决多次菜单项人机交互响应的问题。

 **技能目标**

①熟练运用while、do-while、for循环语句实现循环控制。
②注意while、do-while二者不同之处。
③掌握while、do-while、for三种循环之间的转换。
④熟练运用break和continue控制语句,注意区分二者的差别。
⑤掌握循环嵌套的概念,掌握双重循环的程序设计方法。

 操作要点与步骤

①创建工程项目及项目主文件(main.c)。

a. 启动VC++,单击"File"菜单下的"Open Workspace…"菜单,在出现的"Open Workspace"对话框中,打开E:\CLanguageProgram\StuScoreManagementSystem文件夹下的StuScoreManagementSystem.dsw工作空间文件,即可打开该工作空间中的所有工程项目。

b. 创建项目工程。

选择"File"→"New"菜单命令,新建一个类型为"Win32 Console Application"的项目,项目名称为task1_8。注意,选择将task1_8项目添加到当前的工作空间(StuScoreManageSystem),则新建的task1_8项目为活动的项目,即当前正在开发的项目。

为保险起见,可以在task1_8项目上单击右键,将该项目设置为活动的项目("Set as Active Project"快捷菜单)。

c. 创建C源代码文件。

在VC++集成开发环境下选择"File"→"New"菜单命令,在出现的对话框中输入main.c文件名,然后单击"OK"按钮,则新建了C语言的main.c源文件。

②编写程序源代码,编译、组建、运行程序。

a. 编辑main.c源程序文件。

在工作空间视图中,在task1_8项目"Source Files"文件夹中双击"main.c"文件,打开main.c文件,在空的代码编辑窗口中将task1_7项目中的main.c的源代码全部复制到该项目中的main.c空文件中。

b. 在 main. c 中,在 main()函数体中定义的变量的下面加上 while(1)循环语句(while 括号中的 1 表示循环条件永远为真),所以需要在循环体最后加上下面一行代码,用于当选择菜单编号为 0 时,退出菜单选择的同时退出循环。

```
if(MenuValue==0)  break;
```

最终 main 函数的代码如下:

```
#include<stdio.h>/*将标准输入输出的头文件包含到本文件中,以便使用 printf 和 scanf
函数 */
//在 main()函数中调用已定义的加、减、乘、除函数
double jiafa(double x,double y);   //2 个双精度数的加法函数的声明
double jianfa(double x,double y);   //2 个双精度数的减法函数的声明
double chengfa(double x,double y); //2 个双精度数的乘法函数的声明
double chufa(double x,double y);   //2 个双精度数的除法函数的声明
/******************************************
函数名:main
参 数:无
返回值:double
功 能:程序执行的入口
******************************************/
double main(void)   /*活动的项目中只能有一个主函数 main(),并且是从 main()开始执行,主函
数的返回类型为双精度型(double)。*/
{             //函数开始的标志
    int MenuValue;//存储用户输入的菜单选项的数值
double a,b;  /*定义 2 个双精度变量 a 和 b,存储参与加、减、乘、除运算的两个数 */
while(-1)   /*while(1)循环语句(while 括号中的 1(非零)表示循环条件永远为真) */
{
  printf("\n");//输出换行,即将光标移到下一行开始(换一行)
  printf("              欢迎使用××××管理系统              \n");
  printf("  ┌─────────────────────────────────┐ \n");
  printf("  │1. 调用加法函数                    │ \n");
  printf("  ├─────────────────────────────────┤ \n");
  printf("  │2. 调用减法函数                    │ \n");
  printf("  ├─────────────────────────────────┤ \n");
  printf("  │3. 调用乘法函数                    │ \n");
  printf("  ├─────────────────────────────────┤ \n");
  printf("  │4. 调用除法函数                    │ \n");
  printf("  ├─────────────────────────────────┤ \n");
  printf("  │0. 退 出 系 统                     │ \n");
  printf("  └─────────────────────────────────┘ \n");
  printf("请输入要执行的功能菜单的编号[0~4]: \n");
/*通过人机对话输入一个菜单编号存放到整型变量 MenuValue 地址对应的内存单元中 */
scanf("% d",&MenuValue);
```

```
    /*单分支选择条件语句的作用是判断当菜单编号是1,2,3,4时才有必要通过人机对话输入参与
加、减、乘、除运算的两个数*/
    if(MenuValue >0 && MenuValue <=4)
    {
        printf("请通过键盘任意输入两个数,两个数以空格隔开: ");/*人机对话提示信息*/
        scanf("%lf%lf",&a,&b);        /*通过键盘输入任意2个数,分别赋值给a,b两个
double变量*/
    }
    //使用switch开关语句替换多分支选择条件语句
    switch(MenuValue)    //switch开关语句,比if更方便
    {
        case 1:      /*输入的值会与case相比较,匹配则执行后面的语句。若是数据型,可以省
略'',若是字符型,必须在''中输入定义的值*/
        {
            printf("%f+%f=%f\n",a,b,jiafa(a,b));  /*既输出2个数进行运算,又输
出2个数的和*/
            break;                          /*break中止switch的开关判断*/
        }
        case 2:
        {
            printf("%f-%f=%f\n",a,b,jianfa(a,b));/*既输出2个数进行运算,又输出
2个数的差*/
            break;
        }
        default:    /*default为可选项,可以放在switch语句的任何位置,放在最后可以省略
break语句*/
        {
            printf("输入错误! 请输出正确的选项(0~4) \n");  /*当输入的值与任何一个
case定义的值不相符时,则会执行default后面的语句*/
            break;  /*但是当default不在最后时,需要加上break语句,中止switch的开关判
断;当default语句在最后时,不用加上break语句*/
        }
        case 3:
        {
            printf("%f*%f=%f\n",a,b,chengfa(a,b));/*既输出2个数进行运算,又输
出2个数的积*/
            break;
        }
        case 4:
        {
            if(b!=0)          //除数不为0
            {
```

```
                printf("% f/% f = % f \n",a,b,chufa(a,b));   /*既输出2个数进行运算,又输出
2个数的商*/
        }
        else            /*否则,除数为0(y==0),2个=是判断相等的意思,1个=是赋值*/
        {
            printf("除数为0,不能做除法运算");
        }
        break;
    }
    case 0:
    {
        printf("按下Esc退出程序\n");
        break;          //最后的break语句可以省略
    }
}
if(MenuValue ==0) break;/*当选择菜单编号为0时,退出菜单选择的同时退出循环*/
}
return 0;//主函数的返回语句,与函数的返回类型一致(双精度型)
}            //函数结束的标志
/*在main()函数后定义4个函数,实现2个双精度数的加、减、乘、除运算,则必须在main()函数前
对4个自定义的函数进行声明*/
    double jiafa(double x,double y)   //2个双精度数的加法函数的定义
{
  return x +y;
}
double jianfa(double x,double y)      //2个双精度数的减法函数的定义
{
  return x - y;
}
double chengfa(double x,double y)     //2个双精度数的乘法函数的定义
{
  return x * y;
}
double chufa(double x,double y)       //2个双精度数的除法函数的定义
{
  return x/y;
}
```

 程序说明

实际上,上述程序只是在任务1-7的基础上加上了几行代码(用加粗、斜体、下划线标
明)即可实现,即循环实现菜单项人机交互响应的任务。

c.编译源文件。

执行"Build"→"Compile"菜单,可实现对源文件进行编译,也可以使用快捷键 Ctrl + F7 或编译工具栏中的 按钮对源文件进行编译,生成目标文件 main. obj。

d. 连接应用程序。

执行"Build"→"Build"菜单,可实现对项目进行连接,也可以使用 F7 键或编译工具栏中的 按钮对源文件进行连接,生成可执行文件 task1_8. exe。

e. 运行应用程序。

执行"Build"→"Execute"菜单,可实现对由项目生成的对应的应用程序进行执行,也可以使用快捷键 Ctrl + F5 或编译工具栏中的"执行"按钮 进行执行。

运行程序后,先在屏幕上显示菜单,然后出现提示信息:"请输入要执行的功能菜单的编号[0~4]:",通过键盘输入相应的菜单编号4并按 Enter 键后,程序要求通过人机对话输入参与除法运算的两个数,此时通过键盘输入"50 0"(两个数之间以空格间隔)。

最后程序调用菜单编号为4的对应的除法函数,完成除法函数相应的功能后,显示菜单供用户选择,达到循环实现菜单项人机交互响应的目标,运行结果如图 1 - 8 - 1 所示。

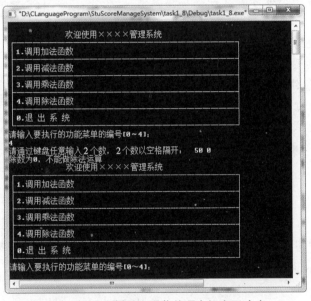

图 1 - 8 - 1　循环实现菜单项人机交互响应

知识点 1 - 20　while、do - while、for 循环语句结构

在给定的条件成立时反复执行某一程序段,称为循环。被反复执行的程序段称为循环体。在 C 语言中,有三种典型的循环语句结构。

1. while 循环语句

while 循环语句的一般结构格式:

```
while(表达式)
{
    循环体
}
```

while 循环语句结构用来实现"当型"循环, 其结构形式中的表达式也称为循环控制表达式或循环条件表达式, 根据此表达式值的真 (非 0) 或假 (0), 可以控制循环体是否被重复执行。

while 循环语句功能是: 当循环条件表达式为真 (非 0) 时, 重复执行循环体, 循环体被重复执行的次数取决于循环体中语句对条件表达式值的影响。

执行过程:

①先计算条件表达式的值。

②如果条件表达式的值为真 (非 0), 则执行循环体语句。

③若条件表达式的值为假 (0), 则不执行循环体, 跳出 while 循环, 继续执行 while 语句循环结构的下一条语句。

while 循环语句的执行流程如图 1 - 8 - 2 所示。

✍说明: ①循环体多于一条语句时, 用一对{ }括起来, 如果不加花括号, 则 while 循环语句的范围只到 while 后面第一个分号处 (即循环体只有一条语句)。

②循环条件表达式与 if 语句后的条件表达式一样, 可以是任何类型的表达式。

③先判断循环条件表达式的真假, 这意味着 while 循环语句结构的循环体可能一次都不被执行 (当循环条件表达式为假时)。

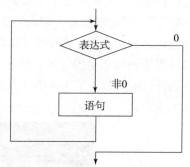

图 1 - 8 - 2　while 循环语句的执行流程

【例 1 - 8 - 1】编程实现 $1 + 2 + 3 + \cdots + 9$ 累加函数及 $1 \times 2 \times 3 \times \cdots \times 9$ 累乘函数 (表 1 - 8 - 1)。

表 1 - 8 - 1　累加及累乘的函数

任务	求累加和	求累乘积
分析过程	累加器 sum (初值一定要置 0)	累乘器 factorial (初值一定要置 1)
	一个计数器 count	一个计数器 count

	sum = sum + 1;
	 sum = sum + 2;
	 …
	 sum = sum + count
	 …
	 sum = sum + 9
		factorial = factorial × 1;
		 factorial = factorial × 2;
		 …
		 factorial = factorial × count
		 …
		 factorial = factorial × 9

	sum = sum + count 重复 9 遍 在重复的过程中, count 的值是从 1 到 9 不断递增	factorial = factorial × count 重复 9 遍 在重复的过程中, count 的值是从 1 到 9 不断递增

续表

任务	求累加和	求累乘积

程序代码	`#include <stdio.h>`
	`void summator();`
	`void main()`
	`{`
	`    summator();//调用累加函数`
	`}`
	`void summator()`
	`{`
	`int sum=0;    //累加器置0`
	`int count=1;  /*计数器的初始化(循`
	`环变量)*/`
	`while(count<=9)   //循环控制条件`
	`{`
	`  sum=sum+count;    //累加`
	`  count++;          //修改循环变量`
	`}`
	`printf("\n 1+2+3+…+9=%d \n",`
	`sum);`
	`}`
		`#include <stdio.h>`
		`void product();`
		`void main()`
		`{`
		`product();   //调用累乘函数`
		`}`
		`void product()`
		`{`
		`int factorial=1;  //累乘器置1`
		`int count=1;    /*计数器的初始化(循环变`
		`量)*/`
		`while(count<=9)   //循环控制条件`
		`{`
		`factorial=factorial*count;  //累乘`
		`count++;          //修改循环变量`
		`}`
		`printf("\n 1×2×3×…×9=%d \n",fac-`
		`torial);`
		`}`

结果	1+2+3+…+9=45	1×2×3×…×9=362 880

2. do – while 循环语句

do – while 循环语句的一般结构格式:

```
do
{
    循环体
} while(表达式);
```

do – while 循环语句用来实现"直到型"循环,其功能特点是:首先执行循环体一次,然后计算循环条件表达式,若循环条件表达式为真(非0),则重复执行循环体,否则终止循环。

执行过程:

①执行循环体语句。

②计算循环条件表达式的值,如果循环条件表达式的值为真(非0),则重复①和②。

③若循环条件表达式值为假(0),则终止循环。

do – while 循环语句的执行流程如图1–8–3所示。

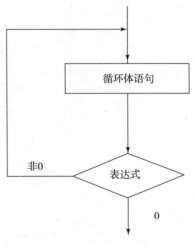

图1–8–3　do – while 循环
语句执行流程

说明:①首先执行循环体语句,然后判断循环条件表达式。

②循环条件为真(非0)时,while 和 do – while 等价;第一次循环条件为假(0)时,while 和 do – while 二者不同,即 while 语句结构的循环体一次都不被执行,而 do – while 一次循环语句结构的循环

体至少被执行一次。

③在 while 语句中，表达式后面都没有英文分号，而在 do – while 语句的循环条件表达式后面则必须加英文分号，在 do – while 和 while 语句相互替换时尤其要注意，同时要注意修改循环体中的控制条件。

思考：例 1 – 8 – 1 是如何用 do – while 循环语句进行改写的？

3. for 循环语句

for 循环语句的一般格式：

```
for(表达式1;表达式2;表达式3)
{
    循环体
}
```

for 循环语句的执行过程如下：

①求解表达式 1（循环变量赋初值）的值，通常为循环变量指定初值（在整个循环过程中，它只求解一次）。

②判断表达式 2（循环条件）的值。

若表达式 2 值为真（非 0），则进入循环体，执行 for 语句中指定的循环体语句，然后转到第③步；若表达式 2 值为假（0），则终止循环，转到第⑤步。

③求解表达式 3（循环变量增量）。

④回到第②步继续执行。

⑤循环结束，执行 for 循环语句结构下面的语句。

for 循环语句的执行流程如图 1 – 8 – 4 所示。

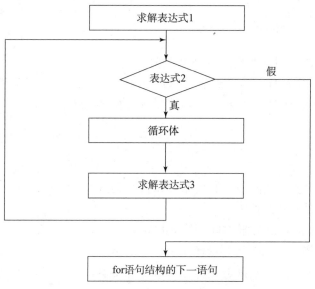

图 1 – 8 – 4　for 循环语句的执行流程

说明：①for 循环结构中的"表达式 1（循环变量赋初值）""表达式 2（循环条件）"和"表达式 3（循环变量增量）"都是选择项，即可以省略，但英文的分号";"不能缺省。当 3 个表达式都省略时，例如 for(; ;)语句，相当于 while(1)语句，循环条件永远为真。

②省略了"表达式1（循环变量赋初值）"，表示不在此处对循环控制变量赋初值。

③省略了"表达式2（循环条件）"，则不做其他处理时便成为死循环。

④省略了"表达式3（循环变量增量）"，则不对循环控制变量进行操作，这时可在语句体中加入修改循环控制变量的语句。

▶思考：例1-8-1如何用for循环语句进行改写？

4. 比较3种循环语句

C语言中，3种循环语句格式在具体使用时存在一些细微的差别：

①循环变量初始化：while和do-while循环语句，循环变量初始化应该在while和do-while语句之前完成；而for循环语句，循环变量的初始化可以在表达式1中完成。

②循环条件：while和do-while循环语句只在while后面指定循环条件；而for循环语句可以在表达式2中指定。

③修改循环变量，使循环趋向结束：while和do-while循环语句要在循环体内包含使循环趋于结束的操作；for循环语句是在表达式3中完成此操作的。

④for循环语句功能强大，其可以省略循环体，将部分操作放到表达式2、表达式3中。

⑤while、for循环是典型的当型循环，而do-while循环可以看作是直到型循环。while和for循环语句先测试表达式，然后执行循环体，而do-while循环语句是先执行循环体，再判断while小括号中的循环条件表达式是否为真（while小括号后必须有英文的分号）。

如果不考虑可读性，C语言中3种循环语句格式可以相互代替，不能说哪种更加优越。对计数型的循环或确切知道循环次数的循环，用for循环语句合适，对其他不确定循环次数的循环，适合用while或do-while循环语句。

do-while循环语句格式比较特殊，它先执行循环体，然后根据判断循环条件决定是否再次执行循环体，即do-while循环语句格式循环体至少被执行一次。

for、while循环语句格式都必须先判断循环条件是否成立，然后决定是否执行循环体。for循环语句格式适合针对一个范围判断进行操作，即已知循环次数；while循环语句格式适合判断次数不明确的操作。

【例1-8-2】用3种循环语句格式实现同一任务。

用3种循环语句格式实现同一任务：编写输出50～60之间不能被3整除的函数，见表1-8-2。

表1-8-2　用3种不同循环结构编写50～60之间不能被3整除的函数

用while循环语句实现	用do-while循环语句实现	用for循环语句实现
```#include<stdio.h>void divideby3();main(){ divideby3();}void divideby3(){ int i =50;```	```#include<stdio.h>void divideby3();main(){ divideby3();}void divideby3(){ int i =50;```	```#include<stdio.h>void divideby3();main(){ divideby3();}void divideby3(){ int i;```

续表

用 while 循环语句实现	用 do - while 循环语句实现	用 for 循环语句实现
| ```
    printf("不能被 3 整除的
数：\n");
    while(i < =60)
    {
       if(i% 3! =0)
printf("% 4d ",i);
       i++;
    }
    printf("\n");
}
``` | ```
    printf("不能被 3 整除的
数：\n");
    do
    {
       if(i% 3! =0)
printf("% 4d ",i);
       i++;
    } while(i < =60);
    printf("\n");
}
``` | ```
    printf("不能被 3 整除的数：
\n");
    for(i =50;i < =60; i++)
    {
       if(i% 3! =0)  printf
("% 4d",i);
    }
    printf("\n");
}
``` |
| if 语句没有加{ }，因为 if 只有一条语句
循环体中 i++ 循环变量发生变化 | if 语句没有加{ }，因为 if 只有一条语句
循环体中，i++ 循环变量发生变化 | for 循环语句中, i++ 循环变量发生变化
循环体可以不加{ }，因为只有一条 if 语句 |
| 运行结果 | | |

```
"E:\Project1_lx\Project1_lx\task1_8_LX1\Debug\task1_8_LX1.exe"
不能被3整除的数：
   50   52   53   55   56   58   59
Press any key to continue_
```

知识点 1 –21　循环体中使用 break 语句和 continue 语句

1. 循环体中使用 break 语句

break 语句通常用在循环语句结构和开关语句结构中。

当 switch 开关语句中使用 break 语句被执行时，则程序跳出 switch 开关语句结构而执行 switch 开关语句结构后面的语句。

当 while、do - while、for 循环语句的循环体中使用 break 语句时，则程序跳出循环语句结构而执行循环语句结构后面的语句（俗称"断路"）；通常在循环体中使用 break 语句总是与 if 条件语句相关联，即在循环体中满足一定的条件时，便跳出循环语句结构（"断路"）。

2. 循环体中使用 continue 语句

continue 语句只用在 for、while、do - while 等循环语句结构的循环体中，通常在循环体中使用 continue 语句总是与 if 条件语句相关联，即在循环体中满足一定的条件时，便跳过循环体中剩余的语句而强行执行下一次循环（俗称"短路"），用来加速循环，所以 continue 语句可以理解为"跳过循环体中剩余的语句，继续循环"（"短路"）。

在 while 和 do - while 循环中，continue 语句使流程直接跳到循环控制条件的测试部分，然后决定循环是否继续执行。在 for 循环中，遇到 continue 后，跳过循环体中余下的语句，而去对 for 语句中的表达式 3 求值，然后进行表达式 2 的条件测试，最后决定 for 循环是否执行。

3. 循环体中使用 break 语句和 continue 语句的区别

①continue 语句只终止本次循环，而不是终止整个循环结构的执行。
```

```
while (表达式1)
  { …
  if (表达式2) continue;
  …
  }
```

②break 语句是终止循环，不再进行条件判断。

```
while (表达式1)
  { …
  if (表达式2) break;
  …
  }
```

【例1-8-3】 函数的循环体中使用 break 语句和 continue 语句。

在循环体中使用 break 语句和 continue 语句编写程序，实现将 1～20 之间的奇数进行累加，但是当奇数的累加和大于 30 时，终止循环的函数。

实现上述功能的函数代码如下，运行结果如图 1-8-5 所示。

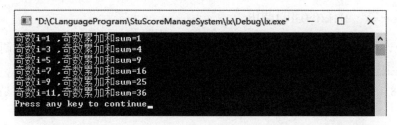

图 1-8-5　在循环体中使用 break 语句和 continue 语句函数

```
#include<stdio.h>
void uneven();
main()
{
  uneven();
}
void uneven()
{
    int sum = 0;
    int i = 0;
    while(i <= 20)
    {
        i++;         //i = i + 1
        //当 i 的值是偶数时,跳出本次循环,继续下次循环,否则,将奇数进行累加并输出
        if(i% 2 == 0)   //% 求余数,当条件满足时,说明 i 为偶数
        {
            continue;   //短路
        }
```

```
        else    //说明奇数
        {
            sum += i;   //  +=   相当于 sum = sum + i
            printf("奇数 i = % 4d,奇数累加和 sum = % 4d\n",i,sum);
            //当奇数的累加和大于 30 时,则跳出循环体,终止循环
            if(sum > 30) break;   //断路
        }
    }
}
```

程序说明

当 1~20 中的数是偶数时,执行 continue 语句,跳出本次循环,继续下次循环(短路);否则(不是偶数),将奇数进行累加并输出奇数及奇数的累加和,紧接着判断累加和的值是否满足大于 30 的条件,当奇数的累加和大于 30 时,则跳出循环体,终止循环(断路)。

知识点 1 – 22 函数的递归调用

C 语言允许在调用一个函数的过程中直接或间接地调用该函数本身,这种调用称为函数的递归调用,把这种直接或间接调用函数本身的函数称为递归函数。

如图 1 – 8 – 5 所示,在调用函数 fun 的过程中,又要调用 fun 函数本身,这是直接调用本函数。

如图 1 – 8 – 6 所示,在调用 fun1 函数的过程中,又要调用 fun2 函数,而在调用 fun2 函数过程中,又要调用 fun1 函数本身,这是间接调用本函数。

从图 1 – 8 – 6 和图 1 – 8 – 7 可以看出,这两种递归调用都是无终止的自身调用,应该是可终止有限次的递归调用。

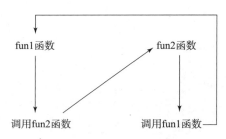

图 1 – 8 – 6　直接函数的递归调用　　　　图 1 – 8 – 7　间接函数的递归调用

为了防止函数递归调用无终止地进行,必须在函数体中含有终止函数递归调用的条件语句,即用 if 条件语句的条件表达式作为控制终止函数递归调用的条件,当满足某种条件后,不再进行函数的递归调用,而是逐层返回。

下面通过实例说明递归调用的执行过程。

【例 1 – 8 – 4】编写计算 n! 的递归函数 fact(int n)。

分析:由数学公式,可以知道任何正整数 n 的阶乘 n! = n × (n – 1) × (n – 2) × (n –

3）× … ×2 ×1。

可以理解为: $n! = \begin{cases} 1 & (n=0 \text{ 或 } n=1) \\ n \times (n-1)! & (n>1) \end{cases}$

计算 n! 的递归函数 fact(int n)的代码如下，运行结果如图1-8-8所示。

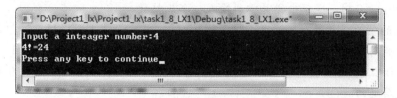

图1-8-8　计算 n! 的递归函数 fact(int n)的运行结果

```c
#include< stdio.h >
long fact(int n);
main()
{
  int n;
  long a;
  printf("请输入一个整数:");
  scanf("% d",&n);
  if(n<0)
  {
    printf("输入  % d<0,错误,请重新输入。\n",n);
  }
  else
  {
a = fact(n);
printf("%d! =%ld\n",n,a);
  }
  return 0;
}
long fact(int n)
{
  long f;
  if(n ==1)
    f =1;
  else
    f =n * fact(n -1);
  return f;
}
```

程序说明

程序中，fact()是一个递归函数。在主函数main()中，通过键盘输入要计算阶乘的n值，当输入n的值小于0时，提示出错并重新输入一个正整数。

当输入n的值为正整数时，调用递归函数fact()，当n==1时，将结束递归函数的执行，否则，就递归调用fact()函数自身。每一次递归调用时，实参为n-1，即把n-1的值传给fact()函数的形参n，最后当n-1的值为1时，再做递归调用，形参n的值也为1，将使递归终止，然后逐层退回。

main()函数中只有一条调用语句a=fact(n)。当输入n的值为4时，则函数递归调用的过程如图1-8-9所示。

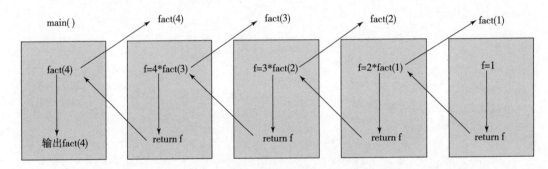

图1-8-9 fact(4)的函数递归调用过程

从图1-8-4可以看到，fact()函数共被调用了4次。递归函数第1次自身调用是在主函数中调用fact(4)，递归函数其他3次自身调用分别为fact(3)、fact(2)和fact(1)。

函数递归调用的过程必须解决两个问题：一是递归计算的公式，二是递归结束的条件。如例1-8-8中的问题，这两个条件可以写成：

递归计算公式：fact(n)=n*fact(n-1)　　　　n>1

递归结束条件：fact(n)=1　　　　　　　　n==1

凡是能够表示成上述式子的数学问题均可以用递归来实现。在递归函数中，一般可以采用双分支语句来实现：

```
if(递归结束条件)
  return(递归终止值)
else
  return(递归计算公式)
```

【例1-8-5】编写到村庄没卖前鸭子数的递归函数duck(int village)。

一个人赶着鸭子去每个村庄卖，每经过一个村子，卖去所赶鸭子的一半又一只。经过了七个村子后，还剩2只鸭子（即到了第8个村庄只剩2只鸭子），问他出发时，赶了多少只鸭子？经过每个村子卖出多少只鸭子？

根据题意，在每一个村子卖出之前的数量都是卖出之后的数量+1再乘以2，从经过了七个村子后还剩两只鸭子倒推求出"到村庄没卖前的鸭子数""到村庄卖后所剩下的鸭子数"及

"卖出的鸭子数"与递归函数关系, 见表1-8-3。

表1-8-3 到村庄没卖前的鸭子数的递归函数

村庄	到村庄没卖前的鸭子数	到村庄卖后所剩下的鸭子数	卖出的鸭子数
1	$f(1)=2*(f(2)+1)=510$	$f(2)=254$	$2*(f(2)+1)-f(2)=256$
2	$f(2)=2*(f(3)+1)=254$	$f(3)=126$	$2*(f(3)+1)-f(3)=128$
3	$f(3)=2*(f(4)+1)=126$	$f(4)=62$	$2*(f(4)+1)-f(4)=64$
4	$f(4)=2*(f(5)+1)=62$	$f(5)=30$	$2*(f(5)+1)-f(5)=32$
5	$f(5)=2*(f(6)+1)=30$	$f(6)=14$	$2*(f(6)+1)-f(6)=16$
6	$f(6)=2*(f(7)+1)=14$	$f(7)=6$	$2*(f(7)+1)-f(7)=8$
7	$f(7)=2*(f(8)+1)=6$	$f(8)=2$	$2*(f(8)+1)-f(8)=4$
8	$f(8)=2$		

由表1-8-3可以得到如下递归表达式及递归结束条件表达式:

递归表达式: $duck(village)=2*(duck(village+1)+1)$　　($village<=7$)

递归结束条件: $duck(village)=2$　　　　　　　　　　($village=8$)

到村庄没卖前鸭子数的递归函数 duck(int village) 的代码如下, 运行结果如图1-8-10所示。

图1-8-10 运行结果

```
#include< stdio.h >
int N; //到第 N 个村庄时,没卖前剩 2 个鸭子,全局变量
int duck(int village);
int main()
{
    int villages;
    printf("输入第 N 个村庄没卖前剩 2 个鸭子的值 N =  \n");
    scanf("% d",&N);
    for(villages =1;villages < =N;villages++)
    {
        printf("第% 4d 村庄, 没卖前的鸭子数:% 4d,到村庄卖后所剩下的鸭子数:% d,卖出的鸭
子数:% 4d\n", villages, duck(villages),duck(villages)/2 -1,duck(villages)/2 +1);
    }
```

```
        return 0;
    }
    int duck(int village)    //函数值表示第 village 个村庄,没卖前的鸭子数
    {
        if(village == N)    /* 终止条件很重要:如果是第 N 个村庄时,没卖前剩 2 个鸭子,即返
回 2 */
            return 2;
        else
            return 2 * (duck(village +1) +1); /* 如果 village 不是最后一个村庄,那么这
一村庄鸭子的数量等于后一个村庄鸭子数加 1 再乘以 2 */
    }
```

巩固及知识点练习

1. 上机完成任务 1 - 8 的操作。

2. 新建一个 C 语言项目 task1_8_LX1,上机完成例 1 - 8 - 1 ~ 例 1 - 8 - 5 的编程及所提出的思考。

3. 参照例 1 - 8 - 3,新建一个 C 语言项目 task1_8_LX2,编写分别实现下列功能的函数。

(1) 实现将 1 ~ 20 之间的偶数进行累加,但是当偶数的累加和大于 30 时,终止循环的函数 even( )。

(2) 实现计算 1 ~ 20 的和,当结果大于 90 时,停止计算的函数 calculate( )。

(3) 实现计算 1 ~ 20 的和,但 10 和 11 不参与计算,当结果大于 90 时,停止计算的函数 calculate10_11( )。

4. 新建一个 C 语言项目 task1_8_LX3,编写分别实现下列功能的函数。

(1) 实现输入一个 5 位数的整数,把输入的 5 位整数按反序输出的函数 reverse( )。例如:输入 12345,要求输出结果是 54321。

(2) 实现用 0 ~ 9 数字组成没有任一数字是相同的三位数及三位数总个数的函数 print_number( )。

(3) 实现求 Sn(Sn = a + aa + aaa + aaaa + aaaaa)前 5 项之和的函数 iterated_logarithm( ),其中 a 是一位整数,例如:2 + 22 + 222 + 2222 + 22222。

5. 新建一个 C 项目 task1_8_LX4,编写分别实现下列功能的函数。

(1) 计算 1 + 2 + 3 + … + n 的递归函数 getSum(int n)。请参照例 1 - 8 - 4 编写计算 n! 的递归函数 fact(int n)的程序说明,理解计算 1 + 2 + 3 + … + n 的递归函数 getSum(int n),并参照图 1 - 8 - 8,改写成 1 + 2 + 3 + … + n 的递归函数 getSum(int n)递归调用过程。

分析:由数学公式,可以知道任何正整数之和 1 + 2 + 3 + … + n 可以理解为:

$$\begin{cases} 1 & (n = 1) \\ n + getSum(n - 1) & (n > 1) \end{cases}$$

(2) 猴子第一天摘下若干个桃子,当即吃了一半,还不过瘾,又多吃了一个。第二天早上又将第一天剩下的桃子吃掉一半,又多吃了一个。以后每天早上都吃了前一天剩下的一半零一个。到第 10 天早上想再吃时,发现只剩下一个桃子了。编写实现求猴子第一天摘了多少个桃子的函数 monkey_peach( )。

递归结束条件:monkey_peach(10)=1(day=10)

递归表达式为 monkey_peach(day)=2*(monkey_peach(day+1)+1)(day<10),如果 day 不是最后一天,那么这一天桃子的数量等于明天桃子数加 1 再乘以 2。

天数	没吃之前的桃子数 f(n)	吃掉后剩下的桃子数 f(n+1)	吃掉的桃子数 f(n+1)+2
1	f(1)=2*(f(2)+1)=1534	f(2)=766	2*(f(2)+1)-f(2)=768
2	f(2)=2*(f(3)+1)=766	f(3)=382	2*(f(3)+1)-f(3)=384
3	f(3)=2*(f(4)+1)=382	f(4)=190	2*(f(4)+1)-f(4)=192
4	f(4)=2*(f(5)+1)=190	f(5)=94	2*(f(5)+1)-f(5)=96
5	f(5)=2*(f(6)+1)=94	f(6)=46	2*(f(6)+1)-f(6)=48
6	f(6)=2*(f(7)+1)=46	f(7)=22	2*(f(7)+1)-f(7)=24
7	f(7)=2*(f(8)+1)=22	f(8)=10	2*(f(8)+1)-f(8)=12
8	f(8)=2*(f(9)+1)=10	f(9)=4	2*(f(9)+1)-f(9)=6
9	f(9)=2*(f(10)+1)=4	f(10)=1	2*(f(10)+1)-f(10)=3
10	f(10)=1		

(3)有 1 024 个西瓜,第一天卖掉总数的一半后又多卖出两个,以后每天卖剩下的一半多两个,编写实现:几天以后能卖完 1 024 个西瓜的函数 watermelon(int day)(采用函数递归实现)。

根据题意,可以得到递归表达式及递归结束条件。

递归表达式:watermelon(int day),函数值不为 0 时,返回 f(n)=1/2f(n-1)-2。

递归结束条件:watermelon(int day),函数值为 0 时返回的 day。

天数	没卖前的西瓜数	卖掉的西瓜数	卖掉以后剩下的西瓜数
1	f(1)=1024	1/2*f(1)+2=514	1/2*f(1)-2=510
2	f(2)=1/2*f(1)-2=510	1/2*f(2)+2=257	1/2*f(2)-2=253
3	f(3)=1/2*f(2)-2=253	1/2*f(3)+2=128	1/2*f(3)-2=124
4	f(4)=1/2*f(3)-2=124	1/2*f(4)+2=64	1/2*f(4)-2=60
5	f(5)=1/2*f(4)-2=60	1/2*f(5)+2=32	1/2*f(5)-2=28
6	f(6)=1/2*f(5)-2=28	1/2*f(6)+2=26	1/2*f(6)-2=22
7	f(7)=1/2*f(6)-2=12	1/2*f(7)+2=8	1/2*f(7)-2=4
8	f(8)=1/2*f(7)-2=4	1/2*f(8)+2=4	1/2*f(8)-2=0
9	f(9)=0		

6. 使用 3 种循环结构语句完成输出 n 行(n 值通过键盘人机对话输入)由 5 个五角星(★)组成的图形。

★ ★ ★ ★ ★　第1行
★ ★ ★ ★ ★　第2行
★ ★ ★ ★ ★　第3行
　　　⋮　　　　　⋮
★ ★ ★ ★ ★　　第 n 行

7. 判断题。

（1）在循环语句结构中使用 continue 语句是为了结束本次循环，而不是终止整个循环的执行（短路）。

（2）在循环语句结构中，使用 break 语句是为了使流程跳出循环，提前结束循环（断路）。

（3）while 循环语句结构是先判断循环条件表达式是否为真，如果循环条件表达式为真，执行循环体语句。

（4）do – while 循环语句和 for 循环语句均是先执行循环体语句，然后判断循环条件表达式。

（5）for – while 和 do – while 循环语句结构中的循环体均可由空语句构成。

（6）do – while 循环语句结构构成的循环只能用 break 语句退出循环。

8. 请写出下列程序的运行结果，并说明原因。

（1）运行结果：＿＿＿＿＿＿，原因：＿＿＿＿＿＿＿＿＿＿＿＿。

```c
#include< stdio.h >
void function();
int main()
{
    function();
    return 0;
}
void function()
{
    int i,j,k;
    for(i=0,j=0;i<=j;i++,j--)
    {
        k=i+j;
    }
    printf("k=% d\n",k);
}
```

（2）运行结果：＿＿＿＿＿＿，原因：＿＿＿＿＿＿＿＿＿＿＿＿。

```c
#include< stdio.h >
void function();
int main()
{
    function();
    return 0;
```

```
}
void function()
{
    int y = 0;
    do
    {
        y--;
        printf("% d\n",y);
    }while(++y);
    printf("% d\n",y--);
}
```

（3）运行结果：_____，原因：_____。

```
#include< stdio.h >
void function();
int main()
{
    function();
    return 0;
}
void function()
{
    int x,y = 0;
    for(x = 0,y = 0;(y! = 99)&&(x < 4);x++)
    {
        printf("% d\n",x);
    }
}
```

（4）运行结果：_____，原因：_____。

```
#include< stdio.h >
void function();
int main()
{
    function();
    return 0;
}
void function()
{
    int i,x;
    for(i = x = 0;i < 9&&x! = 5;i++,x++)
    {
        printf("i = % d,x = % d\n",i,x);
    }
}
```

（5）运行结果：_____，原因：_____。

```c
#include<stdio.h>
void function();
int main()
{
    function();
    return 0;
}
void function()
{
    int a,b;
    for(a=0,b=0;b! =123&&a<3;a++)
    {
        scanf("% d",&b);
    }
}
```

（6）下列循环的输出结果是_____。如果去掉 for 循环语句最后的英文分号，输出结果是_____。

```c
#include<stdio.h>
void function();
int main()
{
    function();
    return 0;
}
void function()
{
    int i;
        for(i =0;i++ <3;);
    printf("i =% d\n",i);
}
```

（7）下列循环的输出结果是_____。当 i = 4 时，与语句 while（!i）等价的语句是_____。

```c
#include<stdio.h>
void function();
int main()
{
    function();
    return 0;
}
void function()
```

```
{
    int i = 4;
    while(! i)
    {
        printf("i = % d \n",i);
    }
    printf("! i = % d \n",! i);
}
```

(8)运行结果:_____,原因:_____。

```
#include< stdio.h >
void function();
int main()
{
    function();
    return 0;
}
void function()
    int i = 3;
    do
    {
        printf("% 3d \n",i - = 2);
    }while(! ( - - i));
}
```

(9) 运行结果:_____,原因:_____。

```
#include< stdio.h >
void function();
int main()
{
    function();
    return 0;
}
void function()
{
    int a,b;
    for(a = 1,b = 1;a < 100;a++)
    {
        if(b > =10) break;
        if(b% 3 ==1)
        {
            b +=3;
            continue;
```

```
        }
        b - =5;
    }
    printf("a = % d,b = % d \n",a,b);
}
```

（10）运行结果：_____，原因：_____。

```
#include< stdio.h >
void function();
int main()
{
    function();
    return 0;
}
void function()
{
    int a =1,b =10;
    do
    {
        b - =a;
        a++;
    }while(b - - <0);
    printf("a = % d,b = % d \n",a,b);
}
```

（11）运行结果：_____，原因：_____。

```
#include< stdio.h >
void function();
int main()
{
    function();
    return 0;
}
void function()
{
    int x =3,y =6,a =0;
    while(x++! = (y - =1))
    {
        a +=1;
        if(y <x) break;
    }
    printf("x = % d,y = % d,a = % d \n",x,y,a);
}
```

任务1-9　菜单交互调用输出各种形状九九乘法表函数

 描　述

如图1-9-1所示,矩形九九乘法表被2条对角线划分成4个三角形这4个三角形的九九乘法表分别为"1.左下角99表""2.右上角99表""3.左上角99表"及"4.右下角99表"。

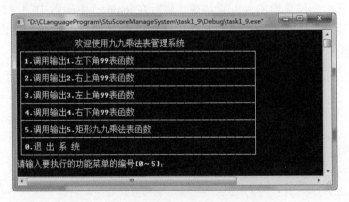

图1-9-1　矩形九九乘法表的对角线划分

请编写5个函数,分别实现输出"1.左下角99表""2.右上角99表""3.左上角99表""4.右下角99表"及"5.矩形九九乘法表",并实现菜单项人机交互响应调用这5个函数,功能菜单如图1-9-2所示。

图1-9-2　输出九九乘法表功能菜单

 技能目标

①熟练运用while,do-while,for循环语句构成双重循环控制。
②熟练运用多重循环及循环嵌套。
③熟练运用main()主函数,scanf()、printf()系统库函数及自定义函数。
④熟练运用switch开关语句结构进行程序设计。
⑤熟练运用所学知识解决实际问题。

①创建工程项目及项目主文件（main. c）。

a. 启动 VC++，单击"File"菜单下的"Open Workspace…"菜单，在出现的"Open Workspace"对话框中，打开 E:\CLanguageProgram\StuScoreManagementSystem 文件夹下的 StuScoreManagementSystem. dsw 工作空间文件，即可打开该工作空间中的所有工程项目。

b. 创建项目工程。

选择"File"→"New"菜单命令，新建一个类型为"Win32 Console Application"的项目，项目名称为"task1_9"。注意，选择将 task1_9 项目添加到当前的工作空间（StuScoreManageSystem），则新建的 task1_9 项目为活动的项目，即当前正在开发的项目。

为保险起见，可以在 task1_9 项目上单击右键，将该项目设置为活动的项目（"Set as Active Project"快捷菜单）。

c. 创建 C 源代码文件。

在 VC++集成开发环境下选择"File"→"New"菜单命令，在出现的对话框中输入 main. c 文件名，然后单击"OK"按钮，则新建了 C 语言的 main. c 源文件。

②编写程序源代码，编译、组建、运行程序。

a. 编辑 main. c 源程序文件。

在工作空间文件视图的 task1_9 项目"Source Files"文件夹中双击 main. c 文件，打开 main. c 文件，在空的代码编辑窗口中输入如下代码。先声明 5 个自定义函数，分别实现打印矩形九九乘法表及 4 个三角形的九九乘法表，然后在 main() 主函数中编写调用这 5 个自定义函数所对应菜单项及实现菜单项人机交互响应调用 5 个自定义函数的程序设计。

提示：为了提高编程效率，建议将任务 1-8 的程序复制过来修改。

```
#include< stdio.h >/*将标准输入输出的头文件包含到本文件中,以便使用 printf 和 scanf
函数 */
/*在 main()函数中声明 5 个函数,分别实现输出 1.左下角 99 表、2.右上角 99 表、3.左上角 99
表及 4.右下角 99 表及输出 5.矩形九九乘法表 */
void zuoxiajiao1();      //声明 1.左下角 99 表函数
void youshangjiao2();    //声明 2.右上角 99 表函数
void zuoshangjiao3();    //声明 3.左上角 99 表函数
void youxiajiao4();      //声明 4.右下角 99 表函数
void rectangle5();       //声明 5.矩形九九乘法表函数
/*****************************************
    函数名:main
    参  数:无
    返回值:void
    功  能:程序执行的入口
*****************************************/
void main(void)   /*活动的项目中只能有一个主函数 main(),并且是从 main()开始执行,主函
数无返回类型 */
    {              //函数开始的标志
```

```
int MenuValue;//存储用户输入的菜单选项的数值
while(-1)    //while(1)循环语句(while括号中的1表示循环条件永远为真)
{
    printf("\n");//输出换行,即将光标移到下一行开始(换一行)
    printf("                欢迎使用九九乘法表管理系统                    \n");
    printf(" ┌──────────────────────────────┐ \n");
    printf(" │1. 调用输出1. 左下角99表函数                  │ \n");
    printf(" ├──────────────────────────────┤ \n");
    printf(" │2. 调用输出2. 右上角99表函数                  │ \n");
    printf(" ├──────────────────────────────┤ \n");
    printf(" │3. 调用输出3. 左上角99表函数                  │ \n");
    printf(" ├──────────────────────────────┤ \n");
    printf(" │4. 调用输出4. 右下角99表函数                  │ \n");
    printf(" ├──────────────────────────────┤ \n");
    printf(" │5. 调用输出5. 矩形九九乘法表函数              │ \n");
    printf(" ├──────────────────────────────┤ \n");
    printf(" │0. 退 出 系 统                                │ \n");
    printf(" └──────────────────────────────┘ \n");
    printf("请输入要执行的功能菜单的编号[0~5]: \n");
    /*通过人机对话输入一个菜单编号,存放到整型变量MenuValue地址对应的内存单元中*/
    scanf("%d",&MenuValue);
//使用switch开关语句替换多分支选择条件语句
    switch(MenuValue)    //switch开关语句,比if更方便
    {
    case 1:      /*输入的值会与case相比较,匹配则执行后面的语句。若是数据型,可以省略
''',若是字符型,必须在''中输入定义的值*/
        {
            zuoxiajiao1();    //调用1. 左下角99表函数
            break;            //break中止switch的开关判断
        }
    case 2:
        {
            youshangjiao2();  //调用2. 右上角99表函数
            break;
        }
    default:    /*default为可选项,可以放在switch语句的任何位置,如果放在最后,可以
省略break语句*/
        {
            printf("输入错误! 请输出正确的选项(0~5) \n");    /*当输入的值与任何一个
case定义的值不相符时,则会执行default后面的语句*/
            break;    /*但是当default不在最后时,需要加上break语句,中止switch的开关
判断;当default语句在最后时,不用加上break语句*/
        }
```

```
        case 3:
        {
             zuoshangjiao3();    //调用 3. 左上角 99 表函数
             break;
        }
        case 4:
        {
             youxiajiao4();      //调用 4. 右下角 99 表函数
             break;
        }
        case 5:
        {
             rectangle5();       //调用 5. 矩形九九乘法表函数
             break;
        }
        case 0:
        {
             printf("按下 Esc 退出程序\n");
             break;          // 最后的 break 语句可以省略
        }
    }
    if(MenuValue ==0) break;/* 当选择菜单编号为 0 时,退出菜单选择的同时退出循环。*/
}
}            //函数结束的标志
```

b. 在 main. c 中的 main( )主函数下编写 5 个自定义函数,分别实现输出 "1. 左下角 99 表""2. 右上角 99 表""3. 左上角 99 表""4. 右下角 99 表"及 "5. 矩形九九乘法表"的功能。

c. 自定义函数 void zuoxiajiao1( ),实现输出 "1. 左下角 99 表"。

根据图 1-9-1,分析输出 "1. 左下角 99 表"的外循环 i 及内循环 j 之间的关系,从而找出 j 的变化规律 (j< =i)。

i 行　j 列

i =1　j =1

i =2　j =1, 2

i =3　j =1, 2, 3

…

i =9　j =1, 2, 3, 4, 5, 6, 7, 8, 9

j 循环变量变化的规律为: for(j =1; j <=i; j++)。

输出每一行前,都要先确定输出位置:每一行都是从最左边开始输出。

自定义函数 void zuoxiajiao1( )的代码如下:

```
void zuoxiajiao1()
{
    int i,j;
```

```
for(i =1;i < =9;i++)//控制行
{
    for(j =1;j < =i;j++)//每一行 j 的变化规律
    {
        printf("% d * % d = % d\t",i,j,i * j);
    }
    printf("\n");
}
}
```

程序说明

·用一个双重循环来控制行和列，外循环变量 i 控制行，内循环变量 j 控制列。i 和 j 的关系为：每一行的九九乘法表的项数（列数或 j 的终值）与行号 i 相同。

·内循环体中 printf( ) 函数使用了转义字符"\t"，从而确保在输出一个九九表的单元项后可以横向跳到下一个制表位置，为输出九九表的下一个单元项做好对齐准备。

·内循环体外，外循环体内的最后一条语句"printf("\n");"的功能是确保输出每一行后换行，为输出下一行九九表做好准备。

输入菜单编号 1，调用自定义函数 void zuoxiajiao1( ) 的运行结果如图 1-9-3 所示。

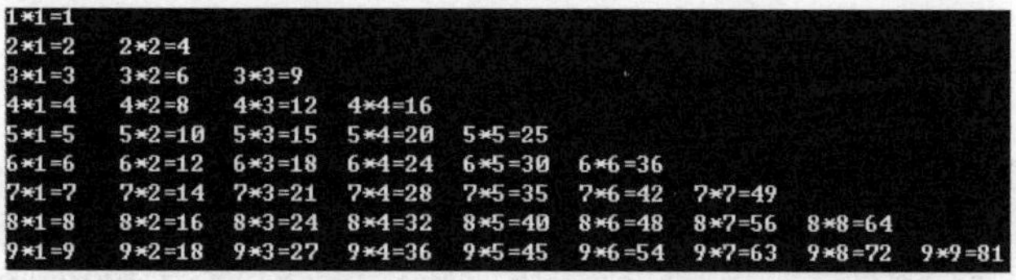

图 1-9-3　运行结果

d. 自定义函数 void youshangjiao2( )，实现输出"2. 右上角 99 表"。

根据图 1-9-1，分析输出"2. 右上角 99 表"的外循环 i 及内循环 j 之间的关系。

根据表 1-9-1 所示的表格，可以找出列号 j 随行号 i 的变化规律。

表 1-9-1　输出"2. 右上角 99 表"的规律

i 行	j 列	从最左边何位置开始输出行(k 循环)	k < i-1
i = 1	j = 1,2,3,4,5,6,7,8,9	0 个 \t（最左边开始）	k < 0
i = 2	j =　2,3,4,5,6,7,8,9	1 个 \t（最左边 1 个 \t 开始）	k < 1
i = 3	j =　　3,4,5,6,7,8,9	2 个 \t（最左边 2 个 \t 开始）	k < 2
i = 4	j =　　　4,5,6,7,8,9	3 个 \t（最左边 3 个 \t 开始）	k < 3
i = 5	j =　　　　5,6,7,8,9	4 个 \t（最左边 4 个 \t 开始）	k < 4
i = 6	j =　　　　　6,7,8,9	5 个 \t（最左边 5 个 \t 开始）	k < 5
i = 7	j =　　　　　　7,8,9	6 个 \t（最左边 6 个 \t 开始）	k < 6
i = 8	j =　　　　　　　8,9	7 个 \t（最左边 7 个 \t 开始）	k < 7
i = 9	j =　　　　　　　　9	8 个 \t（最左边 8 个 \t 开始）	k < 8

外循环 i 与内循环 j 的关系是 j 从等于行号 i 开始。j 的规律为 for(j = i;j < =9;j++)。

每一行输出都要先确定输出位置：都是从最左边开始，要空出行号减 1（即 i - 1）个制表符\t 位置才开始输出内容。

内循环 k 的规律为 for(k = 0;k < i - 1;k++)。

实现输出“2. 右上角 99 表”的代码如下：

```
void youshangjiao2()
{
    int i,j,k;
    for(i=1;i<=9;i++)//控制行
    {
        for(k=0;k<i-1;k++)//控制每一行空格数
        {
            printf("\t");
        }
        for(j=i;j<=9;j++)//每一行 j 的变化规律
        {
            printf("% d*%d=%d\t",i,j,i*j);
        }
    printf("\n");
    }
}
```

输入菜单编号 2，调用自定义函数 void youshangjiao2()的运行结果如图 1 -9 -4 所示。

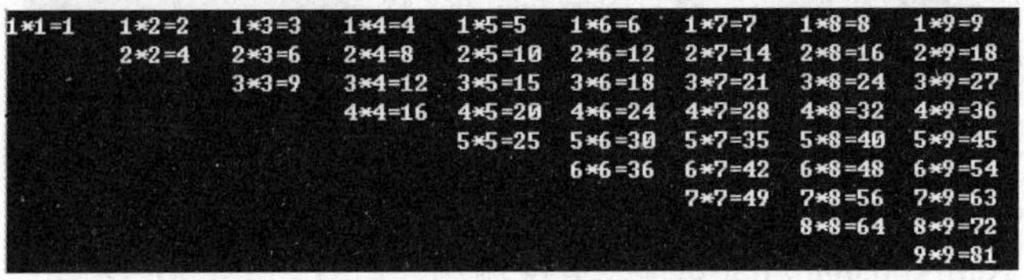

1*1=1	1*2=2	1*3=3	1*4=4	1*5=5	1*6=6	1*7=7	1*8=8	1*9=9
	2*2=4	2*3=6	2*4=8	2*5=10	2*6=12	2*7=14	2*8=16	2*9=18
		3*3=9	3*4=12	3*5=15	3*6=18	3*7=21	3*8=24	3*9=27
			4*4=16	4*5=20	4*6=24	4*7=28	4*8=32	4*9=36
				5*5=25	5*6=30	5*7=35	5*8=40	5*9=45
					6*6=36	6*7=42	6*8=48	6*9=54
						7*7=49	7*8=56	7*9=63
							8*8=64	8*9=72
								9*9=81

图 1 -9 -4　运行结果

根据表 1 -9 -1 可以找到的规律：每一行当列号小于行号时，输出 1 个制表符，否则，输出九九乘法表相应的一项内容项。上述代码可以替换成如下代码：

```
void youshangjiao2()
{
    int i,j;
    for(i=1;i<=9;i++)//控制行
    {
        for(j=1;j<=9;j++)//每一行 j 的变化规律
        {
            if(j<i)//控制每一行空格数
            {
                printf("\t");
            }
            else
```

```
        {
            printf("% d * % d = % d \t",i,j,i * j);
        }
    }
    printf("\n");
    }
}
```

e. 自定义函数 void zuoshangjiao3( )，实现输出"3. 左上角99 表"。

根据图1 -9 -1，分析输出"3. 左上角99 表"的外循环 i 及内循环 j 之间的关系，从而找出变化规律（j≤10 -i）。

i 行　j 列
i =1　j =1,2,3,4,5,6,7,8,9
i =2　j =1,2,3,4,5,6,7,8
i =3　j =1,2,3,4,5,6,7
i =4　j =1,2,3,4,5,6
i =5　j =1,2,3,4,5
i =6　j =1,2,3,4
i =7　j =1,2,3
i =8　j =1,2
i =9　j =1

j 的规律为 for(j =1;j <= 10 -i;j++)。

每一行的输出都要先确定输出位置：每一行都是从最左边开始输出的。

自定义函数 void zuoshangjiao3( )，实现输出"3. 左上角99 表"，代码如下：

```
void zuoshangjiao3(){
    int i,j;
    for(i =1;i <= 9;i++)   //控制行
    {
        for(j =1;j <= 10 -i;j++) //每一行 j 的变化规律
        {
        printf("% d * % d = % d \t",i,j,i * j);
        }
    printf("\n");
    }
}
```

输入菜单编号3，调用自定义函数 void zuoshangjiao3( )的运行结果如图1 -9 -5 所示。

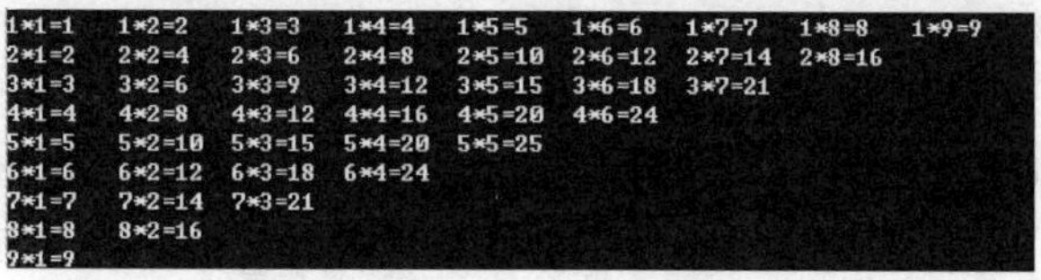

图1 -9 -5　运行结果

f. 自定义函数 void youxiajiao4( )，实现输出"4. 右下角 99 表"。

根据图 1-9-1，输出"4. 右下角 99 表"的外循环 i 及内循环 j 之间的关系见表 1-9-2。

表 1-9-2　输出"4. 右下角 99 表"的规律

i 行	j 列	从最左边何位置开始输出行(k 循环)	k < 9 − i
i = 1	j = 9	8 个 \t（最左边 8 个 \t 开始）	k < 8
i = 2	j = 8,9	7 个 \t（最左边 7 个 \t 开始）	k < 7
i = 3	j = 7,8,9	6 个 \t（最左边 6 个 \t 开始）	k < 6
i = 4	j = 6,7,8,9	5 个 \t（最左边 5 个 \t 开始）	k < 5
i = 5	j = 5,6,7,8,9	4 个 \t（最左边 4 个 \t 开始）	k < 4
i = 6	j = 4,5,6,7,8,9	3 个 \t（最左边 3 个 \t 开始）	k < 3
i = 7	j = 3,4,5,6,7,8,9	2 个 \t（最左边 2 个 \t 开始）	k < 2
i = 8	j = 2,3,4,5,6,7,8,9	1 个 \t（最左边 1 个 \t 开始）	k < 1
i = 9	j = 1,2,3,4,5,6,7,8,9	0 个 \t（最左边开始）	k < 0

根据表 1-9-2 所示的表格，可以找出变化规律如下：

外循环 i 与内循环 j 的关系是 j 从等于 10 减行号 i 开始，j 的规律为 for(j = 10 − i;j <= 9; j++)。

每一行输出都要先确定输出位置：都是从最左边开始，要空出 9 减行号 (9 − i) 个制表符 \t 位置才开始输出内容。

内循环 k 的规律为 for(k = 0;k < 9 − i;k++)。

实现输出"4. 右下角 99 表"的函数代码如下：

```
void youxiajiao4()
{
    int i,j,k;
    for(i = 1;i <= 9;i++)   //控制行
    {
        for(k = 0;k < 9 - i;k++)   //控制每一行空格数
        {
            printf("\t");
        }
        for(j = 10 - i;j <= 9;j++)   //每一行 j 的变化规律
        {
            printf("% d*% d=% d\t",i,j,i*j);
        }
    printf("\n");
    }
}
```

输入菜单编号 4，调用自定义函数 void youxiajiao4( ) 的运行结果如图 1-9-6 所示。

根据表 1-9-2 所示的表格还可以找到列号 j 随行号 i 的变化规律：每一行当列号小于 (10 − 行号) 时，输出 1 个制表符，否则，输出九九乘法表相应的一项内容项。上述代码可以替换成如下代码：

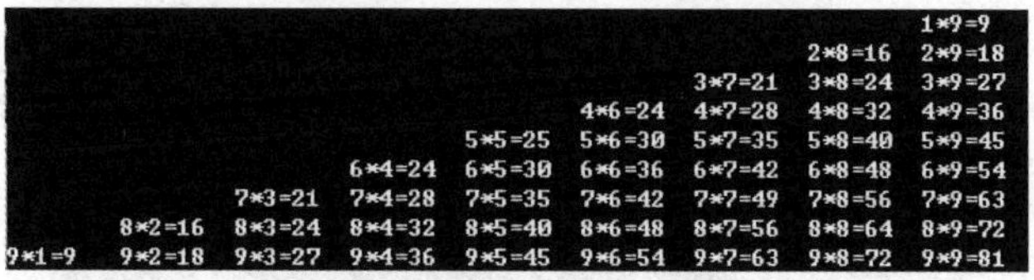

```
                                                                1*9=9
                                                        2*8=16  2*9=18
                                                3*7=21  3*8=24  3*9=27
                                        4*6=24  4*7=28  4*8=32  4*9=36
                                5*5=25  5*6=30  5*7=35  5*8=40  5*9=45
                        6*4=24  6*5=30  6*6=36  6*7=42  6*8=48  6*9=54
                7*3=21  7*4=28  7*5=35  7*6=42  7*7=49  7*8=56  7*9=63
        8*2=16  8*3=24  8*4=32  8*5=40  8*6=48  8*7=56  8*8=64  8*9=72
9*1=9   9*2=18  9*3=27  9*4=36  9*5=45  9*6=54  9*7=63  9*8=72  9*9=81
```

图1－9－6　运行结果

```
void youxiajiao4()
{
    int i,j;
    for(i=1;i<=9;i++)   //控制行
    {
        for(j=1;j<=9;j++)//每一行 j 的变化规律
        {
            if(j<10-i)//控制每一行空格数
            {
                printf("        ");   //8 个空格相当于一个制表符位置
            }
            else
            {
                printf("% d * % d = % d\t",i,j,i * j);
            }
        }
    printf("\n");
    }
}
```

g. 自定义函数 void rectangle5()，实现输出“5. 矩形九九乘法表”。

根据图1－9－1，分析输出“5. 矩形九九乘法表”的外循环 i 及内循环 j 之间的关系：外循环每取得一个行值 i，列 j 都从 1 到 9 完整地循环一遍。

每一行输出都是从最左边开始输出内容。

自定义函数 void rectangle5()，实现输出“5. 矩形九九乘法表”，代码如下：

```
for(j=1;j<=9;j++)  //每一行 j 的变化规律
void rectangle5()
{
    int i,j;
    for(i=1;i<=9;i++)   //控制行
    {
        {
        printf("% d * % d = % d\t",i,j,i * j);
        }
    printf("\n");
    }
}
```

输入菜单编号 5, 调用自定义函数 void rectangle5( ) 的运行结果如图 1 – 9 – 7 所示。

图 1 – 9 – 7　运行结果

h. 编译源文件。

执行 "Build" → "Compile" 菜单, 可实现对源文件进行编译, 也可以使用快捷键 Ctrl + F7 或编译工具栏中的 按钮对源文件进行编译, 生成目标文件 main. obj。

i. 连接应用程序。

执行 "Build" → "Build" 菜单, 可实现对项目进行连接, 也可以使用 F7 键或编译工具栏中的 按钮对源文件进行连接, 生成可执行文件 task1_9. exe。

j. 运行应用程序。

执行 "Build" → "Execute" 菜单, 可实现对由项目生成的对应的应用程序进行执行, 也可以使用快捷键 Ctrl + F5 或编译工具栏中的 "执行" 按钮 进行执行。

运行程序后, 先在屏幕上显示菜单, 然后出现提示信息: "请输入要执行的功能菜单的编号 [0 ~ 5]: ", 如图 1 – 9 – 2 所示。

此时, 通过键盘输入相应的菜单编号并按 Enter 键后, 即可输出相应菜单所对应的九九乘法表。例如, 分别输入编号 1、2、3、4、5, 则分别显示如图 1 – 9 – 3 ~ 图 1 – 9 – 7 所示的九九表, 完全达到了任务 1 – 9 所描述的程序功能设计要求。

知识点 1 – 23　多重循环

1. 多重循环的嵌套格式

当实际工作中遇到复杂问题时, 单重循环很难解决, 此时可以使用多重循环来解决问题, 即循环嵌套: 在外循环中再嵌套内循环, 一般嵌套层数不要多于三层。

在循环体语句中又包含有另一个完整的循环结构的形式, 称为循环的嵌套。嵌套在循环体内的循环体称为内循环, 外面的循环称为外循环。如果内循环体中又有嵌套的循环语句, 则构成多重循环。

while 、do – while、for 三种循环都可以互相嵌套, 表 1 – 9 – 3 列出了几种常用的双重循环嵌套的格式。

表 1 – 9 – 3　常用的双重循环嵌套格式

第 1 种双重循环嵌套	第 2 种双重循环嵌套	第 3 种双重循环嵌套
while( )	do	for(　;　;　)
{	{	{
…	…	…
while( )	do	for(　;　;　)
{	{	{
…	…	…
}	} while( );	}
…	…	…
}	} while( );	}

```
                }
            }
        }
        else //菱形下半部分的每一行输出处理
        {
            // 遍历菱形下半部分每一行的所有列
            for(column =1;column <= total_column;column++ )
            {
                if( column > = (total_column +1)/2 - (total_row - row) && column <=
(total_column +1)/2 + (total_row - row) )
    {
                    printf("*");
                }else
                {
                    printf(" ");
                }
            }
        }
        printf("\n");//处理完菱形的一行输出后换行,为输出菱形的下一行做好准备
    }
return;
}
```

【例 1 – 9 – 2】打印输出 1 ~ 30 之间所有的素数。

素数又称质数,是指除了 1 和它本身以外,不能被任何整数整除的数。

判断一个整数 n 是否是素数,只需将 n 与 2 ~ n–1 之间的每一个整数相除,如果都不能被整除,那么 n 就是一个素数。

根据以上分析,实现打印输出 1 ~ 30 之间所有的素数的函数 prime_number( ) 及 main( ) 函数调用 prime_number( ) 函数的代码如下:

```
#include< stdio.h >
void prime_number();
int main()
{
  //Diamond();
  prime_number();
  return 0;
}
void prime_number()
{
  int i;
  int n;
  printf("打印输出 1 ~ 30 之间所有的素数如下: \n ");
```

```
for(n =1;n <=30;n++)
{
    for(i =2;i <n;i++)
    {
        if(n% i ==0)
        {
            break;/ * 如果该语句被执行,跳出循环(说明 n 能被 2 ~n 之间的某一个数整除)
*/
        }
    }
    / * 如果 i 不等于 n,说明 n 能被 2 ~n -1 之间的某个数整除,故不是素数(如果相等,说明 n
只能被1和自身整除,是素数)*/
    if(i ==n)
    {
        printf("% d  ",n);
    }
}
printf("\n");
}
```

上述代码的运行结果如图 1 - 9 - 9 所示。

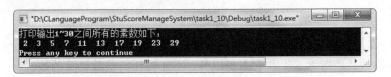

图 1 - 9 - 9   输出 1 ~30 之间所有的素数

【例 1 - 9 - 3】"百钱买百鸡"问题。

我国古代数学家张丘建在《算经》一书中曾提出过著名的"百钱买百鸡"问题,该问题叙述如下:鸡翁一,值钱五;鸡母一,值钱三;鸡雏三,值钱一;百钱买百鸡,则翁、母、雏各几何?

意思是公鸡一只五块钱,母鸡一只三块钱,小鸡三只一块钱,现在要用一百块钱买一百只鸡,问公鸡、母鸡、小鸡各多少只?

分析:

如果用数学的方法解决"百钱买百鸡"问题,可将该问题抽象成方程式组。设公鸡 x 只,母鸡 y 只,小鸡 z 只,得到如下方程式组:

$$\begin{cases} 5x + 3y + 1/3z = 100, 0 \leq x,y,z \leq 100 \\ x + y + z = 100 \end{cases}$$

如果用解方程的方式解这道题需要进行多次猜解,计算机的一个优势就是计算速度特别快(用穷举法的方式来解题,需要 101^3 次猜解)。

根据以上分析,实现"百钱买百鸡"问题的函数 baiyuanmaibaiji( )及 main( )函数调用 baiyuanmaibaiji( )函数的代码如下:

```
#include<stdio.h>
void baiyuanmaibaiji();
int main()
{
  baiyuanmaibaiji();
  return 0;
}
void baiyuanmaibaiji()
{
    int x,y,z;   //设公鸡 x 只,母鸡 y 只,小鸡 z 只
    printf("百元买百鸡的问题所有可能的解如下:\n");
    for(x=0;x<=100;x++)
        for(y=0;y<=100;y++)
            for(z=0;z<=100;z++)
            {
                if(5*x+3*y+z/3==100 && z%3==0 && x+y+z==100) //判断条件
                {
                    printf("公鸡%d 只\t 母鸡%d 只\t 小鸡% d 只\n", x,y,z);
                }
            }
}
```

上述代码的运行结果如图 1 - 9 - 10 所示。

图 1 - 9 - 10　百元买百鸡的可能解

上述程序说明及两种优化方案如下:

①百元买百鸡函数 baiyuanmaibaiji( ) 中,设公鸡 x 只,母鸡 y 只,小鸡 z 只,利用了三重循环找出满足条件(5 * x + 3 * y + z/3 ==100 &&z%3 ==0 && x + y + z ==100)的可能解。

②实际上,上述百元买百鸡函数 baiyuanmaibaiji( )可以用两种方法进行进一步优化,两种优化方案如下:

优化方案 1:

x、y、z 为正整数,并且 z 是 3 的倍数;由于鸡和钱的总数都是 100,遍历 x、y、z 所有可能的取值范围如下:

x 的取值范围为 0 ~ 20;

y 的取值范围为 0 ~ 33;

z 的取值范围为 0 ~ 99,步长为 3。

优化方案 2:

没有必要用三重循环,用双重循环就足够了(因为一旦公鸡 x 只数和母鸡 y 只数确定了,

小鸡 z 只数一定是 $100 - x - y$）；公鸡 x 只数只需要从 0 遍历到 20（因为 $20 * 5 = 100$ 元），母鸡 y 只数只需要从 0 遍历到 33（因为 $33 * 3 = 99$ 元）。

判断满足可能解的条件可以从原来的条件（$5 * x + 3 * y + z/3 == 100$ && $z\%3 == 0$ && $x + y + z == 100$）简化为现在的条件（$300 == 15 * x + 9 * y + z$），这样就可以省去判断 z 是否能被 3 整除及 $x + y + z == 100$ 的条件了。

上述百元买百鸡函数 baiyuanmaibaiji( ) 按优化方案 1 进行优化后，代码如下：

```
void baiyuanmaibaiji()
{
    int x,y,z;   //设公鸡 x 只,母鸡 y 只,小鸡 z 只
    printf("百元买百鸡的问题所有可能的解如下: \n");
    for(x=0;x<=20;x++)
        for(y=0;y<=33;y++)
            for(z=0;z<=99;z+=3)
                {
                    if(5*x+3*y+z/3==100 && x+y+z==100 ) //判断条件
                    {
                        printf("公鸡 %d 只 \t 母鸡 %d 只 \t 小鸡 %d 只 \n", x,y,z);
                    }
                }
}
```

按优化方案 2 进行优化后，代码如下：

```
void baiyuanmaibaiji()
{
    int x,y,z;   //设公鸡 x 只,母鸡 y 只,小鸡 z 只
    printf("百元买百鸡的问题所有可能的解如下: \n");
    for(x=0;x <= 20;x++)
    {
        for(y=0;y <= 33;y++)
        {
            z =100 - x - y;
            if(5*x+3*y+z/3==100 && y> =0 ) //判断条件
            printf("公鸡 %d 只 \t 母鸡 %d 只 \t 小鸡 % 只 \n", x,y,z);
        }
    }
}
```

【例 1-9-4】 编写找出 3 对选手对阵名单的函数。

两个乒乓球队进行比赛，各出 3 人。甲队为 A、B、C 三人，乙队为 X、Y、Z 三人。已抽签决定比赛名单。有人向队员打听比赛的名单，A 说他不和 X 比，C 说他不和 X、Z 比，请编写程序找出 3 对选手的对阵名单。

分析：

实际上甲、乙队抽签问题可以转化成求 A、B、C 变量值的问题。

　　A、B、C 变量值的范围可能是'X'、'Y'、'Z'三个字符中的任意一个，所以变量 A、B、C 分别从'X'、'Y'、'Z'三个字符中进行遍历（循环），利用已知的条件(A!='X'&& C!='X'&& C!='Z')及抽签的特点(A 和 B 变量的值不可能是同一个值，例如 A 和 B 变量的值都是'X'，即 A 和 B 与同一个人 X 比赛，这是不可能的)可以确定 A、B、C 变量的值。

　　根据上面的分析，解决方案是：利用三重循环，变量 A、B、C 分别从'X'、'Y'、'Z'三个字符中进行遍历（循环），根据上述分析的已知条件及抽签的特点，找出 A、B、C 变量的值（即找出 A、B、C 三人与 X、Y、Z 三人的对阵关系）。

　　根据上述分析，程序设计的代码如下：

```c
#include<stdio.h>
void Match_List();
int main()
{
    Match_List();
    return 0;
}
void Match_List()
{
/*利用三重循环，变量A,B,C分别从'X','Y','Z'三个字符中进行遍历，根据已知条件及抽签
的特点，找出A,B,C变量的值*/
    char A,B,C;
    for(A='X';A<='Z';A++)    /*变量A从'X','Y','Z'三个字符中进行遍历（循环）*/
    {
        for(B='X';B<='Z';B++)/*变量B从'X','Y','Z'三个字符中进行遍历（循环）*/
        {
            //排除A和B与X,Y,Z中同一个人比赛（例如：排除A和B都与X比赛）
            if(B!=A)
            {
              for(C='X';C<='Z';C++)/*变量C从'X','Y','Z'三个字符中进行遍历
（循环）*/
              {
                /*排除A和B与X,Y,Z中同一个人比赛（例如:排除A和B都与X比赛）*/
                if(C!=A && C!=B)
                {
                    //题目的已知条件：A不和X比，C不和X,Z
                    if(A!='X' && C!='X' && C!='Z')
                    {
                    /*打印A,B,C变量值（即找出A,B,C三人与X,Y,Z三人的对阵关系）*
                     /
                    printf("A 对阵--%c\nB 对阵--%c\nC 对阵--%c\n",A,B,
                        C);
                    }
                }
```

```
            }
          }
        }
      }
    }
```

上述代码的运行结果如图 1 – 9 – 11 所示。

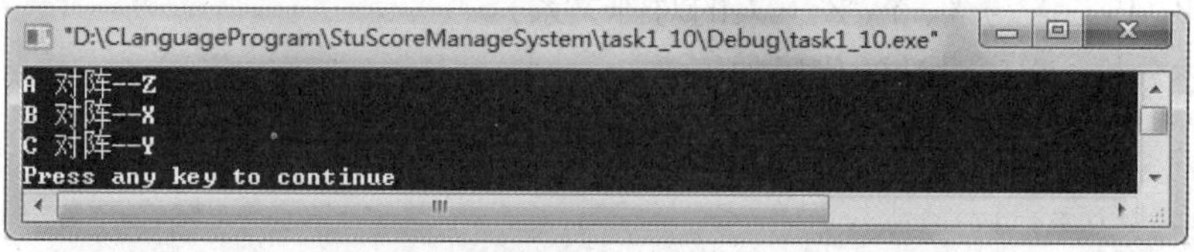

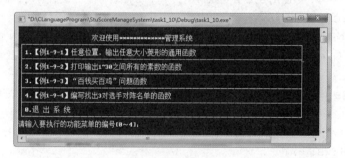

图 1 – 9 – 11　三对选手对阵名单

巩固及知识点练习

1. 上机完成任务 1 – 9 的操作。

2. 参照任务 1 – 9，新建一个 C 语言项目 task1_9_LX1，上机完成例 1 – 9 – 1 ~ 例 1 – 9 – 4 的函数编程，并完成用如图 1 – 9 – 12 所示的菜单调用相应函数的功能。

图 1 – 9 – 12　实现用菜单调用任务 1 – 9 例题的 4 个函数

3. 参照例 1 – 9 – 3 "百钱买百鸡" 问题函数，新建一个 C 项目 task1_9_LX2，编写分别实现下列功能的函数。

（1）百马驮百担问题。有 100 匹马，驮 100 担货。大马驮 3 担，中马驮 2 担，两匹小马驮 1 担，编写计算所有可能的驮法函数 baimaduobaidan( )。

（2）取红球、白球、黑球的所有可能的方案。编写从 3 个红球、5 个白球、6 个黑球中任意取出 8 个球，并且其中必须有黑球，编写输出所有可能方案的函数 quqiumethord( )。

（3）分别用单重循环及多重循环输出所有的水仙花数的函数 Narcissistic( )。

注：水仙花数（Narcissistic number）也被称为超完全数字不变数（pluperfect digital invariant，PPDI）、自恋数、自幂数、阿姆斯壮数或阿姆斯特朗数（Armstrong number），水仙花数是指一个 3 位数，它的每个位上的数字的 3 次幂之和等于它本身（例如：$153 = 1^3 + 5^3 + 3^3$）。

（4）分别用单重循环及多重循环输出用 0 ~ 9 数字组成没有任一数字是相同的 3 位数及总个数的函数 print_number( )。

（5）分别用单重循环及多重循环输出用 1、2、3、4 四个数字组成没有任一数字是相同的

3 位数及总个数的函数 print_number1234( )。

4. 完成用如图 1 − 9 − 13 所示的菜单调用第 3 题中所编写的 5 个函数。

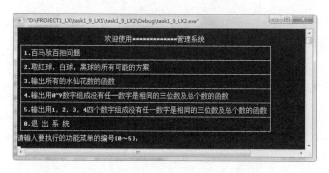

图 1 − 9 − 13　实现用菜单调用第 3 题所编写的 5 个函数

项目 2

学生成绩管理系统

项目学习目标

通过学习"一维数组""二维数组""结构体"等不同的知识点，实现具有相同功能的同一个"学生成绩管理系统"项目，不仅达到了递进学习掌握所学知识的用途及目的，还达到了"举一反三"比较学习知识点的目的。

本项目采用 3 个任务驱动实现具有相同功能的同一个"学生成绩管理系统"项目，学生不仅可以进一步巩固项目 1 所学 C 语言函数的精髓及实现函数相应的 C 语言常量、变量、条件语句、开头语句、循环语句等基础知识点，而且还可以进一步掌握 Visual C++6.0 进行项目式开发的方法与 C 语言功能更加强大知识点。

1. 熟练掌握 Visual C++6.0 集成开发环境的使用方法。

2. 进一步熟练掌握 main( )函数、系统库函数及自定义函数的基础知识和函数的调用。

3. 掌握 C 语言的基本语法成分：字符集、标识符、关键字、运算符、分隔符及注释符。

4. 熟练掌握 scanf( ) 函数及 printf( ) 函数的用法。

5. 熟练掌握比较运算符、赋值运算符。

6. 熟练掌握 if 条件语句和 switch 条件开关语句。

7. 掌握 while 循环语句、do – while 循环语句及 for 循环语句。

8. 掌握自定义头文件及系统头文件的用法。

9. 理解编译预处理的作用。

10. 理解全局变量与局部变量的作用。

11. 掌握一维数组知识点应用场景及使用方法。

12. 掌握二维数组、字符数组与字符串等知识点应用场景及使用方法。

13. 掌握指针及内存相关函数。

14. 掌握结构体应用场景及使用方法。

任务2-1 一维数组实现学生成绩管理系统

描 述

在实际生活中，如果要存放一个班40个学生5门课的成绩，就要用200个不同的变量。对于这种具有相同属性的数据的集合，在C语言中使用数组来表示。

本任务通过对如图2-1-1所示的菜单编号进行选择，用一维数组分别实现学生成绩的输入、查询、删除、修改及输出等功能。

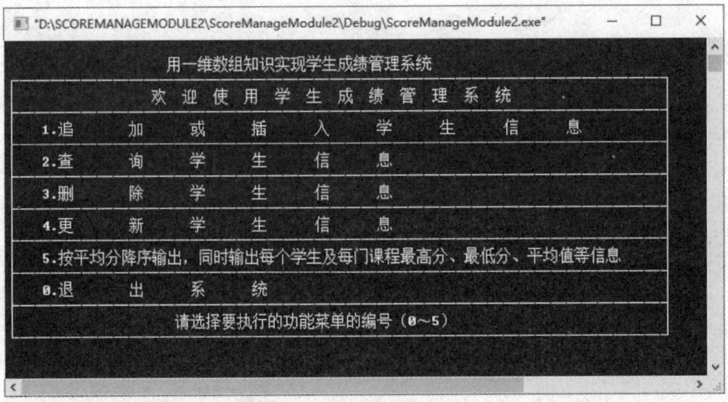

图2-1-1 一维数组实现学生成绩管理系统的菜单

输出的成绩表除了输出录入的每个学生的原始成绩外，还实现了计算每个学生的最高分、最低分及平均分，并按平均分降序输出成绩表，如图2-1-2所示。

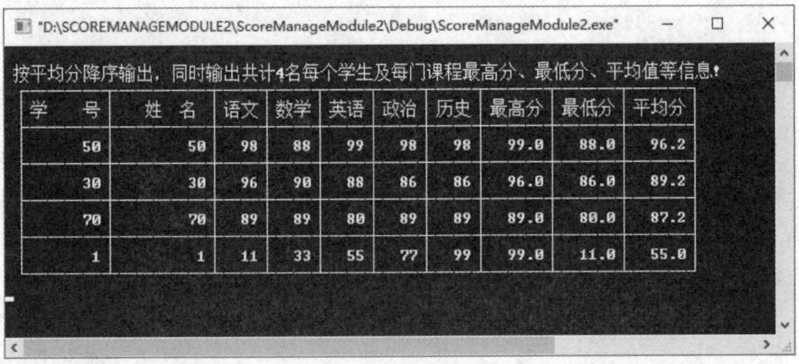

图2-1-2 一维数组实现学生成绩管理系统的成绩表

技能目标

①熟练掌握变量的定义。

②熟练掌握全局变量和局部变量的区别。

③熟练掌握函数及函数返回值与函数的调用方法。

④掌握自定义头文件及系统头文件的用法。

⑤理解编译预处理的作用。

⑥理解全局变量与局部变量的作用。

⑦掌握一维数组知识点应用场景及使用方法。

 操作要点与步骤

①创建工程项目及项目主文件（本项目重新建立工作空间）。

a. 在 D 盘上建立"ScoreManageModule2"文件夹后，打开 Visual C++ 6.0 开发工具，为本项目新建工作空间，命名为"SCOREMANAGEMODULE2"。

b. 创建项目工程。

选择"File"→"New"菜单命令，新建一个类型为"Win32 Console Application"的项目，项目名称为"Task2_1OneDimensionalArray"。注意，要将 Task2_1OneDimensionalArray 项目添加到当前的工作空间（SCOREMANAGEMODULE2）中，即在如图 2 - 1 - 3 下，单击"Add to current workspace"单选按钮。

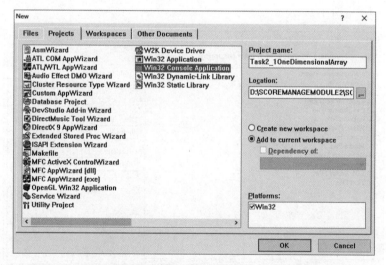

图 2 - 1 - 3　新建工程 Task2_1OneDimensionalArray 界面

c. 编写项目主文件中 main() 函数的 C 语言源代码。

在 Task2_1OneDimensionalArray 项目下创建项目主文件 OneDimensionalArray.c，然后在项目主文件 OneDimensionalArray.c 中编写 main() 主函数，代码如下：

```
/* 英文双引号""括起来，表示引入的过程是:如果当前工程里找不到 menu.h 头文件,再去 IDE 的 include 目录中搜索 menu.h 头文件。*/
#include "menu.h"
/***************************************************
    函数名:main
```

```
    参  数:无
    返回值:int
    功  能:程序执行的入口
**************************************************/
int main()
{
    fnMenu();//调用菜单函数
}
```

注意: ·项目主文件 OneDimensionalArray. c 与此文件下放的 main( )主函数可以不同名。

·主函数 main( )程序只是调用了 fnMenu( )菜单函数,在 main( )函数前调用了自定义的头文件#include "menu. h"。注意:menu. h 自定义头文件用英文双引号括起来,表示如果当前工程里找不到 menu. h 头文件,再去 IDE 的 include 目录中搜索 menu. h 头文件。

②创建头文件。

根据 main( ) 主函数 C 语言源代码涉及的 fnMenu( ) 菜单函数,分别创建相应的头文件 menu. h(包含 fnMenu( ) 菜单函数声明) 及对应的源文件 menu. c(包含 fnMenu ( ) 菜单函数体)。

a. 新建 menu. h 头文件(一定要选择"C/C++ Header File"文件类型,文件的扩展名一定是. h,如图 2 −1 −4 所示)。

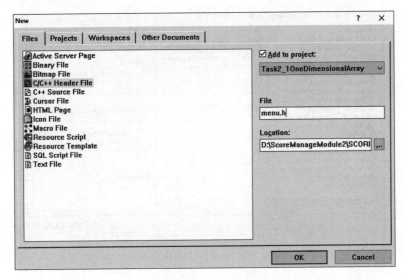

图 2 −1 −4　新建 **menu. h** 头文件界面

menu. h 头文件的内容如下:

```
void fnMenu();//菜单函数声明
int MenuValue,records,temp;//声明 void fnMenu()函数涉及的变量定义
```

b. 新建 menu. c 源文件(一定要选择"C++ Source File"文件类型,文件的扩展名一定是. c),新建源文件的方法与项目 1 的相同。

menu.c 源文件中的内容(void fnMenu()函数) 如下:

```
void fnMenu()
{
    do
    {
        system("cls");   //需要这个头文件#include <stdlib.h>
        printf("\n      用一维数组知识实现学生成绩管理系统       \n");
        printf(" ┌──────────────────────────────────────┐ \n");
        printf("│      欢 迎 使 用 学 生 成 绩 管 理 系 统      │\n");
        printf("├──────────────────────────────────────┤ \n");
        printf("│   1. 追\t加\t或\t插\t入\t学\t生\t信\t息\t   │\n");
        printf("├──────────────────────────────────────┤ \n");
        printf("│   2. 查\t询\t学\t生\t信\t息\t\t\t   │\n");
        printf("├──────────────────────────────────────┤ \n");
        printf("│   3. 删\t除\t学\t生\t信\t息\t\t\t   │\n");
        printf("├──────────────────────────────────────┤ \n");
        printf("│   4. 更\t新\t学\t生\t信\t息\t\t\t   │\n");
        printf("├──────────────────────────────────────┤ \n");
        printf("│   5. 按平均分降序输出，同时输出每个学生及每门课程最高分、最低分、平均值等
信息   │\n");
        printf("├──────────────────────────────────────┤ \n");
        printf("│   0. 退\t出\t系\t统\t\t\t\t\t   │\n");
        printf("├──────────────────────────────────────┤ \n");
        printf("│       请选择要执行的功能菜单的编号（0～5）   │\n");
        printf(" └──────────────────────────────────────┘ \n");
        scanf("%d",&MenuValue);
        system("cls");   //需要这个头文件#include <stdlib.h>
        records = fnRecordNum();//调用 fnRecordNum()函数返回记录数
        switch(MenuValue)
        {
        case 1:   //插入或追加记录
            temp = fnInsert(records,1);//1 传给 flag,1 表示插入或追加记录
            //temp = fnSaveAll(records);
                break;
        case 2:   //查询记录
            if(records ==0)
            {
                printf("文件记录为空,无可查询的学生信息!!! 按任意键继续");
                getch();
            }
            else
            {
                temp = fnSearch(records,2);//2 传给 flag,2 表示查询记录
            }
```

```
            break;
        case 3:    //删除记录
            if(records ==0)
            {
                printf("文件记录为空,无可删除的学生信息!!! 按任意键继续");
                getch();
            }
            else
            {
                temp = fnDelete(records,3);//3 传给 flag,3 表示删除记录
            }
            break;
        case 4:    //更新（修改）记录
            if(records ==0)
            {
                printf("文件记录为空,无可修改的学生信息!!! 按任意键继续");
                getch();
            }
            else
            {
                temp = fnModify(records,4);//4 传给 flag,4 表示更新（修改）记录
            }
            break;
        case 5: /*按平均分降序输出,同时输出每个学生及每门课程最高分、最低分、平均值等信息 */
                if(records ==0)
                {
                printf("文件记录为空,无可显示的学生信息!!! 按任意键继续");
                getch();
                }
                else
                {
                printf("\n 按平均分降序输出,同时输出共计% d 名每个学生最高分、最低分、平均
值等信息! \n",records);
                fnSort(records);//按学生的平均分降序排序
                //输出原始记录及每行(每个学生)的最大值、最小值及平均值
                fnShow(records);
                }
            break;
        case 0:
            break;
        default:
            printf("\n 选择功能的菜单编号有误!!! 请重新选择(0 ~5)! \n");
         break;
```

```
    }
    getch();
  }while(MenuValue! =0);
  printf("谢谢使用! 欢迎多提宝贵意见! 按任意键退出系统\n");
}
```

③创建头文件及变量。

根据 menu. c 源文件中自定义函数 void fnMenu( )的 C 语言源代码涉及的变量、函数,分别创建涉及如下相应的头文件及变量,将变量的定义及头文件放在 menu. c 源文件中自定义函数 void fnMenu( )的前面。

```
#include "menu. h"  //菜单功能函数声明头文件
#include "system_head. h"//存放 fnMenu()函数中需要调用的系统函数头文件
#include "xscjgl_function. h"//存放 fnMenu()函数中将要调用函数的声明
```

a. 新建 system_head. h 头文件(一定要选择"C/C++ Header File"文件类型,文件的扩展名一定是. h,如图 2 - 1 - 4 所示)。

system_head. h 头文件存放自定义菜单函数 void fnMenu( )使用的系统函数及工具库函数头文件,该头文件的内容如下:

```
#include < stdio. h > /* 标准输入/输出头文件,包括 printf、scanf 等常用输入/输出函数的声明 */
#include < stdlib. h > /* 实用工具库函数头文件,包括字符串和数值类型之间转换、存储器分配与释放、退出程序、清屏等函数的声明 */
```

```
#include < conio. h > /* conio 是 Console Input/Output (控制台输入/输出) 的简写,其中定义了通过控制台进行数据输入和数据输出的函数,主要是一些用户通过按键产生的操作,比如 getch() 函数等 */
```

system_head. h 中存放头文件说明:

自定义菜单函数 fnMenu( )使用了 printf( )等函数,所以需要标准输入/输出头文件#include < stdio. h > 。

自定义菜单函数 fnMenu( )使用了 system("cls")清屏命令,所以需要实用工具库函数头文件#include < stdlib. h > 。

自定义菜单函数 fnMenu( )使用了 getch( )函数,所以需要 Console Input/Output (控制台输入/输出) 头文件#include < conio. h > 。

b. 新建 xscjgl_function. h 头文件(一定要选择"C/C++ Header File"文件类型,文件的扩展名一定是. h,如图 2 - 1 - 4 所示)。

xscjgl_function. h 头文件的内容如下:

```
int fnRecordNum();  //计算记录数
int fnInsert(int n,int flag);//1  插入或追加记录
int fnSearch(int n,int flag);//2  查询学生记录信息
int fnDelete(int n,int flag); //3  删除学生记录
int fnModify(int n,int flag);  //4  更新(修改)学生记录信息
```

> void fnSort(int records);/*5　按平均分降序排完序后,计算竖着(每门课程)的最大值、最小值
> 及平均值函数*/
>
> void fnShow(int n);/*5　以表格形式显示原始数据及计算出每个学生及每门课程的最大值、最小
> 值及平均值*/

❤️ xscjgl_function.h头文件存放自定义菜单函数void fnMenu()中使用到的函数声明。

xscjgl_function.h头文件所声明的自定义函数的函数体将单独存放在相应的源程序文件中(扩展名为.c)。

④新建xscjgl_function.h头文件对应的xscjgl_function.c源程序文件。

根据menu.c源文件中自定义函数void fnMenu()的C语言源代码涉及的函数,新建xscjgl_function.h头文件对应的xscjgl_function.c源程序文件。

xscjgl_function.c源程序文件将存放xscjgl_function.h头文件中所有自定义函数声明对应的函数实现。

为了能按菜单编号功能项调试程序运行结果,即能够显示如图2-1-1所示的菜单,并能通过人机对话选择菜单项,根据所选择的菜单项,输出某个自定义函数被调用了的信息。

xscjgl_function.c源程序文件中,函数体的定义的操作方法如下:

a. 打开xscjgl_function.h头文件,将此头文件中函数声明语句复制到新建的xscjgl_function.c源程序文件中,然后分别将每个函数声明后的英文分号去掉,接着分别加一对花括号构成空的自定义函数体。

b. 在每个空函数体中加上调用系统函数printf()语句,功能是输出某个自定义函数被调用的信息,如果该函数有返回类型,则在函数体最后加上一条返回语句(return 1;)。

c. 最后在xscjgl_function.c源程序文件最前面将已经建立的头文件包含进来。

按上述操作方法操作后,xscjgl_function.c源程序文件的代码如下:

```c
#include "system_head.h"
#include "xscjgl_function.h"

//根据一维数组的初始值及之后增、删一维数组的数据,计算一维数组数据的记录数
int fnRecordNum()
{
    printf("int fnRecordNum()函数,被主菜单调用了……\n");
    return 1;
}
//1  插入或追加记录
int fnInsert(int n,int flag)
{
    printf("int fnInsert(int n,int flag)函数,被主菜单调用了……\n");
    return 1;
}
//2  查询学生记录信息
int fnSearch(int n,int flag)
{
    printf("int fnSearch(int n,int flag)函数,被主菜单调用了……\n");
```

```
        return 1;
}
//3   删除学生记录信息
int fnDelete(int n,int flag)
{
        printf("int fnDelete(int n,int flag)函数,被主菜单调用了……\n");
        return 1;
}
//4   更新(修改)学生信息
int fnModify(int n,int flag)
{
        printf("int fnModify(int n,int flag)函数,被主菜单调用了……\n");
        return 1;
}
/*5 按平均分降序排序*/
void fnSort(int records)
{
        printf("void fnSort(int records)函数,被主菜单调用了……\n");
}

/*5 以表格形式显示原始数据及计算出每个学生的最大值、最小值及平均值*/
void fnShow(int n)
{
        printf("void fnShow(int n)函数,被主菜单调用了……\n");
}
```

⑤阶段性地编译、组建、运行主程序 OneDimensionalArray. c。

a. 执行"Build"→"Compile"菜单, 可实现对源文件进行编译, 也可以使用快捷键 Ctrl + F7 或编译工具栏中的 ![icon] 按钮对源文件进行编译, 生成目标文件 OneDimensionalArray. obj。

b. 连接应用程序。

执行"Build"→"Build"菜单, 可实现对项目进行连接, 也可以使用 F7 键或编译工具栏中的 ![icon] 按钮对源文件进行连接, 生成可执行文件 Task2_1OneDimensionalArray. exe。

c. 运行应用程序。

执行"Build"→"Execute"菜单, 可实现对由项目生成的对应的应用程序进行执行, 也可以使用快捷键 Ctrl + F5 或编译工具栏中的"执行"按钮 ![icon] 进行执行。

运行程序后, 先在屏幕上出现如图 2 - 1 - 1 所示的菜单, 当选择菜单编号 5 后, 显示如图 2 - 1 - 5 所示的结果。

✎说明: 当出现菜单选项, 选择菜单编号为 5 时, 主程序 main( ) 函数先调用 menu. c 中的 fnMenu( ) 函数, fnMenu( ) 先执行 int fnRecordNum( ), 返回记录数 records 值为 1, 然后执行菜单 5 所调用的 void fnSort(int records) 及 void fnShow(int n) 两个函数, 显示如图 2 - 1 - 5 所示的运行结果界面。

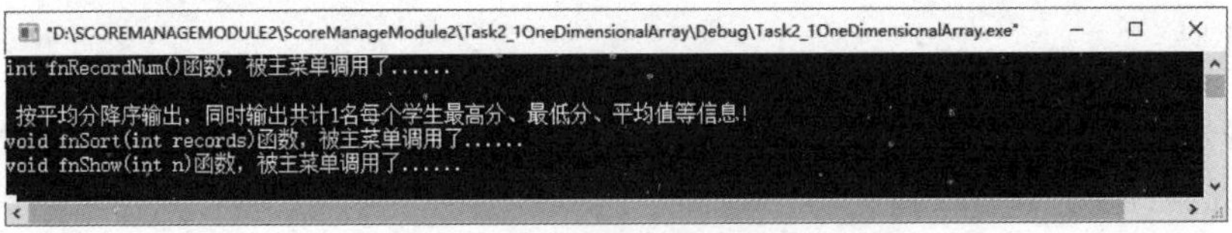

图 2 - 1 - 5　阶段性的调试运行结果

思考：当 int fnRecordNum( )函数的返回记录数 records 值为 0 时，执行菜单 5，则运行结果界面与图 2 - 1 - 5 有什么不同？

至此，一维数组实现学生成绩管理系统的项目总体框架已经建立完成，接下来的任务就是完善上述 xscjgl_function. c 源程序文件存放的各函数体。

xscjgl_function. c 源程序中各函数体进行完善的"操作要点及步骤"如下：

操作要点与步骤

①为了保留程序的编写过程，建议在完善 xscjgl_function. c 源程序文件中各函数体前，对一维数组实现学生成绩管理系统的项目总体框架的代码进行注释，然后将注释后的代码复制一份，在此基础上再完善 xscjgl_function. c 源程序文件中相应的函数体。

②编写完善 xscjgl_function. c 源程序文件自定义函数 int fnRecordNum( ) 的函数体。

a. 根据一维数组的初始化值及通过程序增、删一维数组的元素数据，计算一维数组数据记录数的自定义函数 int fnRecordNum( )的函数体代码如下：

```
//根据数组的初始值及之后增、删一维数组的数据,计算数组数据的记录数
int fnRecordNum()
{
    temp = 0;        //给整型全局域变量赋值(累加器置0)
    for(i = 0;i < TOTAL_NUM;i++)
    {
        if(student_chNo[i] > 0)//条件成立(学号不为空),累加器自增,统计记录数
        {
            temp++;
        }
    }
    if(temp == 0)   //如果累加器为0,说明无记录
    {
        printf("没有记录内容! \n");
    }
return temp;
}
```

说明：int fnRecordNum( )函数中还用到了宏定义（#define TOTAL_NUM 100）所定义的符号常量 TOTAL_NUM，由 C 语言预处理器将宏定义中的符号常量 TOTAL_NUM 用 100 替换宏的定义，作为该函数的循环终值。

int fnRecordNum( )函数中还用到全局变量temp。

int fnRecordNum( )函数中还用到一维数组student_chNo[i]全局变量，根据if(student_chNo[i]>0)条件进行记录数统计并赋值给temp变量。

每当出现菜单选项时，选择任一菜单编号都将执行int fnRecordNum( )自定义函数，该函数的功能是将统计记录数的temp变量值返回赋值给menu.c中的records变量。

b. 新建define_head.h头文件（一定要选择"C/C++ Header File"文件类型，文件的扩展名一定是.h，如图2-1-4所示）。

新建define_head.h头文件存放xscjgl_function.c文件中函数所要使用的宏定义的符号常量，define_head.h头文件的内容如下：

```
//实现学生成绩管理系统所用到的宏定义
#define TOTAL_NUM 100      //一维数组的总行数
```

✎ define_head.h头文件说明：

● 在#define TOTAL_NUM 100中，#表示这是一条预处理宏定义指令，表明在程序中，凡是用到符号常量的地方，均可以替换成100，即程序可以处理学生的总记录数为100。

● 使用符号常量的好处是：当在其他应用场景需要处理学生总记录数为500时，只需要将宏定义中的符号常量值由100改为500即可，不需要程序员在程序中一个一个地查找修改，极大地提高了程序的维护速度，程序具有更强的通用性。

如果不定义符号常量，而在程序中将学生总记录数写成固定值100，当要处理的学生总记录数是500时，则程序员需要在程序中一个一个地查找修改，不仅麻烦，而且容易遗漏，从而程序不具有通用性。

● 宏定义不是C语言语句，宏定义的符号常量由C语言预处理器进行相应的替换，所以在宏定义的行末不必加分号。

c. 新建variable_head.h头文件（一定要选择"C/C++ Header File"文件类型，文件的扩展名一定是.h，如图2-1-4所示）。

新建variable_head.h头文件存放xscjgl_function.c文件中函数将要使用的变量，variable_head.h头文件的内容如下：

```
//以下是xscjgl_function.c中其他函数所需使用的全局变量
int i,temp;   //定义整型全局循环变量i及临时变量temp
int j,k,n;   //定义整型全局循环变量及临时变量
int records,return_fnInput;   /*定义整型学生记录数及接受函数返回值的全局变量*/

int student_chNo[TOTAL_NUM]={1,30,50,70};/*初始化学号一维整型数组(假设学号为整型,
自然数)*/
/*初始化姓名一维整型数组(因为一维字符数组不能表达姓名,所以暂时让姓名与整型的学号相同)*/
int student_chName[TOTAL_NUM]={1,30,50,70};
/*初始化一维浮点型数组(分别给4个学生的5门功课(语文|数学|英语|政治|历史)初始化)*/
float chinese[TOTAL_NUM]={11,96,98,89};
float math[TOTAL_NUM]={33,90,88,89};
float english[TOTAL_NUM]={55,88,99,80};
```

```
    float politics[TOTAL_NUM] = {77,86,98,89};
float history[TOTAL_NUM] = {99,86,98,89};
float xscj_max[TOTAL_NUM];
float xscj_min[TOTAL_NUM];
float xscj_avg[TOTAL_NUM];
```

d. 为了保证 int fnRecordNum( )函数调试通过,需要将 2 个新建的 define_head. h 及 variable_head. h 头文件包含进 xscjgl_function. c 文件中,包含的代码如下:

```
#include "system_head. h"
#include "define_head. h"
#include "variable_head. h"
```

③编写完善 xscjgl_function. c 源程序文件中自定义函数 void fnSort(int records)的函数体代码,实现按学生的平均分降序排序的功能。

a. 完善自定义函数 void fnSort(int records)的代码如下:

```
/*计算每行(每门课程)的最大值、最小值及平均值,然后按学生的平均分降序排完序*/
void fnSort(int records)
{
    fnRowAVG(records);/*调用计算每行(每人课程)的最大值、最小值及平均值的函数*/
    for(i = 0;i < records - 1;i++)      //按学生的平均分降序排序
    {
        for(j = i + 1;j < records;j++)
        {
            if(xscj_avg[i] < xscj_avg[j])
            {
                //临时交换变量 cTemp 交换学号
                cTemp = student_chNo[i];
                student_chNo[i] = student_chNo[j];
                student_chNo[j] = cTemp;
                //整型数组临时交换变量 cTemp 交换姓名
                cTemp = student_chName[i];
                student_chName[i] = student_chName[j];
                student_chName[j] = cTemp;
                //临时交换变量 cTemp 交换语文的成绩
                ftemp = chinese[i];
                chinese[i] = chinese[j];
                chinese[j] = ftemp;
                //临时交换变量 cTemp 交换数学的成绩
                ftemp = math[i];
                math[i] = math[j];
                math[j] = ftemp;
                //临时交换变量 cTemp 交换英语的成绩
                ftemp = english[i];
```

```
            english[i] = english[j];
            english[j] = ftemp;
            //临时交换变量 cTemp 交换政治的成绩
            ftemp = politics[i];
            politics[i] = politics[j];
            politics[j] = ftemp;
            //临时交换变量 cTemp 交换历史的成绩
            ftemp = history[i];
            history[i] = history[j];
            history[j] = ftemp;
            //临时交换变量 cTemp 交换学生最高分
            ftemp = xscj_max[i];
            xscj_max[i] = xscj_max[j];
            xscj_max[j] = ftemp;
            //临时交换变量 cTemp 交换学生最低分
            ftemp = xscj_min[i];
            xscj_min[i] = xscj_min[j];
            xscj_min[j] = ftemp;
            //临时交换变量 cTemp 交换学生平均分
            ftemp = xscj_avg[i];
            xscj_avg[i] = xscj_avg[j];
            xscj_avg[j] = ftemp;
        }
    }
}
```

 程序说明

● 当出现菜单，选择菜单项 5 时，则调用 fnSort(records) 函数。

● 首先调用 void fnRowAVG(int records) 函数（下面的步骤会新建该函数），该函数的功能是计算行（每个学生）的最大值、最小值及平均值。

● 有了每个学生的平均值，才可以按平均值进行降序排序。降序排序的特点是：如果平均值大，需要交换不止一个平均分值，还需要交换相应的学号、姓名、语文、数学、英语、政治、历史、最高分、最低分等值，这样才能保证平均分较大的学生的所有信息全部交换过来。

b. 在 void fnSort(int records) 函数的代码中，需要交换相应的学号、姓名、语文、数学、英语、政治、历史、最高分、最低分等值，所以需要在 variable_head. h 头文件中增加以下全局变量，以满足 void fnSort(int records) 函数的要求。

```
//排序函数 void fnSort(int records)需要增加的变量
float ftemp;      //定义浮点型全域交换变量 ftemp
int cTemp;        //临时交换变量 cTemp
```

④由于 void fnSort(int records)会调用 void fnRowAVG(int records)函数，所以需要在 xscjgl_function.c 源程序文件中增加新编写的自定义函数 void fnRowAVG(int records)。

a. 在 xscjgl_function.h 头文件中增加如下对 void fnRowAVG(int records)函数的声明。

```
void fnRowAVG(int records);//计算行(每个学生)的最大值、最小值及平均值函数
```

b. 在 xscjgl_function.c 源程序文件中新编写 void fnRowAVG(int records)自定义函数的代码如下（该函数应放在 void fnSort(int records)函数前面）：

```
//计算每行(各门课程)的最大值、最小值及平均值函数
void   fnRowAVG(int records)
{
    for(n=0;n<records;n++)
    {
        //用循环计算每个学生的几门课程成绩和，并求出每个学生最高分、最低分
        sum=0;
        sum=sum+chinese[n]+math[n]+english[n]+politics[n]+history[n];
        max=chinese[n];//将学生的第1门功课的成绩赋给max变量
        if(max<math[n]) max=math[n];/*如果max<数学成绩，让max=数学成绩，下同*/
        if(max<english[n]) max=english[n];
        if(max<politics[n]) max=politics[n];
        if(max<history[n]) max=history[n];
        min=chinese[n];//将学生的第1门功课的成绩赋给min变量
        if(min>math[n]) min=math[n];/*如果min>数学成绩，让min=数学成绩，下同*/
        if(min>english[n]) min=english[n];
        if(min>politics[n]) min=politics[n];
        if(min>history[n]) min=history[n];
    //将所求出的每个学生的最高分、最低分及平均分赋给相应的数组元素
        xscj_max[n]=max;
        xscj_min[n]=min;
        xscj_avg[n]=sum/5;
    }
}
```

 程序说明

void fnRowAVG(int records)用到累加器 sum，以便求出每个学生的总分，然后除以5，即可求出每个学生5门功课的平均分。

全局变量 max 存放学生的5门功课的最高分，全局变量 min 存放学生的5门功课的最低分。

最后将最高分、最低分及平均分依次赋给 xscj_max、xscj_min、xscj_avg 数组相应的元素。

c. 由于 void fnRowAVG(int records)函数需要计算学生的最高分、最低分及平均分，所以需要在 variable_head.h 头文件中添加如下变量。

```
//void fnRowAVG(int records)函数需要增加的变量
float max,min,sum=0;       //定义浮点型全域变量,并将累加器置0
```

至此,按平均分降序排序 void fnSort(int records)函数的功能全部实现了,但是还不能输出如图2-1-2所示的学生成绩表,所以还需要编写自定义 void fnShow(int n)函数的函数体。

⑤编写 xscjgl_function. c 源程序文件中自定义函数 void fnShow(int n)的函数体代码,实现以表格形式输出学生成绩表,该成绩表包含学生最高分、最低分及平均分。

a. 完善 void fnShow(int n)函数的函数体代码如下:

```
//5 以表格形式输出学生成绩表,该成绩表包含学生最高分、最低分及平均分
void fnShow(int n)
{
    printf(TABLELINEHEAD);//用到了宏定义,非常方便,下同
    printf(HEAD);
    printf(TABLELINEMIDDLE);
    for(i=0;i<n-1;i++)//循环以表格形式显示前0,1,2,…,n-2 共 n-1 条记录内容
    {
    printf(FORMAT,DATA);
        printf(TABLELINEMIDDLE);
    }
    if(i==n-1)   //条件成立,输出最后一条记录(下标为 n-1)
    {
        printf(FORMAT,DATA);
        printf(TABLELINEBOTTOM);
    }
}
```

 程序说明

● 当选择菜单项5 时,调用 void fnShow(int n)函数。

● void fnShow(int n)函数与前面讲述的 fnShowRecord()函数的功能的区别是:void fnShow(int n)以表格形式显示全部的记录,而前面讲述的 fnShowRecord()函数的功能是以表格形式显示单条记录。

● void fnShow(int n)函数与前面讲述的 fnShowRecord()函数功能的相同点是:2 个函数均使用了 define_head. h 头文件中6 个宏定义符号字符串常量,所以程序简洁、规范。

b. 在 define_head. h 头文件中添加如下宏定义符号字符串常量。

```
//添加如下宏定义符号字符串常量,可以以表格形式输出
#define TABLELINEHEAD " ┌───────────────────────────────────────────────────────┐ \n"
#define HEAD        "│学号│姓 名│语文│数学│英语│政治│历史│最高分│最低分│平均分│ \n"
#define TABLELINEMIDDLE "├───────────────────────────────────────────────────────┤ \n"
#define TABLELINEBOTTOM "└───────────────────────────────────────────────────────┘ \n"
```

```
#define FORMAT  " |% 8d |%10d |%4.0f |%4.0f |%4.0f |%4.0f |%4.0f |%6.1f |%6.1f |%6.1f | \n"
#define DATA   student_chNo[i],student_chName[i],chinese[i],math
[i],english[i],politics[i],history[i],xscj_max[i],xscj_min[i],
xscj_avg[i]
```

至此，完善 void fnShow(int n)函数功能的工作完成，实现了任务 2 -1 所要求的选择菜单编号 5 输出学生成绩表的所有功能。阶段性编译调试，即运行程序选择菜单编号 5，则输出如图 2 -1 -6 的结果。

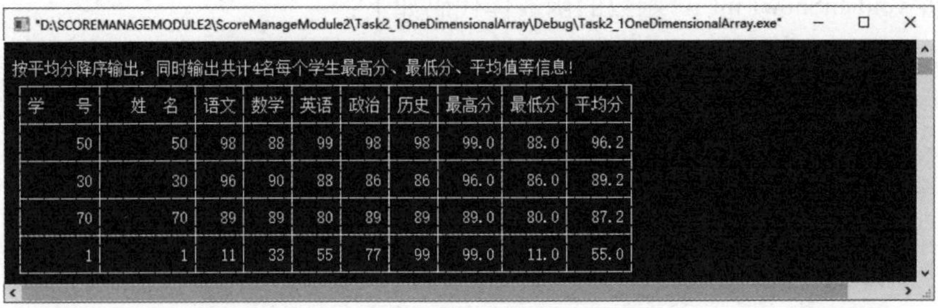

学 号	姓 名	语文	数学	英语	政治	历史	最高分	最低分	平均分
50	50	98	88	99	98	98	99.0	88.0	96.2
30	30	96	90	88	86	86	96.0	86.0	89.2
70	70	89	89	80	89	89	89.0	80.0	87.2
1	1	11	33	55	77	99	99.0	11.0	55.0

图 2 -1 -6　阶段性调试菜单 5 的运行结果

⑥完善 xscjgl_function. c 源程序文件中自定义函数 int fnSearch(int n,int flag)的函数体代码，实现查询学生记录信息的功能。

```
//2 查询学生记录信息
int fnSearch(int n,int flag)
{
   printf("请输入要查询学生的学号:");
   scanf("% d",&snum);
   return_fnInput = fnStuNumExist(snum,n,flag);
   if(return_fnInput > =0)  /* fnStuNumExist()函数返回值 > =0,表示所输入的学号存在,
显示记录 */
   {
      printf("\n          学号为:% d 的学生的信息如下:按任意键继续!!! \n",snum);
      fnShowRecord();  //以表格形式显示查询到的记录
      getch();
      return 1;
   }
   else    /* fnStuNumExist()函数返回值 -1,表示所输入的学号不存在,要求重新输入学号 */
   {
      printf("学号为:% d 的学生查找不到!!!   请查明原因!!! 请重新输入学号 \n",snum);
      getch();
      return 0;
   }
}
```

程序说明

● 当选择菜单项 2 时，调用 int fnSearch(int n,int flag)函数。

● 首先要求人机对话通过键盘输入要查询的学号信息，如果学号存在，则调用 void fn-ShowRecord()函数显示要查询的单条记录信息；如果要查询的学号不存在，则显示提示信息，要求查明原因，重新输入学号。

⑦由于 int fnSearch(int n,int flag)函数会调用 void fnShowRecord()函数，所以需要在 xscjgl_function.c 源程序文件中重新编写自定义函数 void fnShowRecord()。

a. 在 xscjgl_function.h 头文件中增加如下对 void fnShowRecord()函数的声明。

```
void fnShowRecord();   //显示查询到的单条记录,同时作为修改、是否删除的提示
```

b. 在 xscjgl_function.c 源程序文件中重新编写如下 void fnShowRecord()自定义函数代码，该函数的代码应放在 int fnSearch(int n,int flag)函数之前。

```
//显示查询到的单条记录,同时作为修改、是否删除的提示
void fnShowRecord()
{
    printf(TABLELINEHEAD);
    printf(HEAD);
    printf(TABLELINEMIDDLE);
    printf(FORMAT,DATA);
    printf(TABLELINEBOTTOM);
}
```

程序说明

void fnShowRecord()函数的上述代码比较简单，该函数 5 次调用系统函数 printf()，在调用系统函数 printf()时，用到了 6 个宏定义符号字符串常量，所以需要在 define_head.h 头文件中添加宏定义符号字符串常量。

⑧由于 int fnSearch(int n,int flag)函数会调用 int fnStuNumExist(int snum,int n,int flag)函数，所以需要在 xscjgl_function.c 源程序文件中新增自定义函数 int fnStuNumExist(int snum,int n,int flag)，以便供增、删、改、查记录函数调用。

a. 在 xscjgl_function.h 头文件中加上自定义函数 int fnStuNumExist(int snum,int n,int flag)的声明语句如下：

```
int fnStuNumExist(int snum,int n,int flag); /* 插入或追加记录、删除记录、修改记录及查询
记录前检查记录是否存在 */
```

b. 在 xscjgl_function.c 源文件中重新编写自定义函数 int fnStuNumExist(int snum,int n,int flag)，该函数的代码应放在增、删、改、查函数的前面。

自定义函数 int fnStuNumExist(int snum,int n,int flag)代码如下：

```
// 插入或追加记录、删除记录、修改记录及查询记录前检查记录是否存存
int fnStuNumExist(int snum,int n,int flag)
{
    flag= -1;
    for(i=0;i<n;i++)
    {
        if(student_chNo[i]==snum)   //学号存在,跳出循环
        {
            flag=i;
            break;
        }
    }
    /*返回 flag>=0,表示学号存在,不可以插入或追加记录,但是查询、修改、删除函数将可正常进行
*/
    /*返回 flag=-1,表示学号不存在,可以插入或追加记录,但是查询、修改、删除函数将要求重输入
学号 */
    return flag;
}
```

 程序说明

如果学号存在（flag>=0），可以实现查询、修改、删除等功能，即可以调用相应的查询、修改、删除函数，但不可以实现插入或追加记录的功能，即不可以调用插入或追加记录的函数。

如果学号不存在（flag==-1），不可以实现查询、修改、删除等功能，即不可以调用相应的查询、修改、删除函数，但可以实现插入或追加记录的功能，即可以调用插入或追加记录的函数。

c. 由于 int fnSearch(int n,int flag)函数会调用 int fnStuNumExist(int snum,int n,int flag)函数，在完善 int fnSearch(int n,int flag)查询记录函数后，还需要在 variable_head.h 头文件添加全局变量如下：

```
int snum;//存放要增、删、改、查的学号值的变量 snum
int return_fnInput;   //定义接受函数返回值的整型全局变量
```

至此，查询记录的函数功能全部实现了，可以阶段性编译、调试查询记录函数功能。运行程序，选择菜单编号 2，然后输入学号"1"，运行结果如图 2-1-7 所示。

思考：图 2-1-7 所示的运行结果中，学号为 1 的学生最高分、最低分及平均分均为 0，如何修改程序，从而显示出学号为 1 的学生的最高分、最低分及平均分值？

⑨完善 xscjgl_function.c 源程序文件中自定义函数 int fnInsert(int n,int flag)的函数体。

要用计算机管理学生成绩，首先要能够追加或插入学生成绩等信息，int fnInsert(int n,int flag)函数既可以实现追加学生成绩信息，又可以实现插入学生成绩信息。

a. 在 xscjgl_function.c 源程序文件中完善 int fnInsert(int n,int flag)函数的函数体的代码

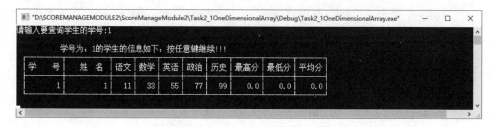

图2-1-7　运行结果

如下:

```
//1  插入或追加记录
int fnInsert(int n,int flag)
{
    printf("请输入插入或追加学生信息的学号: ");
    scanf("% d",&snum);
    return_fnInput = fnStuNumExist(snum,n,flag);
    if(return_fnInput > =0)  /* fnStuNumExist()函数返回值 > =0,表示所输入的学号存在,
不能插入或追加记录 */
    {
        printf("所输入的学号为:% d 所对应学生信息已经存在,不能插入或追加已存在学号的记
录!!!  请按任意键后重新输入其他学号 \n",snum);
            getch();
        return 0;
    }
    for(i =0;i <n;i++)//循环遍历判断"学号是否大于所输入的学号"
    {
      if(student_chNo[i] >snum) //如果条件成立,说明是插入记录
        {
            for(j =n;j >i;j - -)   /* 循环从最后一条记录逐条下移一条记录,为插入记录腾出位
置存放信息 */
            {
                student_chNo[j] =student_chNo[j -1];    //下移学号
                student_chName[j] =student_chName[j -1]; //下移姓名
                //分别要下移 5 门功课的成绩及 5 门功课的最高分、最低分及平均分
                chinese[j] =chinese[j -1];
                math[j] =math[j -1];
                english[j] =english[j -1];
                politics[j] =politics[j -1];
                history[j] =history[j -1];
                xscj_max[j] =xscj_max[j -1];
                xscj_min[j] =xscj_min[j -1];
                xscj_avg[j] =xscj_avg[j -1];

            }
```

```
            break;  //跳出循环
        }
    }
    if(i!=n)  //插入记录
    {
        temp=fnInput(snum,i,flag);  //调用插入或追加记录函数
        printf("学号为：%d的学生信息插入成功!!! 请按任意键继续……\n",snum);
        getch();
        records++;  //插入记录后,记录数加1,为存储记录做准备
        return 1;
    }
    else  //追加记录
    {
        temp=fnInput(snum,i,flag);  //调用插入或追加记录函数
        printf("学号为：%d的学生信息追加成功!!! 请按任意键继续……\n",snum);
        getch();
        records++;     //追加记录后,记录数加1,为存储记录做准备
        return 1;
    }
}
```

 程序说明

● 当选择菜单项1时，调用 int fnInsert(int n, int flag)函数，本函数将会调用另外2个新编写的自定义函数（int fnStuNumExist(snum, n, flag)及 int fnInput(int snum, int n, int flag)）。

● 首先要求人机对话通过键盘输入要插入或追加的学号信息，然后调用自定义函数 int fnStuNumExist(snum, n, flag)，将所输入的学号信息作为实参传给所调用的函数，将所调用函数的返回值赋给整型变量 return_fnInput，根据变量 return_fnInput 的值来判断所输入的学号是否存在。如果输入的学号不存在，并且有的记录的学号大于输入的学号，则属于插入记录，否则属于追加记录。

● 不管是插入还是追加记录，都会调用 int fnInput(int snum, int n, int flag)函数，所以需要新建自定义函数 int fnInput(int snum, int n, int flag)，这一新建的函数还将被修改函数 int fnModify(int n, int flag)调用。

● 插入记录的情况处理：

遍历学号，当学号大于输入的学号的条件满足时，循环从最后一条记录逐条下移一条记录，直到当前记录大于要插入的记录为止，从而为插入记录信息腾出位置。

当 if(i!=n)条件成立时，说明发现有学号大于输入的学号，所以调用 int fnInput(int snum, int n, int flag)自定义函数（属于插入记录），然后录入要插入的记录信息，存放在腾出的位置。

● 追加记录的情况处理：循环遍历学号，当未发现有学号大于输入的学号时（(i==n)），

调用 int fnInput(int snum, int n, int flag)自定义函数（属于追加记录），追加录入记录的信息。

b. 在 xscjgl_function. c 源程序文件中增加如下包含头文件。

```
#include "menu. h"
```

⑩由于 int fnInsert(int n, int flag)会调用 int fnInput(int snum, int n, int flag)函数，所以需要在 xscjgl_function. c 源程序文件中新编写自定义函数 int fnInput(int snum, int n, int flag)。

a. 在 xscjgl_function. h 头文件中增加如下对 int fnInput(int snum, int n, int flag)函数的声明。

```
int fnInput(int snum, int n, int flag);  /*插入或追加记录、修改记录时，通过键盘人机对话
录入学生成绩信息函数 */
```

b. 在 xscjgl_function. c 源程序文件中新编写自定义函数 int fnInput(int snum, int n, int flag)，该函数的代码应放在 int fnInsert(int n, int flag)函数的前面。

```
//插入或追加记录、修改记录时,通过键盘人机对话录入学生成绩信息函数
/ * fnInput()函数的第 1 个参数接收的是要插入或要追加或要修改的学号,第 2 个参数
接收要插入或要追加或要修改的记录号, 第 3 个参数接收要插入或要追加或要修改的标志( flag =1 表
示插入或追加记录,flag =4 表示修改记录) */
int fnInput(int snum, int n, int flag)
{
    student_chNo[n] =snum;//将要插入或追加、更新的学号赋给学号变量
    if(flag ==1) printf("请输入学号为:% d 的学生的其他信息!!!!!!   \n",snum);
    if(flag == 4)  printf ("请修改（更新）学号为:% d 的学生的其他信息!!!!!!   \n",
snum);
    student_chName[n] =snum;  / *因为一维字符数组不能表达姓名,所以暂时让姓名与整型的学
号相同 */
    printf("语文:");
    scanf("% f",&chinese[n]);
    printf("数学:");
    scanf("% f",&math[n]);    printf("英语:");
    scanf("% f",&english[n]);
    printf("政治:");
    scanf("% f",&politics[n]);    printf("历史:");
    scanf("% f",&history[n]);
    return 1;
}
```

程序说明

● int fnInput(int snum,int n,int flag)函数的第 1 个参数接收的是要插入或要追加或要修改的学号，第 2 个参数接收要插入或要追加或要修改的记录号，第 3 个参数接收要插入或要追加或要修改的标志（flag =1 表示插入或追加记录，flag =4 表示修改记录）。

● int fnInput(int snum, int n, int flag)函数的功能是通过键盘人机对话录入学生成绩信息，实现插入或追加记录、修改记录的功能。

至此，插入或追加记录的函数功能全部实现了，可以编译、调试插入或追加记录函数的功能。运行程序，选择菜单1，输入学号"99"，然后根据提示输入各门功课的成绩，如图2－1－8所示。

图2－1－8　运行结果

⑪完善 xscjgl_function. c 源程序文件中自定义函数 int fnModify(int n, int flag)的函数体代码，实现更新（修改）学生记录信息的功能。

自定义函数 int fnModify(int n, int flag)的代码如下：

```
//4　更新(修改)学生信息
int fnModify(int n,int flag)
{
    printf("请输入要修改学生的学号:");
    scanf("% d",&snum);
    return_fnInput = fnStuNumExist(snum,n,flag);
    if(return_fnInput > =0)　/*fnStuNumExist()函数返回值 > =0,表示所输入的学号存在,
显示记录*/
    {
        printf("学号为:% d的学生的信息被找到!!!　请输入修改学生的信息如下:\n",snum);
        fnShowRecord();
        fnInput(snum,return_fnInput,flag); //调用插入或追加记录函数
          fnShowRecord();
        return 1;
    }
    else　/*fnStuNumExist()函数返回值 -1,表示所输入的学号不存在,要求重新输入学号 */
    {
        printf("要修改的学号为:% d的学生信息不存在!!!　请查明原因!!! 请重新输入学号\
n",snum);
        getch();
        return 0;
    }
}
```

程序说明

● 当选择菜单项4时，调用 int fnModify(int n,int flag)函数。

● 首先要求人机对话通过键盘输入要修改的学号信息，如果输入要修改的学号存在，则

调用 void fnShowRecord( )函数显示要修改的单条记录信息，然后调用 int fnInput(int snum，int n，int flag)函数，更新（修改）学生记录信息后，再显示修改后的记录信息。

● 如果要修改的学号不存在，则显示提示信息，要求查明原因，重新输入学号。

至此，更新（修改）记录的函数功能全部实现了，可以编译、调试更新（修改）记录的功能。运行程序，选择菜单4，输入学号"30"，然后根据提示修改各门功课的成绩，如图 2 - 1 - 9 所示。

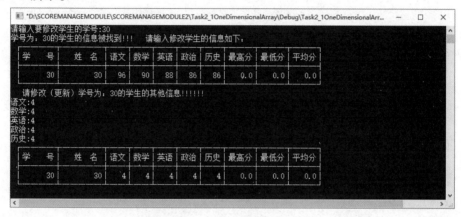

图 2 - 1 - 9 运行结果

⑫在 xscjgl_function. c 源程序文件中，完善 int fnDelete(int n，int flag) 自定义函数的函数体代码，实现删除学生记录信息的功能。

```
//3  删除学生记录信息
int fnDelete(int n,int flag)
{
    printf("请输入要删除学生的学号:");
    scanf("% d",&snum);
    return_fnInput = fnStuNumExist(snum,n,flag);
    if(return_fnInput >=0)   /* fnStuNumExist ()函数返回值 > =0,表示所输入的学号存在,
显示记录 */
    {
        fnShowRecord();    //以表格形式显示查询到的记录
        printf("学号为:% d 的学生信息如上述所示!!! 该学生的信息将被删除",snum);
        for(j =return_fnInput;j <n;j++)/*循环从当前记录位置开始,逐条将下一条记录替换
当前记录 */
        {
            student_chNo[j] =student_chNo[j +1];     /*下一个人的学号替换当前人的学号*/
            student_chName[j] =student_chName[j +1]; /*下一个人的姓名替换当前人的姓名*/
            //分别将下一个人的5 门功课的成绩替换当前人的相应信息
            chinese[j] =chinese[j +1];
            math[j] =math[j +1];
            english[j] =english[j +1];
            politics[j] =politics[j +1];
```

```
            history[j] = history[j + 1];
            //分别将下一个人的最高分、最低分及平均分替换当前人的相应信息
            xscj_max[j] = xscj_max[j + 1];
            xscj_min[j] = xscj_min[j + 1];
            xscj_avg[j] = xscj_avg[j + 1];
        }
        printf("学号为:% d的学生记录信息删除操作成功!!!　请按任意键继续......",snum);
        getch();
        records - -;//记录数减1
        return 1;
    }
    else   /* fnStuNumExist()函数返回值 - 1,表示所输入的学号不存在,要求重新输入学号 */
    {
        printf("学号为:% d的学生信息未找到!!!　　　请按任意键继续!!! 重新输入学号",
snum);
        getch();
        return 0;
    }
}
```

程序说明

- 当选择菜单项 3 时,调用 int fnDelete(int n, int flag)函数。

- 首先要求人机对话通过键盘输入要删除的学号信息,如果输入要删除的学号存在,则调用 void fnShowRecord( )函数,显示要删除的单条记录信息,提示所显示的记录将被删除。然后循环从当前记录位置开始逐条用下一条记录替换当前记录,直到最后一个记录被替换。删除记录后,记录总数变量 records - - 。

- 如果输入要删除的学号不存在,则显示提示信息,要求查明原因,重新输入学号。

至此,删除记录的函数功能全部实现了,可以编译、调试删除记录的功能。运行程序,选择菜单 3,输入学号"1",显示学号为 1 的记录后,出现如图 2 - 1 - 10 所示的提示。

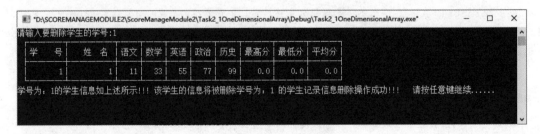

图 2 - 1 - 10　运行结果

此时返回到主菜单,再选择菜单编号 5,则不再显示学号为 1 的学生记录信息,说明删除成功。

知识点2-1　头文件

C语言程序通常由头文件(header files)和定义文件(definition files)组成。

- 头文件(header files)主要用于保存函数的声明(declaration)。
- 定义文件(definition files)用于保存函数的实现(implementation),即源程序文件(source files,扩展名为.c)。

在C语言程序编译阶段,#include <头文件.h>可实现将头文件包含到当前文件中,可使用该头文件定义的常量、数据类型、函数等。

C语言程序提供一对尖括号"< >"或一对英文双引号""""来引用头文件,其区别在于:

- 一对尖括号在搜寻头文件时,寻找的目录路径为IDE配置好的Include目录,在VC6.0中可通过"Tools"→"Options"对话框中的"Directories"标签页中的"Include files"查看。
- 一对英文双引号在搜寻头文件时,寻找的目录路径为:先在当前工程中寻找头文件,如果找不到,则到为IDE配置好的Include目录中寻找。

C语言针对不同的功能,提供了相应的常用的库函数,根据功能封装为不同的头文件,这样做既能有效地区分相应的功能,又能有效地降低代码的冗余。表2-1-1列出了常用的头文件。

表2-1-1　常用头文件

文件名称	文件内容
stdio.h	标准输入/输出头文件,包括printf( )、scanf( )等常用输入/输出函数的声明
math.h	数学相关头文件,包括三角函数、指数、PI、e的数值等声明及常量的定义
string.h	字符串处理头文件,包括字符串拷贝、比较大小、拼接等函数的声明
stdlib.h	实用工具库函数头文件,包括字符串和数值类型之间转换、存储器分配与释放、退出程序等函数的声明
ctype.h	字符处理头文件,包括字符类型检测函数、字符大小写之间转换函数等
local.h	地区头文件,包括地区设置、数字格式约定查询、国家货币/日期/时间等格式转换的函数等
signal.h	信号处理头文件,包含了用于处理程序执行过程中发生例外情况的函数
time.h	时间函数头文件,包括设置时间、获取时间、时间转换等函数的声明
errno.h	错误处理头文件,主要通过错误码来回报错误资讯的宏
conio.h	Console Input/Output(控制台输入/输出)的简写,其中定义了通过控制台进行数据输入和数据输出的函数,主要是一些用户通过键盘产生的对应操作,比如getch( )函数等

知识点2-2　全局变量与局部变量

按作用域范围,C语言中的变量可分为两种:局部变量和全局变量。

1. 局部变量

局部变量也称为内部变量，是在函数内进行定义的。局部变量的作用域仅限于所在的函数，离开该函数后，再使用这种变量就是非法的。

允许在不同的函数中使用相同的变量名，它们被分配的存储单元不同，因此互不干扰，也不会发生混淆。

2. 全局变量

在函数外部定义的变量称为全局变量。全局变量也称外部变量，它不属于哪个函数，它的有效范围从定义变量的位置开始到本源文件结束。

如任务 2 - 1 头文件 variable_head. h 中定义的所有变量都是全局变量，因为在 xscjgl_function. c 文件中，在所有函数前将包含所有变量的 variable_head. h 头文件包含进来了。

头文件 variable_head. h 中定义的所有全局变量作用范围从定义到 xscjgl_function. c 文件的结尾。

xscjgl_function. c 中的所有函数都可以使用 variable_head. h 头文件中的全局变量，起到了变量资源共享的作用。

注意：在同一个源文件中，如果外部变量与局部变量同名，则在局部变量的作用范围内，外部变量被"屏蔽"起来，不起作用。

【例 2 - 1 - 1】局部变量和全局变量举例。

```c
#include<stdio.h>
int n=30;  //全局变量
void func1()
{
    int n=10;  //局部变量
    printf("func1 n=% d\n", n);
}
void func2(int n)
{
    printf("func2 n=% d\n", n);
}
void func3()
{
    printf("func3 n=% d\n", n);
}
int main()
{
    int n=20;  //局部变量
    func1();
    func2(n);
    func3();
    //代码块由{}包围
    {
        int n=40;  //局部变量
```

```
        printf("block n =% d\n", n);
    }
    printf("main  n =% d\n", n);
    return 0;
}
```

上述程序的运行结果如下：

```
func1 n =10
func2 n =20
func3 n =30
block n =40
main n =20
```

 程序说明

①上述代码中虽然定义了多个同名变量 n，但它们的作用域不同，在内存中的位置（地址）也不同，所以是相互独立的变量，互不影响，不会产生重复定义（Redefinition）错误。

②函数 func1( )，输出结果为局部变量的 n 值 10。

③函数 func2(int n)，输出结果为 main( ) 中的局部变量的 n 值 20，其作为实参传给 func2(int n)函数的形参 n，所以输出结果为 20。

④函数 func3( )输出 30，使用的是全局变量，因为在 func3( ) 函数中不存在局部变量 n，所以编译器只能到函数外部，也就是全局作用域中去寻找变量 n 值。

⑤由｛｝包围的代码块也拥有独立的作用域，printf( )使用它自己内部的变量 n，故输出 40。

⑥main( )函数，即使代码块中的 n 离输出语句更近，但它仍然会使用 main( ) 函数开头定义的 n，所以输出结果是 20。

知识点 2-3 编译预处理

当对一个源文件进行编译时，系统将自动引用预处理程序对源程序中的预处理部分做处理，处理完毕后，自动进入对源程序的编译。

在 C 语言源程序中，允许用一个标识符来表示一个字符串，称为"宏"；被定义为"宏"的标识符称为"宏名"。在编译预处理时，对程序中所有出现的"宏名"，都用宏定义中的字符串去代换，这称为"宏代换"或"宏展开"。

合理地使用预处理功能可以设计出通用的模块化程序，可提高源程序的可维护性和可移植性、减少源程序中重复书写字符串的工作量。

在 C 语言中，提供了多种预处理功能，如宏定义、文件包含、条件编译等，其中，"宏定义"分为无参数和有参数两种。

1. 宏定义

（1）不带参数的宏定义

无参宏的宏名后不带参数，也就是用一个指定的标识符（即名字）来代表一个字符串，

其定义的一般形式为：

```
#define  标识符  字符串
```

其中的"#"表示这是一条预处理命令，凡是以"#"开头的，均为预处理命令；"define"为宏定义命令；"标识符"为所定义的宏名；"字符串"可以是常数、表达式、格式串等。

本任务中，#define TOTAL_NUM 100，宏定义的符号常量 TOTAL_NUM 用 100 替换。

（2）带参数的宏定义

C语言允许宏带有参数。宏定义中的参数称为形式参数，宏调用中的参数称为实际参数。

对带参数的宏，在调用时，不仅要展开宏，还要用实参去替换形参。

带参宏定义的一般形式为：

```
#define  宏名(形参表)  字符串
```

带参宏调用的一般形式为：

```
宏名(实参表)
```

例如，宏定义形式如下：

```
#define  SQ(n)  n*n
#define  AR(a,b)  a*b
```

宏调用：

```
int s1 = SQ(5)
int a1 = AR(5,3)
```

2. 文件包含（#include 命令）

编译预处理程序把#include 命令行中所指定的源文件的全部内容放到源程序的#include命令行所在的位置。

在编译时，并不是作为两个文件连接，而是作为一个源程序编译，得到一个目标文件。

文件包含的一般形式为：

```
#include  <文件名>或  #include  "文件名"
```

在前面已多次用此命令包含过库函数的头文件。例如：

```
#include<stdio.h>
```

在程序设计中，文件包含是很有用的。一个大的程序可以分为多个模块，由多个程序员分别编程。有些公用的符号常量或宏定义等可单独组成一个文件，在其他文件的开头用包含命令包含该文件即可使用。这样，可避免在每个文件开头都去书写那些公用量，从而节省时间，并减少出错。

对文件包含命令的说明：

①#include 一般写在模块的开头，被包含的文件称为"头文件"（以".h"为扩展名）。

②一个include命令只能指定一个被包含文件，若有多个文件要包含，则需用多个include命令。

③文件包含允许嵌套，即在一个被包含的文件中又可以包含另一个文件。

3. 条件编译

预处理程序可以按不同的条件去编译不同的程序部分，因而产生不同的目标代码文件。

预处理程序提供了条件编译的功能，这对程序的移植和调试是很有用的，条件编译有以下三种形式。

第一种形式：

```
#ifdef  标识符
    程序段1
#else
    程序段2
#endif
```

功能：如果标识符已被 #define 命令定义，则对程序段 1 进行编译；否则，对程序段 2 进行编译。如果程序段 2 为空，则格式中的#else 可以没有，即可以写为：

```
#ifdef  标识符
程序段1
#endif
```

第二种形式：

```
#ifndef 标识符
程序段1
#else
程序段2
#endif
```

与第一种形式的区别是将"ifdef"改为"ifndef"。它的功能是，如果标识符未被#define 命令定义过，则对程序段 1 进行编译；否则，对程序段 2 进行编译。这与第一种形式的功能正相反。

第三种形式：

```
#if 常量表达式
程序段1
#else
程序段2
#endif
```

功能：如常量表达式的值为真(非 0)，则对程序段 1 进行编译；否则，对程序段 2 进行编译。因此，可以使程序在不同条件下完成不同的功能。

知识点 2-4　一维数组

在学习一维数组之前，每一个变量是一个单独的名字，系统给出每个变量分配存储单元，通过变量名字来实现数据的存取。在实际生活中，要对存放一个班 40 个学生 5 门课的成绩进行处理，如果使用前面简单变量来处理，要用 200 个不同的变量，处理起来是非常麻烦的。

对于上述这种具有相同属性的数据的集合，在 C 语言中可以使用数组来表示。

所谓数组，就是一组类型相同的变量，它用一个数组名标识，每个数组由若干个数组元素组成。数组元素具有同一个名称，不同的下标，每个数组元素可以作为单个变量来使用。

在 C 语言中，下标个数为 1 的数组称为一维数组。一维数组是最简单、最基本的数组类型，也是使用频率最高的。

一维数组的定义格式如下：

类型说明符　数组名1[整型常量表达式], 数组名2[整型常量表达式] … ;

其中，类型说明符表示数组中存放的数据类型，整型常量表达式可以是常量、符号常量和运算符，但不能是变量。

对一维数组进行初始化，可以用以下几种形式。

①在定义数组的同时进行初始化，其一般形式如下：

类型说明符　数组名[整型常量表达式] = {初值1, 初值2, …, 初值n}

例如：

int a[5] = {1,2,3};

int 是类型说明符，说明 a 数组存放的是整型数据，编译程序将在内存中开辟 5 个连续的存储单元（因为是整型，每个存储单元占 2 个字节），用来存放 5 个整数。数组名 a 表示该数组的首地址，a[0]表示第一个存储单元，数组的下标是从 0 开始的，如图 2 – 1 – 11 所示。

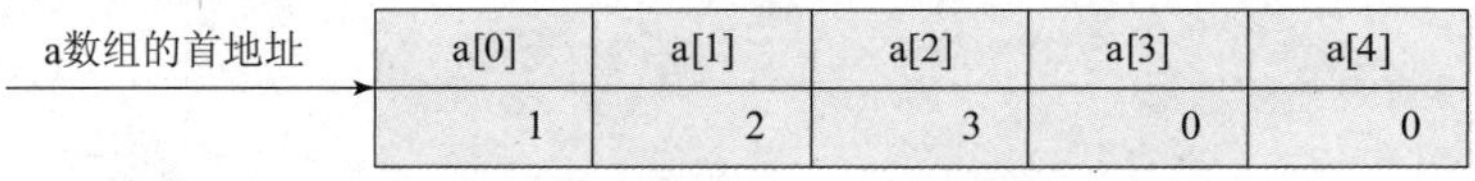

a数组的首地址 →	a[0]	a[1]	a[2]	a[3]	a[4]
	1	2	3	0	0

图 2 – 1 – 11　数组在内存中的存储单元

②在初始化过程中，可以只初始化部分元素。例如：

int b[10] = {1,2,3};

b 数组初始化后，b[0] = 1，b[1] = 2，b[2] = 3，其余各元素均为 0。

如果要使数组的全部元素值都为 0，可以写成：

int b[5] = {0};

③对数组的所有元素均赋予初值，数组的长度可以省略。

例如：

int a[5] = {1,2,3,4,5};也可写为 int a[] = {1,2,3,4,5};

本任务中，有如下对数组定义及数组元素初始化的实例，在该实例中，定义数组语句使用了 define_head. h 头文件中的宏定义符号常量 TOTAL_NUM。

```
/*初始化姓名一维整型数组（因为一维字符数组不能表达姓名，所以暂时让姓名与整型的学号相同）*/
    int student_chName[TOTAL_NUM] = {1,30,50,70};
/*初始化一维浮点型数组（分别给 4 个学生的 5 门功课（语文│数学│英语│政治│历史）初始化）*/
    float chinese[TOTAL_NUM] = {11,96,98,89};
    float math[TOTAL_NUM] = {33,90,88,89};
    float english[TOTAL_NUM] = {55,88,99,80};
```

```
float politics[TOTAL_NUM] = {77,86,98,89};
float history[TOTAL_NUM] = {99,86,98,89};
float xscj_max[TOTAL_NUM];
float xscj_min[TOTAL_NUM];
float xscj_avg[TOTAL_NUM];
```

基于数组的特点，可以充分利用项目 1 中所学循环语句知识点对数组各元素进行处理，从而有效而快速地实现对一组数据进行排序等处理，如果不使用循环对数组元素进行处理，即使是 3 个数进行排序，都比较麻烦，下面分别举例说明。

【例 2 – 1 – 2】使用简单变量实现对 3 个整型数进行降序排序，并输出最大值及最小值。

```c
#include< stdio.h >
int main()
{
    int a =10,b =30,c =90,t;     //定义 4 个基本整型变量 a，b，c，t
      printf("请通过键盘输入 3 个数 a,b,c:\n");    /* 双引号内的普通字符原样输出并换行 */
      scanf("% d,% d,% d",&a,&b,&c);                //输入任意 3 个数
    if(a<b)  //如果 a 小于 b,借助中间变量 t 实现 a 与 b 值的互换
    {
        t =a;
        a =b;
        b =t;
    }
    if(a<c)    //如果 a 小于 c,借助中间变景 t 实现 a 与 c 值的互换
    {
        t =a;
        a =c;
        c =t;
    }
    if(b<c)    //如果 b 小于 c,借助中间变量 t 实现 b 与 c 值的互换
    {
        t =b;
        b =c;
        c =t;
    }
    printf("降序排序的结果为:% d,% d,% d\n",a,b,c);/8 输出降序排序 a，b，c 的值 */
    printf("最大值 =% d,最小值 =% d\n",a,c);      /* 输出最大值 a 和最小值 c */
    return 0;
}
```

 程序说明

①定义数据类型，本实例中 a、b、c、t 均为基本整型。

②使用输入函数获得任意3个值赋给a、b、c，也可以直接赋初值。

③使用if语句进行条件判断，如果小于b，则借助于中间变量t互换a与b值，依此类推，比较a与c、b与c，最终结果即为a、b、c的降序排列。

④依次输出a、b、c的值即为降序排序结果。

⑤输出最大值a、最小值c。

【例2-1-3】 使用冒泡排序算法对整型数组元素进行降序排序，并输出最大值及最小值。

在实际开发中，需要将数组元素按照从大到小（或者从小到大）的顺序排列，这样在查阅数据时会更加直观。

例如：任务2-1输出的成绩表是按平均分从大到小的顺序排序输出的。

对数组元素进行排序有冒泡排序、归并排序、选择排序、插入排序、快速排序等方法。其中最经典的是冒泡排序，整个排序过程就好像气泡不断从水里冒出来，最小的先出来，次小的第二出来，最大的最后出来。

冒泡排序（以从大到小排序为例）的整体思路如下：

从数组头部开始，不断比较相邻的两个元素的大小，让较小的元素逐渐往后移动（交换两个元素的值），直到数组的末尾。

经过第一轮的比较，就可以找到最小的元素，并将它移动到最后一个位置。

第一轮结束后，继续第二轮，仍然从数组头部开始比较，让较小的元素逐渐往后移动，直到数组的倒数第二个元素为止。经过第二轮的比较，找到了次小的元素，次小的元素在倒数第二个位置。

依此类推，进行n-1（n为数组长度）轮"冒泡"后，就可以将所有的元素都排列好。

下面以"40 20 30 10"为例对冒泡排序（降序）进行说明。

第一轮　排序过程

40　20　30　10　（最初）

40　20　30　10　（比较40和20，不交换）

40　30　20　10　（比较20和30，交换）

40　30　20　10　（比较20和10，不交换）

第一轮结束，最小的数10已经在最后面，因此第二轮排序只需要对前面三个数进行比较。

第二轮　排序过程

40　30　20　10（第一轮排序结果）

40　30　20　10（比较40和30，不交换）

40　30　20　10（比较30和20，不交换）

第二轮结束，次小的数字20已经排在倒数第二个位置，所以第三轮只需要比较前两个元素。

第三轮　排序过程

40　30　20　10（第二轮排序结果）

40　30　20　10（比较40和30，不交换）

至此，结过3轮比较排序，排序结束。

从拥有 4 个数组元素的数组降序排序，可以类推对拥有 n 个元素的数组 a[n]降序排序算法如下：

对拥有 n 个元素的数组 a[n] 进行 n-1 轮比较。

第一轮，逐个比较(a[1]，a[2])，(a[2]，a[3])，(a[3]，a[4])，…，(a[n-1]，a[n])，最小的元素被移动到 a[n] 上。

第二轮，逐个比较(a[1]，a[2])，(a[2]，a[3])，(a[3]，a[4])，…，(a[n-2]，a[n-1])，次小的元素被移动到 a[n-1] 上。

……

依此类推，直到整个数组从大到小排序。

冒泡排序算法代码如下：

```c
#include< stdio.h >
int main(){
int a[4] ={40,20,30,10};
int len = sizeof(a)/sizeof(a[0]);
int i,j,temp;
//冒泡排序算法(降序):进行 n-1 轮比较
for(i =0;i < len -1;i++)
{
    //每一轮比较前 n-1-i 个,也就是说,已经排序好的最后 i 个不用比较
    for(j =0;j < (len -1 -i);j++)
    {
        if(a[j] < a[j +1]){
            temp =a[j];
            a[j] =a[j +1];
            a[j +1] =temp;
        }
    }
}
//输出排序后的数组
printf("输出排序后的数组: ");
for(i =0;i < len;i++)
{
    printf("% d ",a[i]);
}
printf("\n");
printf("最大值 =% d,最小值 =% d\n",a[0],a[len -1]);   /*输出最大值 a[0]和最小值 a[len -1]的值 */
return 0;
}
```

【例 2-1-4】使用优化冒泡排序算法对整型数组元素进行降序排序，并输出最大值及最小值。

上述的冒泡排序算法一定会进行 n-1 轮比较，经过对 4 个数组元素 3 轮比较可以看出：

当比较到第 i 轮的时候,如果剩下的元素已经排序好了,那么就不用再继续比较了,跳出循环即可,这样就减少了比较的次数,提高了执行效率。即经过优化后的算法最多进行 n − 1 轮比较。

优化后的冒泡排序算法代码如下:

```c
#include<stdio.h>
int main(){
int a[4]={40,20,30,10};
int len=sizeof(a) / sizeof(a[0]);
int i,j,temp,flag;
//优化算法:最多进行 n-1 轮比较
for(i=0;i<len-1;i++){
    flag=1;   //假设剩下的元素已经排序好了
    for(j=0;j<(len-1-i);j++)
    {
        if(a[j]<a[j+1])
        {
            temp=a[j];
            a[j]=a[j+1];
            a[j+1]=temp;
            flag=0;   //一旦需要交换数组元素,就说明剩下的元素没有排序好
        }
    }
    if(flag) break; //如果没有发生交换,说明剩下的元素已经排序好了
}
//输出排序后的数组
printf("输出排序后的数组:");
for(i=0; i<len; i++)
{
    printf("%d", a[i]);
}
printf("\n");
printf("最大值=%d,最小值=%d\n",a[0],a[len-1]); /* 输出最大值a[0]和最小值a[len-1]的值 */
return 0;
}
```

优化后的算法设置了一个变量 flag,用它作为标志,值为"真"表示剩下的元素已经排序好了,值为"假"表示剩下的元素还未排序好。

每一轮比较之前,预先假设剩下的元素已经排序好了,并将 flag 设置为"真",一旦在比较过程中需要交换元素,就说明假设是错的,剩下的元素没有排序好,于是将 flag 的值更改为"假"。

每一轮循环结束后,通过检测 flag 的值就知道剩下的元素是否排序好。

巩固及知识点练习

1. 上机完成任务 2 - 1 的操作。

2. 在上机完成任务 2 - 1 的基础上，根据数组初始化的值，填写表 2 - 1 - 2 中的内容。

表 2 - 1 - 2 常用头文件

数组下标	student_chNo [i]	chinese [i]	math [i]	english [i]	politics [i]	history [i]	xscj_max [i]	xscj_min [i]	xscj_avg [i]
0									
1									
2									
3									

3. 请分别说出建立 system_head.h、xscjgl_function.h、define_head.h、variable_head.h 头文件的作用。

4. 简述删除 define_head.h 头文件中的宏定义对程序的影响，并体会宏定义的作用。

5. 上机完成例 2 - 1 - 1 ~ 例 2 - 1 - 4 的编程，体会数组与循环结合编程的优势。

6. 例 2 - 1 - 2、例 2 - 1 - 3 及例 2 - 1 - 4 是按从大到小进行排序的，请改写程序，实现从小到大的排序并输出最大值及最小值。

7. 请打开网址 https://www.cnblogs.com/zjp-blog/p/12186232.html 及 https://www.jian-shu.com/p/9c9cfbd8238f，理解选择排序、插入排序、快速排序等算法。

任务 2 - 2 使用二维数组及指针实现学生成绩管理系统

描 述

本任务通过对形如图 2 - 1 - 1 所示的菜单编号进行选择，用二维数组知识点分别实现学生成绩的输入、查询、删除、修改及输出成绩表等功能。

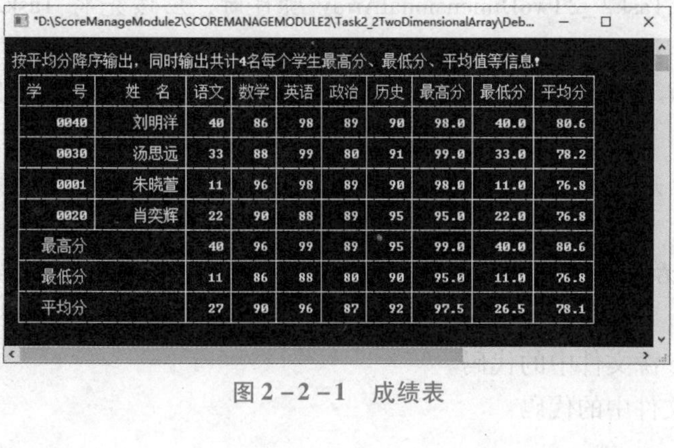

图 2 - 2 - 1 成绩表

输出的成绩表除了输出如图2-1-2所示的表格信息外,还实现了计算每门课程的最高分、最低分及平均分并输出的功能。

 **技能目标**

①掌握二维数组的定义、初始化、数组元素的引用,并具有能用二维数组进行熟练编程的能力。

②掌握一维字符数组的使用方法,具有能用一维字符数组进行编程的能力。

③掌握二维字符数组的使用方法,具有能用二维字符数组进行编程的能力。

④掌握常用字符串处理函数的知识及运用能力。

 操作要点与步骤

①创建工程项目及项目主文件。

a. 打开已建工作空间 SCOREMANAGEMODULE2. dsw。

b. 创建项目工程。

选择"File"→"New"菜单命令,新建一个类型为"Win32 Console Application"的项目,项目名称为"Task2_2TwoDimensionalArray"。注意,将 Task2_2TwoDimensionalArray 项目添加到工作空间 SCOREMANAGEMODULE2 中。

c. 创建项目头文件与源程序文件。

由于本任务实现的功能与任务2-1的基本相同,所以将任务2-1中的5个头文件(system_head. h、variable_head. h、define_head. h、menu. h、xscjgl_function. h)与3个源程序文件(OneDimensionalArray. c、menu. c、xscjgl_function. c)全部复制到新建项目的文件夹下。

将主文件名 OneDimensionalArray. c 改为 TwoDimensionalArray. c,以区别两个项目,但是这两个主文件中都存放 main()函数,main()主函数代码相同(功能是调用菜单函数 fnMenu())。

虽然任务2-1的头文件(. h)及源程序文件(. c)都复制到当前的项目文件夹下,但是这些头文件(. h)及源程序文件(. c)并没有添加到新建的 Task2_2TwoDimensionalArray 的项目中,所以需要将头文件(. h)及源程序文件(. c)分类添加到新建的项目中。

注意:在开发 Task2_2TwoDimensionalArray 项目时,应该先将 Task2_1OneDimensionalArray 工程(项目)卸载。

卸载的方法:右击 Task2_1OneDimensionalArray 项目,在弹出的菜单上单击"Unload Project"即可。

如果需要重新开发或维护 Task2_1OneDimensionalArray 项目,需要再载入工程(项目)即可。

载入的方法:右击 Task2_1OneDimensionalArray 项目,在弹出的菜单上单击"Load Project"即可。

②修改 menu. c 源文件中的代码。

将 menu. c 源文件中的代码:

```
    printf("\n                用一维数组知识实现学生成绩管理系统           \n");
```

改为如下代码：

```
    printf("\n                用二维数组知识实现学生成绩管理系统           \n");
```

　　③修改 variable_head.h 头文件中的内容，重点是将一维数组变量改为二维数组变量。

　　将 variable_head.h 头文件中如下的变量：

```
//需要改变的变量如下：
//自定义函数 int fnRecordNum()需要定义的变量
int student_chNo[TOTAL_NUM]={1,30,50,70};  /*初始化学号一维整型数组(假设学号为整型,
自然数)*/
/*以下是 int fnInsert()、int fnStuNumExist()及 int fnInput()3个函数需要增加的全局变量*/
/*初始化姓名一维整型数组(因为一维字符数组不能表达姓名,所以暂时让姓名与整型的学号相同) */
int student_chName[TOTAL_NUM]={1,30,50,70};
int snum;//存放要增、删、改、查的学号值的变量 snum
/*初始化一维浮点型数组(分别给4个学生的5门功课(语文|数学|英语|政治|历史)初始化)*/
float chinese[TOTAL_NUM]={11,96,98,89};
float math[TOTAL_NUM]={33,90,88,89};
float english[TOTAL_NUM]={55,88,99,80};
float politics[TOTAL_NUM]={77,86,98,89};
float history[TOTAL_NUM]={99,86,98,89};
float xscj_max[TOTAL_NUM];
float xscj_min[TOTAL_NUM];
float xscj_avg[TOTAL_NUM];
//排序函数 void fnSort(int records)需要增加的变量
int cTemp;      //临时交换变量 cTemp
```

改为如下二维数组变量：

```
//变量改为如下二维数组变量：
//存放要增、删、改、查的学号值的字符型数组变量 snum[8]
char snum[8];
/*排序函数 void fnSort(int records)需要增加字符型数组,用于临时交换变量 cTemp[10] */
char cTemp[10];   //临时交换字符型数组变量 cTemp
//初始化学号二维字符型数组
char  student_chNo[TOTAL_NUM][8]={"0001","0020","0030","0040"};
//初始化姓名二维字符型数组
char  student_chName[TOTAL_NUM][10]={"朱晓萱","肖奕辉","汤思远","刘明洋"};
//二维浮点型数组初始化(学生语文|数学|英语|政治|历史5门功课成绩初始化)
float student_fScore[TOTAL_NUM][8]={
                {11,96,98,89,90},
                {22,90,88,89,95},
                {33,88,99,80,91},
                {40,86,98,89,90}
            };
```

④将 variable_head. h 头文件中的一维整型数组变量修改为字符型、浮点型二维数组变量后，函数实参与形参的传递类型也应该发生相应改变，所以需要对 xscjgl_function. h 头文件中的部分函数声明进行修改。

将 xscjgl_function. h 头文件中的以下函数声明：

```
//需要修改的函数声明
//插入或追加记录、删除记录、修改记录及查询记录前检查记录是否存在
int fnStuNumExist(int snum,int n,int flag);
//插入或追加记录、修改记录时,通过键盘人机对话录入学生成绩信息函数
int fnInput(int snum,int n,int flag);
```

修改为如下形式：

```
//插入或追加记录、删除记录、修改记录及查询记录前检查记录是否存在
int fnStuNumExist(char snum[],int n,int flag);
//插入或追加记录、修改记录时,通过键盘人机对话录入学生成绩信息函数
int fnInput(char snum[],int n,int flag);
```

⑤在完成了对 xscjgl_function. h 头文件两个函数声明的修改后，接下来先修改 xscjgl_function. c 源文件中 int fnStuNumExist(int snum,int n,int flag)函数头及函数体。

a. 修改函数头。

将如下原函数头：

```
int fnStuNumExist(int snum,int n,int flag)
```

改为以下的函数头：

```
int fnStuNumExist(char snum[],int n,int flag)
```

b. 修改函数体。

要修改的函数体中的条件语句如下：

```
if(student_chNo[i] == snum)  //学号存在,跳出循环
```

改为以下条件语句：

```
if((strcmp(student_chNo[i],snum)) ==0)//学号存在,跳出循环
```

c. 由于上述修改函数体时，用到了 strcmp( )字符串比较函数，将其作为条件判断语句，所以需要在 system_head. h 头文件中加入如下代码：

```
#include < string. h > /*字符串处理头文件,包括字符串拷贝、比较大小、拼接等函数的声明*/
```

⑥在完成了 xscjgl_function. h 头文件两个函数声明修改后，接下来再修改 xscjgl_function. c 源文件中 int fnInput(int snum,int n,int flag)函数头与函数体相应的内容。

a. 修改函数头。

将如下原函数头：

```
int fnInput(int snum,int n,int flag)
```

改为以下函数头：

```
int fnInput(char snum[],int n,int flag)
```

b. 修改该函数体以下相应内容。

函数体中要修改的代码如下：

```
student_chNo[n] = snum;//将要插入或追加、更新的学号赋给学号变量
if(flag ==1)  printf("  请输入学号为:% d 的学生的其他信息!!!!!! \n",snum);
if(flag ==4)  printf("  请修改(更新)学号为:% d 的学生的其他信息!!!!!! \n",snum);
student_chNo[n] = snum;//将要插入或追加、更新的学号赋给学号变量
student_chName[n] = snum;   /*因为一维字符数组不能表达姓名,所以暂时让姓名与整型的学号相
同 */
    printf("语文:");
    scanf("% f",&chinese[n]);
    printf("数学:");
    scanf("% f",&math[n]);
    printf("英语:");
    scanf("% f",&english[n]);
    printf("政治:");
    scanf("% f",&politics[n]);
    printf("历史:");
    scanf("% f",&history[n]);
```

修改后的代码如下：

```
if(flag ==1)printf("  请输入学号为:% s 的学生的其他信息!!!!!!   \n",snum);
if(flag ==4)  printf("  请修改(更新)学号为:% s 的学生的其他信息!!!!!!   \n",snum);
strcpy(student_chNo[n],snum);/*将要插入或追加、更新的学号复制到学号二维字符数组变量*/
printf("姓名:");
scanf("% s",student_chName[n]);
    printf("语文:");
    scanf("% f",&student_fScore[n][0]);
    printf("数学:");
    scanf("% f",&student_fScore[n][1]);
    printf("英语:");
    scanf("% f",&student_fScore[n][2]);
    printf("政治:");
    scanf("% f",&student_fScore[n][3]);
    printf("历史:");
    scanf("% f",&student_fScore[n][4]);
```

⑦由于全局变量 snum 由整型变为字符数组变量,所以需要修改 xscjgl_function. c 源文件中 int fnRecordNum( )函数体相应的内容。

函数体要修改的代码如下：

```
if(student_chNo[i] >0)//条件成立(学号不为空),累加器自增,统计记录数
```

修改后的代码如下：

```
/* 条件成立（学号不为空,用到了测字符串长度函数 strlen()),累加器自增,统计记录数 */
    if(strlen(student_chNo[i]) >0)
```

⑧修改 xscjgl_function. c 源文件中 void fnSort(int records) 函数体相应的内容。
函数体要修改的代码如下：

```
if(xscj_avg[i] <xscj_avg[j])
{
    //临时交换变量 cTemp 交换学号
    cTemp = student_chNo[i];
    student_chNo[i] = student_chNo[j];
    student_chNo[j] = cTemp;
    //整型数组临时交换变量 cTemp 交换姓名
    cTemp = student_chName[i];
    student_chName[i] = student_chName[j];
    student_chName[j] = cTemp;
    //临时交换变量 cTemp 交换语文的成绩
    ftemp = chinese[i];
    chinese[i] = chinese[j];
    chinese[j] = ftemp;
    //临时交换变量 cTemp 交换数学的成绩
    ftemp = math[i];
    math[i] = math[j];
    math[j] = ftemp;
    //临时交换变量 cTemp 交换英语的成绩
    ftemp = english[i];
    english[i] = english[j];
    english[j] = ftemp;
    //临时交换变量 cTemp 交换政治的成绩
    ftemp = politics[i];
    politics[i] = politics[j];
    politics[j] = ftemp;
    //临时交换变量 cTemp 交换历史的成绩
    ftemp = history[i];
    history[i] = history[j];
    history[j] = ftemp;
    //临时交换变量 cTemp 交换学生最高分
    ftemp = xscj_max[i];
    xscj_max[i] = xscj_max[j];
    xscj_max[j] = ftemp;
    //临时交换变量 cTemp 交换学生最低分
    ftemp = xscj_min[i];
    xscj_min[i] = xscj_min[j];
    xscj_min[j] = ftemp;
```

```
    //临时交换变量 cTemp 交换学生平均分
    ftemp = xscj_avg[i];
    xscj_avg[i] = xscj_avg[j];
    xscj_avg[j] = ftemp;
}
```

修改后的代码如下：

```
if(student_fScore[i][7] < student_fScore[j][7])
{
    //字符型数组临时交换变量 cTemp[10]交换学号
    strcpy(cTemp,student_chNo[i]);
    strcpy(student_chNo[i],student_chNo[j]);
    strcpy(student_chNo[j],cTemp);
    //字符型数组临时交换变量 cTemp[10]交换姓名
    strcpy(cTemp,student_chName[i]);
    strcpy(student_chName[i],student_chName[j]);
    strcpy(student_chName[j],cTemp);
    //循环 8 次，分别交换 5 门功课的成绩及 5 门功课的最高分、最低分
    for(k = 0;k < 8;k++)
    {
        ftemp = student_fScore[i][k];
        student_fScore[i][k] = student_fScore[j][k];
        student_fScore[j][k] = ftemp;
    }
}
```

⑨修改 xscjgl_function. c 源文件中 void fnRowAVG(int records)函数体相应的内容。
函数体要修改的代码如下：

```
    sum = sum + chinese[n] + math[n] + english[n] + politics[n] + history[n];
    max = chinese[n]; //将学生的第 1 门功课的成绩赋给 max 变量
    if(max < math[n]) max = math[n];/* 如果 max < 数学成绩，让 max = 数学成绩，下同 */
        if(max < english[n]) max = english[n];
    if(max < politics[n]) max = politics[n];
    if(max < history[n]) max = history[n];
    min = chinese[n]; //将学生的第 1 门功课的成绩赋给 min 变量
    if(min > math[n]) min = math[n];//如果 min > 数学成绩，让 min = 数学成绩,下同
    if(min > english[n]) min = english[n];
    if(min > politics[n]) min = politics[n];
    if(min > history[n]) min = history[n];
//将所求出每个学生的最高分、最低分及平均分赋给相应的数组元素
    xscj_max[n] = max;
    xscj_min[n] = min;
    xscj_avg[n] = sum/5;
```

修改后的代码如下：

```
        max = student_fScore[n][0]; //将学生的第1门功课的成绩赋给max变量
        min = student_fScore[n][0]; //将学生的第1门功课的成绩赋给min变量
        for(i = 0;i < 5;i++)   /* 求出5门功课的总分,并将5门功课的最高分及最低分分别放
在变量max和min中 */
        {
            sum += student_fScore[n][i];
            if(max < student_fScore[n][i]) max = student_fScore[n][i];
            if(min > student_fScore[n][i]) min = student_fScore[n][i];
        }
//将所求出每个学生的最高分、最低分及平均分赋给相应的数组元素(下标分别是5,6,7)
        student_fScore[n][5] = max;
        student_fScore[n][6] = min;
        student_fScore[n][7] = sum/5;
```

至此，用二维数组知识点完成了任务2-1的学生成绩管理系统的排序及输出工作。编译运行程序，选择菜单5，显示如图2-2-1所示的部分结果，还缺少最后3行信息没有输出。

本任务要求在任务2-1输出成绩表的基础上，再增加输出3行内容，增加的3行分别按列输出每门功课的最高分、最低分及平均分。

要完成上述任务，需要增加一个按列计算每门功课的最高分、最低分及平均分的自定义函数void fnColumnAVG(int records)。在排序函数void fnSort(int records)函数体排序结束后，调用新增的自定义函数void fnColumnAVG(int records)。接着修改原有的输出函数void fnShow(int n)，确保输出函数void fnShow(int n)能在任务2-1成绩表的基础上再多输出3行内容。最后，在menu.c文件中，将fnMenu()函数调用void fnShow(int n)函数的代码修改为fnShow(records + 3)。

⑩增加一个按列计算每门功课的最高分、最低分及平均分的自定义函数void fnColumnAVG(int records)。

a. 在xscjgl_function.h头文件中加上对void fnColumnAVG(int records)函数的声明。

```
void fnColumnAVG(int records);
```

b. 在xscjgl_function.c源文件中，在void fnSort(int records)函数前面，增加void fnColumnAVG(int records)自定义函数的函数体，代码如下：

```
/* 计算每列(每门课程)的最大值、最小值及平均值,增加3行并将每门课程的最高分、最低分及平均分分
别赋给增加的3行的数组相应的数组元素 */
void  fnColumnAVG(int records)
{
    for(i = 0;i < 8;i++)//根据实际的列控制循环
    {
        sum = 0;
        max = student_fScore[0][i];
        min = student_fScore[0][i];
```

```
        for(k = 0;k < records;k++)
        {
            sum += student_fScore[k][i];
            if(max < student_fScore[k][i])  max = student_fScore[k][i];
            if(min > student_fScore[k][i])  min = student_fScore[k][i];
        }
//增加3行并将每门课程的最高分、最低分及平均分分别赋给增加的3行的数组相应的元素
        student_fScore[records][i] = max;
        student_fScore[records + 1][i] = min;
        student_fScore[records + 2][i] = sum/records;
    }
    //将所增加的3行的数组元素的学号赋值为空
    strcpy(student_chNo[records],   "");
    strcpy(student_chNo[records + 1],"");
    strcpy(student_chNo[records + 2],"");
  /* 将所增加的3行的数组元素的姓名分别赋值为"最高分""最低分"及"平均分"字符串 */
    strcpy(student_chName[records],   "最高分");
    strcpy(student_chName[records + 1],"最低分");
    strcpy(student_chName[records + 2],"平均分");
}
```

⑪修改排序函数 void fnSort(int records)函数体，在函数体排序结束后，调用新增的自定义函数 void fnColumnAVG(int records)。

在排序函数 void fnSort(int records)函数体中，外循环 for(i = 0;i < records − 1;i++) 循环体外加一条调用新建的 void fnColumnAVG(int records)函数的代码如下：

```
//排完序后,接着调用计算每列(每门课程)的最大值、最小值及平均值函数
fnColumnAVG(records);
```

⑫修改原有的输出函数 void fnShow(int n)，确保输出函数 void fnShow(int n)能在任务2－1成绩表的基础上多输出3行。

a. 将 variable_head.h 头文件中的一维整型数组变量修改为二维数组变量后，define_head.h 头文件中的符号常量 FORMAT 及 DATA 也需要进行相应的修改。

在 define_head.h 头文件中，符号常量 FORMAT 及 DATA 原来的内容如下：

```
#define FORMAT  " |%8d |%10d |%4.0f |%4.0f |%4.0f |%4.0f |%4.0f |%6.1f |%6.1f |%6.1f |  \n"
#define DATA  student_chNo[i],student_chName[i],chinese[i],math[i],english[i],
politics[i],history[i],xscj_max[i],xscj_min[i],xscj_avg[i]
```

修改后的内容如下（为了方便比较,最好是复制注释后再修改）：

```
#define FORMAT  " |%8s |%10s |%4.0f |%4.0f |%4.0f |%4.0f |%4.0f |%6.1f |%6.1f |%6.1f |  \n"
#define DATA  student_chNo[i],student_chName[i],student_fScore[i][0],student_
fScore[i][1],student_fScore[i][2],student_fScore[i][3],
student_fScore[i][4],student_fScore[i][5],student_fScore[i][6],student_fScore
[i][7]
```

b. 由于图2-2-1所示的成绩表比图2-1-2所示的成绩表多输出3行，而这3行的表格的形状与表2-1-2的形状不同，所以需要在 define_head. h 头文件中增加宏定义符号常量，以满足能比图2-1-2多输出3行形状不一样的成绩表。

在 define_head. h 头文件中加入以下宏定义符号常量：

```
//为输出成绩表增加3行符号常量
#define TABLELINEMIDDLE2 "├──┼──┼──┼──┼──┼──┼──┼──┤\n"
#define TABLELINEMIDDLE1 "├──┼──┼──┼──┼──┼──┼──┼──┤\n"
#define TABLELINEBOTTOM1 "└──┴──┴──┴──┴──┴──┴──┴──┘\n"
#define FORMAT1" │% -18s |%4.0f |%4.0f |%4.0f |%4.0f |%4.0f |%6.1f |%6.1f |%6.1f │\n"
#define DATA1    student_chName[i], student_fScore[i][0], student_fScore[i][1],student_fScore[i][2],student_fScore[i][3],student_fScore[i][4],student_fScore[i][5],student_fScore[i][6],student_fScore[i][7]
```

c. 为输出成绩表增加3行（如图2-2-1所示），需要对 void fnShow(int n) 函数进行修改，修改后的代码如下（在循环后的部分有修改）：

```
void fnShow(int n)
{
    printf(TABLELINEHEAD);
    printf(HEAD);
    printf(TABLELINEMIDDLE);
    for(i=0;i<records-1;i++)//循环以表格形式显示前n-1条记录内容
    {
        printf(FORMAT,DATA);
        printf(TABLELINEMIDDLE);
    }
//条件成立,说明只输出成绩的最后一条记录,否则,输出表格底部新增的3行
    if(n==records)
    {
        i=records-1;
        printf(FORMAT,DATA);
        printf(TABLELINEBOTTOM);
    }
    else  //以表格形式显示最后一条记录内容及增加的3行内容(最大值、最小值及平均值)
    {
        i=records-1;
        printf(FORMAT,DATA);
        printf(TABLELINEMIDDLE2);
        for(i=records;i<records+2;i++)
        {
            printf(FORMAT1,DATA1);
```

```
        printf(TABLELINEMIDDLE1);
    }
    i = records + 2;
    printf(FORMAT1,DATA1);
    printf(TABLELINEBOTTOM1);
  }
}
```

⑬在 menu. c 文件中修改 fnMenu( )函数中调用 void fnShow(int n)函数的代码,在原来的调用输出函数 fnShow(records)的基础上增加一条调用该函数的语句: fnShow(records + 3);。

至此,完成了本任务用二维数组知识点实现学生成绩管理系统的排序及输出工作,可以编译、调试排序及输出功能。运行程序,选择菜单5,显示如图 2 – 2 – 1 所示的结果。

注意: 在阶段性调试排序及输出前,应将没有修改过的函数先进行注释,否则,调试会出错。

⑭修改 xscjgl_function. c 源文件中 int fnInsert(int n, int flag) 函数体相应的内容。

a. 由于全局变量 snum 由整型变为字符数组变量,所以 scanf("%d", &snum);命令需要进行相应的修改。

将原来的 scanf("%d", &snum);命令改为 scanf("%s", &snum);。

b. 函数体需要修改的代码如下:

```
if(student_chNo[i] > snum) //如果条件成立,说明是插入记录
    {
        //循环从最后一条记录逐条下移,为插入记录腾出位置,用于存放信息
        for(j = n;j > i;j - -)
        {
            student_chNo[j] = student_chNo[j-1];    //下移学号
            student_chName[j] = student_chName[j-1]; //下移姓名
            //分别要下移 5 门功课的成绩及 5 门功课的最高分、最低分及平均分
            chinese[j] = chinese[j-1];
            math[j] = math[j-1];
            english[j] = english[j-1];
            politics[j] = politics[j-1];
            history[j] = history[j-1];
            xscj_max[j] = xscj_max[j-1];
            xscj_min[j] = xscj_min[j-1];
            xscj_avg[j] = xscj_avg[j-1];
        }
        break;   //跳出循环
    }
```

修改后的代码如下:

```
if(atoi(student_chNo[i]) > atoi(snum))   //如果条件成立,说明是插入记录
    {
        //循环从最后一条记录逐条下移,为插入记录腾出位置,用于存放信息
```

```
    for(j=n;j>i;j--)
    {
        //stu[j]=stu[j-1];
        strcpy(student_chNo[j],student_chNo[j-1]);     //下移学号
        strcpy(student_chName[j],student_chName[j-1]); //下移姓名
    //循环8次,分别要下移5门功课的成绩及5门功课的最高分、最低分及平均分
        for(k=0;k<8;k++)
        {
            student_fScore[j][k]=student_fScore[j-1][k];
        }
    }
    break;  //跳出循环
}
```

c. 由于全局变量 snum 由整型变为字符型数组变量,所以该函数中的插入或追加成功等提示命令要进行相应修改。

原来插入或追加成功的提示命令如下:

```
printf("所输入的学号为:%d所对应学生信息已经存在,不能插入或追加已存在学号的记录!!!    请
按任意键后重新输入其他学号 \n",snum);
printf("学号为:%d的学生信息插入成功!!!请按任意键继续...\n",snum);
printf("学号为:%d的学生信息追加成功!!!请按任意键继续...\n",snum);
```

修改后的提示命令如下:

```
printf("所输入的学号为:%s所对应学生信息已经存在,不能插入或追加已存在学号的记录!!!    请
按任意键后重新输入其他学号 \n",snum);
printf("学号为:%s的学生信息插入成功!!!请按任意键继续...\n",snum);
printf("学号为:%s的学生信息追加成功!!!请按任意键继续...\n",snum);
```

⑮修改 xscjgl_function. c 源文件中 int fnModify(int n,int flag)函数体相应的内容。

a. 由于全局变量 snum 由整型变为字符型数组变量,所以 scanf("%d",&snum);命令要进行相应修改。

将 scanf("%d",&snum);命令改为 scanf("%s",&snum);。

b. 由于全局变量 snum 由整型变为字符型数组变量,所以要对该函数中查找到要修改的学号或未找到要修改的学号的提示命令进行相应修改。

原来函数中查找到要修改的学号或未找到要修改的学号的提示命令如下:

```
printf("学号为:%d的学生的信息被找到!!!    请输入修改学生的信息如下: \n",snum);
printf("要修改的学号为:%d的学生信息不存在!!!    请查明原因!!!请重新输入学号 \n",snum);
```

修改后的提示命令如下:

```
printf("学号为:%s的学生的信息被找到!!!    请输入修改学生的信息如下: \n",snum);
printf("要修改的学号为:%s的学生信息不存在!!!    请查明原因!!!请重新输入学号 \n",snum);
```

⑯修改 xscjgl_function. c 源文件中 int fnSearch(int n,int flag)函数体相应的内容。

a. 由于全局变量 snum 由整型变为字符型数组变量,所以 scanf("%d",&snum);命令要

进行相应修改。

　　将 scanf("%d",&snum);命令改为 scanf("%s",&snum);。

　　b. 由于全局变量 snum 由整型变为字符型数组变量,所以该函数中查找到要修改的学号或未找到要修改的学号的提示命令需要相应修改。

　　原来函数中查找到要修改的学号或未找到要修改的学号的提示命令如下:

```
printf("\n            学号为:%d的学生的信息如下:按任意键继续!!! \n",snum);
printf("学号为:%d的学生查找不到!!!   请查明原因!!! 请重新输入学号 \n",snum);
```

　　修改后的提示命令如下:

```
printf("\n            学号为:%s的学生的信息如下:按任意键继续!!! \n",snum);
printf("学号为:%s的学生查找不到!!!   请查明原因!!! 请重新输入学号 \n",snum);
```

　　⑰在 xscjgl_function. c 源文件中, void fnShowRecord( )函数要被查询、修改、删除等函数调用,而被调用的 void fnShowRecord( )函数用到了"define_head. h"头文件中符号常量 FORMAT 及 DATA。

　　当 variable_head. h 头文件中的一维整型数组变量修改为二维数组变量后,"define_head. h"头文件中符号常量 FORMAT 及 DATA 需要修改成相应的格式输出及二维数组变量。

　　在"define_head. h"头文件中,符号常量 FORMAT 及 DATA 原来的内容如下:

```
#define FORMAT  " |%8d |%10d |%4.0f |%4.0f |%4.0f |%4.0f |%4.0f |%6.1f |%6.1f |%6.1f | \n"
#define DATA  student_chNo[i],student_chName[i],chinese[i],math[i],english[i],
politics[i],history[i],xscj_max[i],xscj_min[i],xscj_avg[i]
```

　　修改后的内容如下(为了比较方便,最好是复制注释后再修改):

```
#define FORMAT  " |%8s |%10s |%4.0f |%4.0f |%4.0f |%4.0f |%4.0f |%6.1f |%6.1f |%6.1f |\n"
#define DATA  student_chNo[i],student_chName[i],student_fScore[i][0],student_
fScore[i][1],student_fScore[i][2],student_fScore[i][3],student_fScore[i][4],
student_fScore[i][5],student_fScore[i][6],student_fScore[i][7]
```

　　⑱修改 xscjgl_function. c 源文件中 int fnDelete(int n, int flag)函数体相应的内容。

　　a. 由于全局变量 snum 由整型变为字符型数组变量,所以 scanf("%d", &snum);命令要进行相应修改。

　　将 scanf("%d", &snum);命令改为 scanf("%s", &snum);。

　　b. 函数体中要修改的代码如下:

```
//3  删除学生记录信息
int fnDelete(int n,int flag)
{
    printf("请输入要删除学生的学号:");
    scanf("%d",&snum);
    return_fnInput = fnStuNumExist(snum,n,flag);
    if(return_fnInput >=0)/* fnStuNumExist()函数返回值 >=0,表示所输入学号存在,显示
记录 */
```

```
    {
        fnShowRecord();    //以表格形式显示查询到的记录
        printf("学号为:%d的学生信息如上述所示!!!该学生的信息将被删除",snum);
    for(j=return_fnInput;j<n;j++)/*循环从当前记录位置开始,逐条将下一条记录替换当前
记录*/
        {
            student_chNo[j]=student_chNo[j+1];    /*下一个人的学号替换当前人的学号*/
            student_chName[j]=student_chName[j+1]; /*下一个人的姓名替换当前人的姓名*/
            //分别将下一个人的5门功课的成绩替换当前人的相应信息
            chinese[j]=chinese[j+1];
            math[j]=math[j+1];
            english[j]=english[j+1];
            politics[j]=politics[j+1];
            history[j]=history[j+1];
            //分别将下一个人的最高分、最低分及平均分替换当前人的相应信息
            xscj_max[j]=xscj_max[j+1];
            xscj_min[j]=xscj_min[j+1];
            xscj_avg[j]=xscj_avg[j+1];
        }
        printf("学号为:%d的学生记录信息删除操作成功!!!    请按任意键继续……",snum);
        getch();
        records--;//记录数减1
        return 1;
    }
else  /*fnStuNumExist()函数返回值-1,表示所输入的学号不存在,要求重新输入学号*/
    {
        printf("学号为:%d的学生信息未找到!!!    请按任意键继续!!!重新输入学号",snum);
        getch();
        return 0;
    }
}
```

修改后的代码如下:

```
int fnDelete(int n,int flag)
{
    char ch[2];//定义字符型数组局部变量
    printf("请输入要删除学生的学号:");
    scanf("%s",&snum);
    return_fnInput=fnStuNumExist(snum,n,flag);
    if(return_fnInput>=0)  /*fnStuNumExist()函数返回值>=0,表示所输入的学号存在,
显示记录*/
    {
        fnShowRecord();    //以表格形式显示查询到的记录
```

```
        printf("学号为:％s 的学生信息如上述所示!!!请问是否删除该学生的信息? [Y|N]",
snum);
        scanf("％s",ch);        //通过人机对话输入是否删除上述记录信息
        if(strcmp(ch,"Y")==0||strcmp(ch,"y")==0)/＊strcmp()字符串比较函数＊/
        {
            for(j=return_fnInput;j<n;j++)/＊循环从当前记录位置开始,逐条将下一条记录
替换当前记录＊/
            {
                strcpy(student_chNo[j],student_chNo[j+1]);/＊下一个人的学号替换当
前人的学号＊/
                strcpy(student_chName[j],student_chName[j+1]);/＊下一个人的姓名替
换当前人的姓名＊/
                for(k=0;k<8;k++)/＊循环8 次,分别将下一个人的5 门功课的成绩及5 门功课
的最高分、最低分及平均分替换当前人的相应信息＊/
                {            student_fScore[j][k]=student_fScore[j+1][k];
                }
            }
            printf("学号为:％s 的学生记录信息删除操作成功!!!    请按任意键继续……",snum);
            getch();
            records--;//记录数减1
            return 1;
        }
        else  //如果人机对话输入不删除上述记录信息
        {
            printf("学号为:％s 的学生信息未被删除!!!    请按任意键继续……",snum);
            getch();
            return 0;
        }
    }
    else  /＊fnStuNumExist()函数返回值-1,表示所输入的学号不存在,要求重新输入学号＊/
    {
        printf("学号为:％s 的学生信息未找到!!!       请按任意键继续!!!重新输入学号",
snum);
        getch();
        return 0;
    }
}
```

程序说明

· 当出现菜单时, 选择菜单项3, 调用 fnDelete(int n,int flag) 函数。

· 首先要求通过键盘输入要删除的学号信息, 如果学号存在, 则调用 void fnShowRecord()

函数显示要修改的单条记录信息。

·显示要修改的单条记录信息后，为了慎重起见，出现是否删除上述显示的记录信息的提示。

用户根据是否删除提示，要求通过键盘给一维字符型数组局部变量 ch[2] 输入是否删除（Y/N）字符。

如果输入 Y，则循环从当前记录位置开始，逐条用下一条记录替换当前记录，直到最后一个记录被替换完，然后提示记录删除成功，同时，记录变量总数 records －－。

如果输入 N，则提示"学生记录信息未被删除！！！按任意键继续"。

·如果输入要删除的学号不存在，则显示提示信息，要求查明原因，并重新输入学号。

至此，完成了任务 2－2 用二维数组知识点实现学生成绩管理系统的开发工作。

知识点 2－5　二维数组

1. 二维数组的定义

定义二维数组的一般格式如下：

```
类型说明符　数组名[整型常量表达式1][整型常量表达式2],…;
```

其中，类型说明符表示数组中存放的数据类型，整型常量表达式 1 表示二维数组的行数，整型常量表达式 2 表示二维数组的列数。

例如：定义 3 行 4 列二维数组 a，同时给二维数组 a 进行初始化：

```
int a[3][4] = { 1,2,3,4,5,6,7,8,9,10,11,12 };
```

对二维数组 a 的定义及初始化的说明如下：

①二维数组 a 中的每个数组元素的数据类型均相同，都只能存放整型数据。

②二维数组中的每一个数组元素均有两个下标，每个下标都是从 0 开始的，并且必须分别放在"［］"内，不能写成"int a[3,4]"。

③二维数组 a 中的第 1 个下标表示该数组具有的行数，第 2 个下标表示该数组具有的列数，两个下标之积是该数组具有的数组元素个数。

编译程序将在内存中开辟 12 个连续的存储单元（因为是整型，每个存储单元占 2 个字节），用来存放 12 个整数。

a 是二维数组名，数组名 a 表示二维数组的首地址，即 a[0][0] 是第一个存储单元的地址。

二维数组 a 可以看成是一维数组的数组，即二维数组 a 可以看成 3 个含有 4 个元素的一维数组，a[0]、a[1]、a[2] 分别是这 3 个一维数组的数组名，如图 2－2－2 所示。

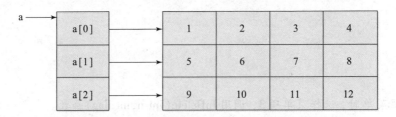

图 2－2－2　二维数组 a 可以看成一维数组的数组

a[0]、a[1]、a[2] 一维数组的第一个元素的地址即为一维数组的地址。

a[0] 的首地址为元素 a[0][0] 的地址，即 a[0] == &a[0][0]；

a[1] 的首地址为元素 a[1][0] 的地址，即 a[1] == &a[1][0]；

a[2] 的首地址为元素 a[2][0] 的地址，即 a[2] == &a[2][0]。

2. 二维数组初始化

对二维数组进行初始化，可以用以下几种形式：

①分行给二维数组所有元素赋初值。例如：

```
int a[2][4] = {{1,2,3,4}, {5,6,7,8}};
```

执行该语句后，a 数组的各个元素值为：

```
a[0][0] =1,a[0][1] =2,a[0][2] =3,a[0][3] =4,
a[1][0] =5,a[1][1] =6,a[1][2] =7,a[1][3] =8
```

②不分行给二维数组所有元素赋初值。例如：

```
int a[2][4] = {1,2,3,4,5,6,7,8};
```

执行该语句后，a 数组的各个元素值同上。

③若对二维数组所有元素赋初值，可以省略行（第 1 维）的长度，但不能省略列（第 2 维）的长度，系统自动根据初始化数据个数和列长度来确定行的长度。例如：

```
int a[][5] = {1,2,3,4,5,6,7,8,9,10};
```

由列数为 5 可自动确定第 1 维的长度是 2。相当于：

```
int a[2][5] = {1,2,3,4,5,6,7,8,9,10};
```

④可以对部分元素赋初值。例如：

```
int a[2][4] = {{1,2},{3,4}}
```

执行该语句后，a 数组的各个元素值为 a[0][0] =1, a[0][1] =2, a[1][0] =3, a[1][1] =4，其余元素值均为 0。

二维数组的引用与一维数组的引用类似。引用形式为：

```
数组名[下标1][下标2]
```

例如：

```
int a[2][4] = {{1,2}, {3,4}};
a[0][2] = a[0][0] + a[0][1];
```

表示 a[0][2] 的值等于 a[0][0] 的值加上 a[0][1] 的值，即 1 +2，等于 3。

3. 二维数组初始化应用

任务 2 - 2 中定义了二维浮点型数组，并对所定义的二维浮点型数组进行了如下初始化，初始化数组元素分别表示 4 个学生的语文、数学、英语、政治、历史 5 门功课的成绩。

```
float a[TOTAL_NUM][8] = {
                        {11,96,98,89,90},
                        {22,90,88,89,95},
```

```
                          {33,88,99,80,91},
                          {40,86,98,89,90}
                    };
```

根据上述二维数组的定义及初始化的知识点,任务 2-2 所定义的二维浮点数组初始化的存储形式见表 2-2-1(由于表格的限制,将任务 2-2 所定义的二维数组名改为 a)。

表 2-2-1　任务 2-2 中二维数组初始化的结果

行	语文	数学	英语	政治	历史	最高分	最低分	平均分
	第 0 列	第 1 列	第 2 列	第 3 列	第 4 列	第 5 列	第 6 列	第 7 列
a[0]	11	96	98	89	90	0	0	0
a[1]	22	90	88	89	95	0	0	0
a[2]	33	88	99	80	91	0	0	0
a[3]	40	86	98	89	90	0	0	0
…	0	0	0	0	0	0	0	0
a[99]	0	0	0	0	0	0	0	0

知识点 2-6　一维字符数组

由于 C 语言中没有提供字符串变量(即专门存放字符串的变量),所以,对字符串(用英文双引号括起来的若干有效字符序列)的处理常常采用字符数组来实现。

一维字符数组一般用于存储和表示一个字符串。

一维字符数组是存放字符型数据的数组,其中每个数组元素存放的值均是单个字符,一维字符数组的下标只有一个,下标值也是从 0 开始的。

1. 一维字符数组的定义

一维字符数组(类型说明符为 char)的定义格式如下:

```
char 数组名[数组大小];
```

例如:

```
char stuNo[11];
```

上述语句定义了一维字符数组,数组名为 stuNo,该一维字符型数组用于表示包含 11 个字符的学号。

2. 一维字符数组初始化

一维字符数组初始化通常采用如下几种方式:

(1)以字符常量的形式对字符数组初始化

注意区分以下 3 种情况:

①字符个数 5 小于数组空间个数 6。

```
char a[6]={'C','H','I','N','A'};//字符个数 5 小于数组空间个数 6
```

a 数组的存储形式见表 2-2-2。

表 2 - 2 - 2 a 数组的存储形式

数组	下标0	下标1	下标2	下标3	下标4	下标5
a	C	H	I	N	A	\0

②字符个数 5 等于数组空间个数 5。

```
char b[5]={'C','H','I','N','A'};//字符个数5等于数组空间个数5
```

b 数组的存储形式见表 2 - 2 - 3。

表 2 - 2 - 3 b 数组的存储形式

数组	下标0	下标1	下标2	下标3	下标4
b	C	H	I	N	A

③省略字符数组的长度。

```
char c[]={'C','H','I','N','A'};//省略字符数组长度的字符赋值
```

c 数组的存储形式见表 2 - 2 - 4。

表 2 - 2 - 4 c 数组的存储形式

数组	下标0	下标1	下标2	下标3	下标4
b	C	H	I	N	A

✎ 注意：从以上形式可以得出以下结论：

①char a[6]={'C','H','I','N','A'};与 char b[5]={'C','H','I','N','A'};存储形式不等价。

②char b[5]={'C','H','I','N','A'};与 char c[]={'C','H','I','N','A'};存储形式等价。

③由于表 2 - 2 - 3 与表 2 - 2 - 4 字符数组中不包含字符串结束标志"\0"，故使用 printf("%s%s",b,c);输出其中的字符串会含有随机乱码，所以只有 a 字符数组初始化是有效的，详见例 2 - 2 - 1 程序的运行结果。

（2）以字符串常量的形式对字符数组初始化

为了标志字符串的结束，系统自动地在每一个字符串的最后加入一个字符串结束标志"\0"，它也要占据一个字节。

字符串的字符个数应该小于数组空间，以便至少留下一个存放字符串结束标志"\0"的位置，否则，输出字符串时会含有随机乱码。例如，下面的初始化是合理的：

```
char d[6]={"CHINA"};
```

也可以省略字符数组的长度，写成：

```
char d[]={"CHINA"};//用字符串赋值
```

上述两种初始化的存储形式与表 2 - 2 - 2 的相同。

3. 一维字符数组初始化应用

在任务 2 - 2 中，选择相应菜单后，会调用增、删、改、查学生的记录函数，在调用相应

函数时，都要求输入增、删、改、查学生的学号，所以在任务2－2中定义了一维字符数组全局变量，用于存放要增、删、改、查的学号值（字符型）。

```
char snum[8];
```

4. 一维字符数组的输入与输出

一维字符数组的输入和输出有两种形式：

①采用"％c"格式符与一重循环配合来实现逐个字符的输入/输出。

②使用 scanf( )或 printf( )函数时，采用"％s"格式符来实现字符串形式的输入/输出，也可以使用 gets( )和 puts( )函数直接以字符串形式输入/输出。

注意：①因为 scanf( )函数在用由"％s"格式符控制的字符串输入时，遇到空格、＜Tab＞或回车符就结束，所以程序运行时尽管从键盘输入"How are you!"，但是字符数组只获得了"How"字符串。

②由键盘输入字符串时，其长度不要超出该字符数组定义的范围。

③数组名本身代表该数组的首地址，所以 scanf( )函数中数组名前面不需要加 &。

④不能采用赋值语句将一个字符串直接赋给一个字符数组。

【例2－2－1】一维字符数组的定义、初始化及引用举例。

```
#include <stdio.h>
#include <string.h>
void fnchar()
{
    char a[6] = {'C','H','I','N','A'};//字符个数5小于数组空间个数6
    char b[5] = {'C','H','I','N','A'};//字符个数5等于数组空间个数5
    char c[] = {'C','H','I','N','A'};//省略字符长度的字符赋值
    char d[] = {"CHINA"};//用字符串赋值
    printf("字符数组 char a[6] = {'C','H','I','N','A'}字符串输出:%s\n",a);
    printf("用 strlen()函数测字符数组 a 的长度是 %d\n",strlen(a));
    printf("========================================\n");
    printf("字符数组 char b[5] = {'C','H','I','N','A'}字符串输出:%s\n",b);
    printf("用 strlen()函数测字符数组 b 的长度是 %d\n",strlen(b));
    printf("========================================\n");
    printf("字符数组 char c[] = {'C','H','I','N','A'}字符串输出:%s\n",c);
    printf("用 strlen()函数测字符数组 c 的长度是 %d\n",strlen(c));
    printf("========================================\n");
    printf("字符数组 char d[] = {\"CHINA\"}字符串输出:%s\n",d);
    printf("用 strlen()函数测字符数组 d 的长度是 %d\n",strlen(d));
    printf("========================================\n");
}

int main(void)
{
    fnchar();
    return 0;
}
```

上述程序的运行结果如图2－2－3所示。

图2-2-3　程序的运行结果

知识点2-7　二维字符数组

二维字符数组一般用于存储和表示多个字符串，其每一行均可表示一个字符串。

在任务2-2中定义的一维字符数组"char snum[8];"语句，只能存放要增、删、改、查的学号值（字符型），如果要存放多个学生的学号或姓名，就必须使用二维字符数组来解决。

1. 二维字符数组的定义

二维字符数组的定义格式为：

```
char 数组名[第一维大小][第二维大小];
```

例如：

```
char c[3][8]; //定义了一个3行8列的二维字符数组c
```

由于该二维数组的每一行c[0]、c[1]、c[2]均是一维字符数组（含有8个字符元素），即二维数组的每一行均可表示一个字符串。

2. 二维字符数组初始化

通常情况下，二维数组的每一行分别使用一个字符串进行初始化。例如：

```
char c[3][8]={{"China"},{"America"},{"Japan"}};
```

等价于：

```
char c[3][8]={"China","America","Japan"};
```

以上两条二维字符数组初始化语句中，第一维大小均可省略。数组c的存储形式见表2-2-5。

表2-2-5　二维字符数组初始化的存储形式

数组	第0列	第1列	第2列	第3列	第4列	第5列	第6列	第7列
c[0]	C	h	i	n	a	\0	\0	\0
c[1]	A	m	e	r	i	c	a	\0
c[2]	J	a	p	a	n	\0	\0	\0

3. 二维字符数组初始化应用

任务2-2中定义了学号及姓名二维字符数组，并对所定义的二维字符数组进行了如下初始化，初始化数组元素分别表示 4 个学生的学号及姓名。

```
char    student_chNo[TOTAL_NUM][8]={"0001","0020","0030","0040"};
char    student_chName[TOTAL_NUM][10]={"朱晓萱","肖奕辉","汤思远","刘明洋"};
```

　　根据上述二维字符数组的定义及初始化的知识点，任务 2 - 2 所定义的学号及姓名二维字符数组初始化的存储形式分别见表 2 - 2 - 6 及表 2 - 2 - 7（由于表格的限制，将任务 2 - 2 所定义的学号及姓名二维字符数组名分别改为 c 和 d）。

表 2 - 2 - 6　学号二维字符数组存储形式

行	第 0 列	第 1 列	第 2 列	第 3 列	第 4 列	第 5 列	第 6 列	第 7 列
c[0]	0	0	0	1	\0	\0	\0	\0
c[1]	0	0	2	0	\0	\0	\0	\0
c[2]	0	0	3	0	\0	\0	\0	\0
c[3]	0	0	4	0	\0	\0	\0	\0
…	\0	\0	\0	\0	\0	\0	\0	\0
c[99]	\0	\0	\0	\0	\0	\0	\0	\0

表 2 - 2 - 7　姓名二维字符数组存储形式

行	第 0 列	第 1 列	第 2 列	第 3 列	第 4 列	第 5 列	第 6 列	第 7 列
d[0]	朱		晓		萱		\0	\0
d[1]	肖		奕		辉		\0	\0
d[2]	汤		思		远		\0	\0
d[3]	刘		明		洋		\0	\0
…	\0	\0	\0	\0	\0	\0	\0	\0
c[99]	\0	\0	\0	\0	\0	\0	\0	\0

4. 二维字符数组的引用

【例 2 - 2 - 2】二维字符数组定义、初始化及引用举例。

请运行下列程序，并分析运行结果。

```c
#include<stdio.h>
void fnchar()
{
    char c[3][5]={"Apple","Orange","Pear"};
    int i;
    for(i=0;i<3;i++)
        printf("% s\n",c[i]);
}
int main(void)
{
    fnchar();
    return 0;
}
```

编译上述程序，会出现如下警告（警告 Orange 数组越界，因为只有 5 列，而 Orange 字符串有 6 个字符）：

```
warning C4045:'Orange':array bounds overflow
```

运行上述程序，结果如图 2-2-4 所示。

运行结果分析：

二维字符数组定义及初始化语句如下：

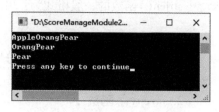

图 2-2-4　运行结果

```
char c[3][5] = {"Apple","Orange","Pear"};
```

字符串"Apple"的长度为 5，加上结束符"\0"共 6 个字符，前 5 个字符分别从 c[0] 行的首元素 c[0][0] 开始存放，到 c[0][4]，第 6 个字符"\0"只能保存到 c[1] 行的首元素 c[1][0]。

字符串"Orange"的长度为 6，该字符串的前 5 个字符分别从 c[1] 行的首元素 c[1][0] 开始存放，到 c[1][4]，第 6 个字符及结束符"\0"顺序存到 c[2][0] 和 c[2][1]。

字符串"Pear"的长度为 4，该字符串的 4 个字符及字符串结束标志"\0"分别从 c[2] 行的首元素 c[2][0] 开始存放，直到 c[2][4]。

根据上述分析，二维字符数组 c 的存储形式见表 2-2-8。

表 2-2-8　二维字符数组 c 的存储形式

行	第 0 列	第 1 列	第 2 列	第 3 列	第 4 列
c[0]	A	p	p	l	e
c[1]	O	r	a	n	g
c[2]	P	e	a	r	\0

如表 2-2-8 所示，二维字符数组空间仅有一个字符串结束符"\0"，而 printf("%s", 地址);的功能是输出一个字符串，该串是由从输出列表中的地址开始，到第一次遇到"\0"为止之间的字符组成的串。

知识点 2-8　字符串处理函数

C 语言的函数库中提供了常用的字符串处理函数，用户直接调用这些字符串处理函数，可以在程序设计中减少用户对字符串编程的工作量。

表 2-2-9 列示了常用字符串处理的函数，在任务 2-2 中，有 4 个字符串处理函数都被使用过（只有 strcat 这个函数没被使用）。

表 2-2-9　常用字符串处理函数

函数名	函数一般形式	功能
strlen	strlen(str)	统计 str 中的字符个数并返回（不包含终止符"\0"）
strcpy	strcpy(str1,str2)	把 str2 复制到 str1 中
strcat	strcat(str1,str2)	把 str2 连接到 str1 后面
strcmp	strcmp(str1,str2)	比较 str1 和 str2 的大小
atoi	int atoi(const char * str)	把参数 str 所指向的字符串转换为一个整数

注意：字符串处理函数均存放在头文件 string. h 中，因此,使用它们之前,必须加预处理命令#include ＜string. h＞。

1. strlen( )函数

strlen( )函数的一般格式为：

```
strlen(str);
```

strlen( )函数的功能：统计字符串 str 的长度(不包含结束标志" \0"),并将其作为函数值返回。

2. strcpy( )函数

strcpy( )函数的一般格式为：

```
strcpy(str1,str2);
```

strcpy( )函数的功能是将字符串 str2 复制到字符串 str1 中,要求 str1 必须定义得足够大,以便能容纳被复制的字符串 str2。

3. strcat( )函数

strcat( )函数的一般格式为：

```
strcat(str1,str2)
```

strcat( )函数的功能是将 str2 字符串连接到 str1 串的后面,并且返回 str1 串的首地址。注意,连接时 str1 串的" \0"会被自动覆盖。str1 串所在的字符数组要足够长,以确保两个字符串连接后不出现超界现象。参数 str2 既可以为字符数组名,也可以为字符串常量。

4. strcmp( )函数

strcmp( )函数的一般格式为：

```
strcmp(str1,str2);
```

strcmp( )函数的功能：将字符串 str1 和 str2 进行比较,当两者相等时,返回值为 0;当字符串 str1 大于 str2 时,返回值是一个正整数,等于第一个不同字符的 ASCII 代码之差;当字符串 str1 小于 str2 时,返回值是一个负整数,绝对值等于第一个不同字符的 ASCII 代码之差。

注意：字符串大小比较的规则是：从第一个字符开始,依次将对应位置上的字符按 ASCII 码的大小进行比较,直至出现第一个不同的字符。

5. atoi( )函数

atoi( )函数的一般格式为：

```
int atoi(const char * str)
```

atoi( )函数的功能：将字符串转换成整型数;atoi( )会扫描字符串参数,跳过前面的空格字符,直到遇上数字或正负号才开始转换,当再遇到非数字或字符串(" \0")时,才结束转换,并将结果返回(返回转换后的整型数)。

巩固及知识点练习

1. 上机完成任务 2 - 2 的操作。
2. 在上机完成任务 2 - 2 的基础上,根据二维数组初始化的值,填写下面的表格内容。

行	student_ch No[i]	student_ch Name[i]	student_f Score[i][0]	student_f Score[i][1]	student_f Score[i][2]	student_f Score[i][3]	student_f Score[i][4]
0							
1							
2							
3							

3. 完成上机完成例2-2-1、例2-2-2的编程，体会数组与循环结合编程的优势。

4. 将任务1-9改为用二维数组的知识点实现。

任务2-3 二维数组指针实现学生成绩管理系统

描 述

利用二维数组指针变量的知识点修改任务2-2，同样完成如图2-2-1所示学生成绩管理系统的增、删、改、查等功能及实现学生成绩管理系统的成绩表输出功能。

技能目标

①掌握指针变量的定义与使用。

②掌握数组指针与二维数组元素之间的关系。

③熟练掌握字符数组指针变量的使用方法。

④掌握函数形参使用指针的方法。

⑤掌握"数组指针"和"指针数组"的区别、联系及使用方法。

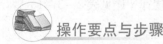

操作要点与步骤

①创建工程项目及项目主文件。

a. 打开已建工作空间"SCOREMANAGEMODULE2. dsw"。

b. 创建项目工程。

选择"File"→"New"菜单命令，新建一个类型为"Win32 Console Application"的项目，项目名称为"Task2_3Point"。注意，将Task2_3Point项目添加到工作空间 SCOREMANAGE-MODULE2 中。

c. 创建项目头文件与源程序文件。

将任务2-2中的5个头文件（system_head. h、variable_head. h、define_head. h、menu. h、xscjgl_function. h）与3个源程序文件（TwoDimensionalArray. c、menu. c、xscjgl_function. c）全部复制到新建项目的文件夹下。

将主文件名 TwoDimensionalArray. c 改为 "Point. c",以区别于两个项目,但是这两个主文件中都存放 main()函数,main()主函数代码相同(功能是调用菜单函数 fnMenu())。

虽然任务2-2的头文件(.h)及源程序文件(.c)全部都复制到当前的项目文件夹下,但是这些头文件(.h)及源程序文件(.c)并没有添加到新建 Task2_3Point 的项目中,所以需要将头文件(.h)及源程序文件(.c)分类添加到新建的项目中。

d. 将 menu. c 源文件中的如下代码:

```
printf("\n    用二维数组知识实现学生成绩管理系统        \n");
```

改为如下代码:

```
printf("\n      用二维数组指针知识实现学生成绩管理系统      \n");
```

②以下的步骤是用二维数组指针的知识点来改写用二维数组知识点编写的 void fnRowAVG(int records)、void fnColumnAVG(int records)和 void fnShow(int n)3 个函数。

要用二维数组指针的知识点改写用二维数组知识点编写的上述 3 个函数,首先要在 variable_head. h 头文件中增加指针变量,指向二维数组首地址,从而保证 3 个改写的函数都可以使用所增加的指针变量完成改写任务。

在 variable_head. h 头文件中增加指针变量,指向二维数组的指针变量如下:

```
//定义临时指针变量
//定义指向字符数组的指针变量// * p_tempxh 等价于 snum[0]
char * p_tempxh = snum;
//定义指向二维字符数组学号的指针数组变量// * (p_xh +i)等价于 student_chNo[i]
char( * p_xh)[8] = student_chNo;
//定义指向二维字符数组姓名的指针数组变量// * (p_xm +i)等价于 student_chName[i]
char( * p_xm)[10] = student_chName;
//定义一个数组指针,该指针指向二维数组(含 8 个元素的一维数组)
//二维数组的任一元素可以表示为 * ( * (p_cj +i) +j)(i 表示行,j 表示列)
float( * p_cj)[8] = student_fScore;
```

void fnRowAVG(int records)、void fnColumnAVG(int records)和 void fnShow(int n)3 个函数中,凡是用到二维数组元素的地方,使用上述代码中注释的指针规律(详见表2-3-1)替换 3 个函数中的二维数组元素即可。

表2-3-1　指针与二维数组元素关系表

表达形式	含义
&a[i],(a + i)	数组第 i 行的首地址
&a[i][j], a[i] +j, * (a + i) +j	数组元素 a[i][j]的地址
a[i][j], * (a[i] +j), * (* (a + i) +j)	数组元素 a[i][j]的值

③用表2-3-1指针与二维数组元素关系的知识点来改写用二维数组知识点编写的 void fnShow(int n)函数。

由于 void fnShow(int n)使用的都是宏定义的符号常量,所以只要将 define_head. h 头文件中原来用 DATA 及 DATA1 两个符号常量注释，然后将 DATA 及 DATA1 两个符号常量复制一份，用在 variable_head. h 头文件中增加指向二维数组的指针变量的规律替换二维数组元素即可。

```
//用指针变量改写 define_head. h 头文件中的符号常量，输出学生的信息
#define DATA   * (p_xh +i), * (p_xm +i), * ( * (p_cj +i) +0), * ( * (p_cj +i) +1), * ( *
(p_cj +i) +2), * ( * (p_cj +i) +3), * ( * (p_cj +i) +4), * ( * (p_cj +i) +5), * ( * (p_cj +
i) +6), * ( * (p_cj +i) +7)
#define DATA1   * (p_xm +i), * ( * (p_cj +i) +0), * ( * (p_cj +i) +1), * ( * (p_cj +i) +
2), * ( * (p_cj +i) +3), * ( * (p_cj +i) +4), * ( * (p_cj +i) +5), * ( * (p_cj +i) +6), *
( * (p_cj +i) +7)
```

④用表 2 –3 –1 指针与二维数组元素关系的知识点改写用二维数组知识点编写的 void fnRowAVG(int records)函数。

在 void fnRowAVG(int records)函数中，凡是用到二维数组元素的地方，使用 variable_head. h 头文件增加的指针规律替换 void fnRowAVG(int records)函数中的二维数组元素即可。

用指针替换 void fnRowAVG(int records)函数后的代码如下：

```
void   fnRowAVG(int records)
{
    for(n =0;n < records;n++)
    {
        //用循环计算每个学生的几门课程成绩和,并求出每个学生最高分、最低分
        sum =0;
        max = * ( * (p_cj +n) +0); //将学生的第 1 门功课的成绩赋给 max 变量
        min = * ( * (p_cj +n) +0); //将学生的第 1 门功课的成绩赋给 min 变量
    /* 求出 5 门功课的总分,并将 5 门功课的最高分及最低分分别放在变量 max 和 min 中 */
        for(i =0;i <5;i++)
          {
            sum += * ( * (p_cj +n) +i);
            if(max < * ( * (p_cj +n) +i)) max = * ( * (p_cj +n) +i);
            if(min > * ( * (p_cj +n) +i)) min = * ( * (p_cj +n) +i);
          }
//将所求出的每个学生的最高分、最低分及平均分赋给相应的数组元素（下标分别是 5,6,7）
        * ( * (p_cj +n) +5) =max;
        * ( * (p_cj +n) +6) =min;
        * ( * (p_cj +n) +7) =sum/5;
    }
}
```

⑤用表 2 –3 –1 指针与二维数组元素关系的知识点编写 void fnColumnAVG（int records）函数。

在 void fnColumnAVG（int records）函数中，凡是用到二维数组元素的地方，使用 variable_head. h 头文件增加的指针规律替换 void fnColumnAVG（int records）函数中二维数组元素

即可。

用指针替换 void fnColumnAVG（int records）函数后的代码如下：

```
//用指针变量改写 void fnColumnAVG(int records)函数
void  fnColumnAVG(int records)
{
    for(i =0;i <8;i++)//根据实际的列控制循环
    {
        sum =0;
        max = *(*(p_cj +0) +i);
        min = *(*(p_cj +0) +i);
        for(k =0;k <records;k++)
        {
            sum += *(*(p_cj +k) +i);
            if(max < *(*(p_cj +k) +i))  max = *(*(p_cj +k) +i);
            if(min > *(*(p_cj +k) +i))  min = *(*(p_cj +k) +i);
        }
//增加3行,并将每门课程的最高分、最低分及平均分分别赋给相应的元素 */
        *(*(p_cj +records) +i) =max;
        *(*(p_cj +records +1) +i) =min;
        *(*(p_cj +records +2) +i) =sum/records;
    }
    //将所增加3行的数组元素的学号赋值为空
    strcpy(*(p_xh +records),"");
    strcpy(*(p_xh +records +1),"");
    strcpy(*(p_xh +records +2),"");
    //将所增加3行的数组元素的姓名分别赋值为"最高分""最低分"及"平均分"字符串
    strcpy(*(p_xm +records),"最高分");
    strcpy(*(p_xm +records +1),"最低分");
    strcpy(*(p_xm +records +2),"平均分");
}
```

知识点2-9 指针与指针变量

1. 变量的访问方式、指针与指针变量

计算机内存的每一个字节都有唯一的编号，这个编号就称为地址。凡是存放在内存中的程序和数据，都有一个地址。当C程序中定义一个变量时，系统就分配一个带有唯一地址的存储单元来存储这个变量。

例如，"char a = 'A'；""int b =6；"" float c =67.5；"三条语句分别定义了a、b和c三个变量，C语言分别根据a、b和c变量的类型分配相应字节的存储单元，变量所占存储单元的第一个字节的地址就是该变量的地址。

程序对变量的读取操作（即变量的访问），实际上是对变量所在存储单元进行写入或取出数据。在C语言中，变量的访问方式有直接访问与间接访问两种。

直接访问：由系统自动完成变量名与其存储地址之间的转换。

间接访问：首先将变量的地址存放在一个变量（存放地址的变量称为指针变量）中，然后通过指针变量来引用变量。

一个变量的地址称为该变量的指针，用来存放一个变量地址的变量称为指针变量。指针变量也有不同的类型，用来保存不同类型变量的地址。严格地说，指针与指针变量是不同的，为了叙述方便，常常把指针变量简称为指针。

当指针变量 p 的值为某变量的地址（指针）时，称作指针变量 p 指向该变量。

2. 指针类型及指针变量的定义

定义指针变量与定义普通变量非常类似。

定义指针变量的一般格式如下：

```
类型说明符 * 指针变量名 [ = 初始值 ];
```

说明：①"*"是指针变量定义的标志，类型说明符决定所定义指针变量的指针类型，指针变量名不包含"*"。

②int *、float * 和 char * 分别表示整型数据、浮点型数据和字符型数据的指针类型，它们分别简称为 int 指针、float 指针和 char 指针。

③int *、float * 和 char * 指针类型所定义的指针变量分别存放整型变量、浮点型变量和字符型变量的地址。因此，指针变量是基本数据类型派生出来的类型，它不能离开基本类型而独立存在。

例如：

```
float a = 8.8f, *p = &a;   //p是指向浮点型变量的指针变量
```

或者

```
float a = 8.8f;
float * p = &a;            //p是指向浮点型变量的指针变量
```

或者

```
float a = 8.8f, *p;        //p是指向浮点型变量的指针变量
p = &a;
```

上述 3 种都是定义一个指针变量 p，指针变量 p 的值是浮点型变量 a 的地址，即指针变量 p 指向浮点型变量 a。

需要强调的是：

①指针变量 p 的类型是 float *（浮点型指针），而不是 float（浮点型），它们是完全不同的数据类型。

②指针变量连续定义：每个变量前面都带 *，则 a、b、c 都是指针变量，并且都是 int * 指针类型。

```
int * a, *b, *c;   //a、b、c 都是 int * 指针类型
```

如果写成下面的形式，那么只有 a 是 int * 指针类型的指针变量，b、c 都是 int 型的普通变量。

```
int * a, b, c;
```

3. 取地址运算符 &

指针变量同普通变量一样，使用之前不仅要定义说明，而且必须赋予具体的值。未经赋值的指针变量不能使用，否则将造成系统混乱，甚至死机。指针变量的赋值只能赋予地址，决不能赋予任何其他数据，否则将引起错误。

在 C 语言中，变量的地址是由编译系统分配的，用户可以通过取地址运算符 & 求得变量的具体地址。

在学习通过键盘人机对话给变量赋 scanf( ) 函数时，就使用了 & 运算符，例如：scanf("i = % d", &i);。

用取地址运算符 & 来表示变量的地址的一般形式为：

```
& 变量名；
```

例如：

```
int a =10, * p;
p = &a;
```

&a 表示变量 a 的地址，将变量 a 的地址赋给指针变量 p，指针变量 p 指向变量 a。

取地址运算符 & 是单目运算符，其结合性为自右至左，其功能是取变量的地址。

4. 取内容运算符 *

取内容运算符 * 是单目运算符，其结合性为自右至左，用来表示指针变量所指的变量的值。在 * 运算符之后跟的变量必须是指针变量。

注意：取内容运算符 * 和指针变量定义中的指针类型 * 不是一回事。

在指针变量定义中，"＊"是指针变量定义的标志，表示其后的变量是指针类型的变量。

表达式中出现的"＊"则是一个取指针变量指向变量地址所存放内容的运算符，用于表示指针变量所指变量的值。

在目前所学的 C 语言语法中，"＊"主要有以下三种用途：

①表示乘法运算符。

```
int a =3,b =5,c;
c = a * b;  //*表示乘法运算符
```

②表示定义一个指针变量，指针变量的类型是 int *，普通变量 a 的类型是 int。

```
int  a =100;
int * p = &a;
```

③表示获取指针指向变量的数据，是一种间接操作符。

```
int a, b, * p = &a;
*p =100;  //将 100 赋给变量 a
b = * p;  //将指针指向变量的值（a 的值）赋给变量 b
printf("*p =% d, b =% d\n", *p,b); //输出的结果为 * p =100,b =100
```

【例 2 - 3 - 1】 输入 a 和 b 两个整数，按先大后小的顺序输出 a 和 b。

```
#include< stdio.h >
void  point_example()
```

```
{
    int a,b;                //定义两个整型变量a,b
    int *  p1;              //指针变量p1是int *类型
    int *  p2;              //指针变量p2是int *类型
    printf("please enter two integer numbers:");
    scanf("% d,% d",&a,&b);    //输入两个整数
    p1 = &a;                //使p1指向变量a
    p2 = &b;                //使p2指向变量b
    if(a < b)               //如果a < b
    {
        p1 = &b;                //使p1指针指向较大的b变量的存储单元
        p2 = &a;                //使p2指针指向较小的a变量的存储单元
    }
    printf("a = % d,b = % d \n",a,b);            //输出a,b
    printf("max = % d,min = % d \n", * p1, * p2);/ * 输出p1和p2所指向的变量的值 */
}

int main()
{
    point_example();
    return 0;
}
```

直接对 p1 和 p2 赋以新值，不需要定义中间变量，交换两个变量的值，使程序更加简练。

使 p1 指针指向较大的 b 变量的存储单元，使 p2 指针指向较小的 a 变量的存储单元，最后输出 p1 和 p2 指针指向变量的值，即按先大后小的顺序输出 a 和 b。

注意：上述程序中，并没有真正交换 a 和 b 变量的值。

知识点 2 – 10　一维数组指针变量及指针变量做函数参数

1. 一维数组指针变量的定义

一维数组指针变量的定义与指向变量的指针变量的定义相同。一维数组指针变量定义的一般形式为：

```
类型说明符 *  指针变量名 [ = 一维数组变量名];
```

在 C 语言中，int a[5] = {1,2,3,4,5}；语句的数组名 a 代表数组的首地址（第 1 个数组元素 a[0]的地址），因此下面的一维数组指针变量 p 的定义与赋值是等价的，输出的 a[0]及 * p 值是相同的，都是 10。

上述一维数组 a 的指针与一维数组 a 各元素的关系如图 2 – 3 – 1 所示，其中 p、a、&a[0]均指向同一单元，它们是数组 a 的首地址，也是数组 a 的 0 号元素 a[0]的地址。

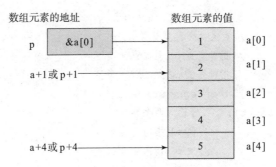

图2-3-1 一维数组a的指针与一维数组a各元素的关系

从图2-3-2可以总结出如表2-3-2所示的指针变量p与一维数组a的关系。

表2-3-2 指针变量p与一维数组a的关系

地址描述	意义	数组元素	描述意义
a、&a[0]、p	a的首地址	*a、a[0]、*p	数组元素a[0]的值
a+1、p+1、&a[1]	a[1]的地址	*(a+1)、*(p+1)、a[1]、*++p	数组元素a[1]的值
a+i、p+i、&a[0]+i、&a[i]	a[i]的地址	*(a+i)、*(p+i)、a[i]、p[i]	数组元素a[i]的值

2. 一维数组指针变量的赋值

根据表2-3-2所示的指针变量p与数组a关系,下面一维数组指针变量的赋值都是等价的。

```
int a[5]={10,20,30,40,50};
int*  p=&a[0];  /*将一维数组a[0]元素的地址(首地址)赋给指针类型为int*的指针变量*
//等价于:
int a[5]={10,20,30,40,50};
int*  p=a;     //将数组a的首地址赋给指针类型为int*的指针变量
//或者
    int a[5]={10,20,30,40,50};
int*  p;
p=a;           //将一维数组a的首地址赋给指针变量p
//或者
int a[5]={10,20,30,40,50};
int*  p;
p=&a[0];  //将一维数组a[0]元素的地址(数组a的首地址)赋给指针变量p
printf("a[0]=%d,*p=%d\n",a[0],*p);/*输出a[0]及*p值是相同的,都是10*/
```

注意:C语言中,在一维数组中,如果p指向一个数组元素,则p+1表示指向数组该元素的下一个元素。例如p=&a[0],则p+1表示数组元素a[1]的地址。

引用一个数组元素有下标法a[i]和指针法*(p+i)两种方法。

一维数组a的数组元素a[i]地址可以表示为&a[i],p+i,a+i。

一维数组a的数组元素a[i]访问可以表示为a[i],*(p+i),*(a+i)。

3. 一维数组名及一维数组指针变量做函数参数

如果一个指针变量指向一维数组的第一个元素,或者指针变量等于数组名,此时数组名和指针变量的含义相同，都表示数组的首地址，所以数组名与指向数组首地址的指针变量都可以做函数参数。

表2-3-3列出了实参和形参使用数组名或指针变量的4种情况。

表2-3-3　数组名或指针变量作为实参和形参

第1种:实参、形参都是数组名	第2种:实参是数组名、形参是指针变量
``` f(int x[ ],int n) { … } main() { int a[10]; f(a,10); } ```	``` f(int * x,int n) { … } main() { int a[10]; f(a,10); } ```
第3种:实参、形参都是指针变量	第4种:实参是指针变量,形参是数组名
``` f(int * x,int n) { … } main() { int a[10],*p; p=a; f(p,10); } ```	``` f(int x[ ],int n) { … } main() { int a[10],*p; p=a; f(p,10); } ```

（1）实参是数组名、形参是指针变量的函数

在函数调用时，是把实参数组的首地址传递给形参数组，这样形参数组中的元素值如发生变化，就会使实参数组的元素值也同时变化。

【例2-3-2】实参是数组名、形参是指针变量的函数举例。

将数组a中的10个整数按相反顺序存放:

```
//将数组 a 中的10个整数按相反顺序存放
#include<stdio.h >
m(int * p,int n)                //用指针变量 p 做形参
{
int temp, * i, * j,m=(n-1)/2;
i=p;                        //指针变量 i 指向数组首地址
j=p+n-1;                    //指针变量 j 指向数组尾地址
p=p+m;                      //指针变量 p 指向数组中间元素的地址
for(;i<=p;i++,j--)          //两边向中间元素靠拢
{
    temp = * i;             //交换数组元素
    * i = * j;
    * j =temp;
}
```

```
    }
main()
{
int i,a[10] = {1,7,9,11,0,6,7,5,4,8};
printf("最原始排列是:\n");
for(i = 0;i < 10;i++)
{
    printf("% d,",a[i]);   //数组元素,不需要加
}
printf("\n");
m(a,10);                   //实参 a 是数组名
printf("按相反顺序的排列是:\n");
for(i = 0;i < 10;i++)
{
    printf("% d,",a[i]);
}
printf("\n");
}
```

运行结果:

最原始排列是:

1, 7, 9, 11, 0, 6, 7, 5, 4, 8

更换后的排列是:

8, 4, 5, 7, 6, 0, 11, 9, 7, 1

(2) 实参、形参都是指针变量的函数

由于指向数组的指针变量不仅可以指向数组首地址,也可以指向数组中任何一个元素,所以指向数组的指针变量作函数参数的作用范围远远大于数组名作函数参数的作用范围。

【例 2 – 3 – 3】 实参、形参都是指针变量的函数举例。

对 10 个整数按由大到小顺序排序:

```
#include< stdio.h >
//选择排序算法(用指针变量 b 作形参,即指针变量 b 指向指针 a)
sort(int * b,int n)              //用指针变量 b 作形参
{
int i,j,k,t;
printf("排列好的顺序是:\n");
for(i = 0;i < n - 1;i++)
{
    k = i;
    //找出第 i 大的数所在的位置,并将位置的下标赋给变量 k
    for(j = i + 1;j < n;j++)
    {
        if( * (b + j) > * (b + k))
```

```
        {
            k = j;
            /* break;如果要加 break 语句,则相当于冒泡排序,冒泡排序数据交换次数多。*/
        }
    }
    //将第 i 大的数放在第 i 个位置;如果刚好处于这个位置,就不用交换
    if(k! = i)
    {
        t = * (b + i);
        * (b + i) = * (b + k);
        * (b + k) = t;
    }
}
}
main()
{
int * p,i,a[10] = {88,77,98,108,76,9,66,22,55,68};
p = a;
printf("请输入 10 个整数: \n");
    for(i = 0;i < 10;i++)
{
    scanf("% d \t",p++);  /* scanf()函数的第 2 个参数要求是变量的地址 &a[i] */
}
p = a;                //指针重新指向数组 a 的首地址
sort(p,10);           //用指针变量 p 做实参
for(p = a,i = 0;i < 10;i++)
{
    printf("% d \t", * p);
    p++;
}
printf(" \n");
}
```

运行结果:

请输入 10 个整数:

88 77 98 108 76 9 66 22 55 68

排列好的顺序是:

108 98 88 77 76 68 66 55 22 9

知识点 2 - 11 指针变量与字符串

1. 指向字符串的指针变量

在 C 语言中,要存储一个字符串,除了可以采用字符数组实现外,还可以采用指针变量指向一个字符串。

字符指针变量的定义格式如下：

```
char * p = "book"
```

等价于：

```
char *  p;
p = "book";
```

2. 字符数组名或字符串指针变量作函数参数

当字符串作函数参数时，将字符串作为函数参数传递，可以使用字符数组名作参数或指向字符串的指针变量作参数。与知识点 2－10 中一维数组指针变量作函数参数类似，实参和形参的对应情况也有 4 种。

【例 2－3－4】 字符串指针变量作函数形参。

编写函数 strmerge(char ＊ p，char t[ ])，实现将字符串 t 拼接到字符串 s 之后，并返回拼接以后的字符串的长度。

将一个字符串从一个函数传递到另一个函数，可以用地址传递的办法，即用字符数组名作为参数或用指向字符串的指针变量做参数。在被调用的函数中可以改变字符串的内容，在主调函数中可以得到改变了的字符串。

```
#include< stdio.h >
strmerge(char * p,char t[])
{
int i,j;
i = j = 0;
while( * (p + i)! = ' \0')
{
    i++;
}

while(t[j]! = ' \0')
{
    * (p + i++) = t[j++];
}
* (p + i) = ' \0';
return i;
}

main()
{
char str1[80],str2[20], * p;
int len;
printf("请输入第一个字符串 \n");
gets(str1);
printf("请输入第二个字符串 \n");
gets(str2);
```

```
p = str1;
len = strmerge(str1,str2);
printf("合并后的字符串为：\"% s\"，字符串的长度为：% d\n",str1,len);
}
```

运行结果：

请输入第一个字符串

I Love China！

请输入第二个字符串

Very much！

合并后的字符串为"I Love China！Very much！"，字符串的长度为23

知识点2-12 二维数组指针与二维数组元素的关系

二维数组的指针变量是存放二维数组地址的变量。

对于整型二维数组 int a[3][4] = {{0, 1, 2, 3}，{4, 5, 6, 7}，{8, 9, 10, 11}}，二维数组 a 共有 3 × 4 = 12（个）数组元素，排成如下的 3 行 4 列：

　　　　　　第 0 列　　　第 1 列　　　第 2 列　　　第 3 列

第 0 行　　a[0][0]　　a[0][1]　　a[0][2]　　a[0][3]

第 1 行　　a[1][0]　　a[1][1]　　a[1][2]　　a[1][3]

第 2 行　　a[2][0]　　a[2][1]　　a[2][2]　　a[2][3]

二维数组 a 也可以看成由一维数组作为数组元素的数组，也就是说，如果将每一行数组元素作为一个整体，那么 a 数组可以视为一个一维数组的数组。

在这个一维数组中，每个数组元素表示为 a[0]，a[1]，a[2]。一维数组 a 的每个数组元素 a[0]，a[1]，a[2] 本身不是数值，它们又分别是 3 个一维数组，这 3 个一维数组的数组名分别是 a[0]，a[1]，a[2]，如图 2-3-2 所示。a 数组的第一个元素 a[0][0] 的地址即是 a 数组的起始地址（假设 a 数组的起始地址是 1000）。

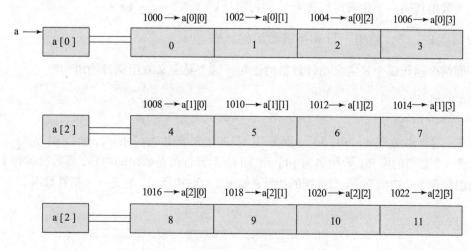

图 2-3-2　二维数组 a 是 3 个一维数组的数组

根据一维数组地址、指针的知识：a 是元素为行数组的一维数组的数组名，a 是元素为行数组的一维数组的首地址，a[0]也可以看成是 a[0] +0，是一维数组 a[0] 的 0 号元素的地址，而 a[0] +1 则是 a[0] 的 1 号元素地址，由此可得出 a[i] +j 是一维数组 a[i] 的 j 号元素地址，它等于 &a[i][j]。二维数组 a 的指针与数组元素地址的关系如图 2 -3 -3 所示。

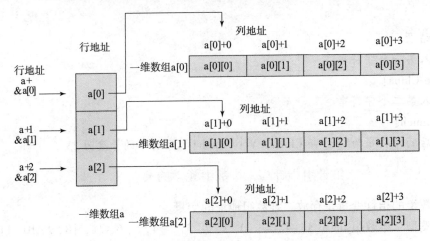

图 2 -3 -3　二维数组 a 的指针与数组元素地址的关系

a +i 就是元素为行数组的一维数组的第 i 个元素的地址，即 *(a +i) =a[i]。

同理，a[i](i =0 ~2)是第 i 个行数组的数组名，a[i] +j 就是第 i 个行数组中第 j 个元素的地址。

二维数组 a 中的任何一个元素 a[i][j] 的地址可以表示为 a[i] +j，即二维数组 a 任何一个元素 a[i][j] = *(a[i] +j)。

二维数组 a 中的任何一个元素 a[i][j] 的地址可以表示为 &a[i][j] = a[i] +j = *(a +i) +j。

二维数组任何一个元素可以表示为 a[i][j] = *(a[i] +j) = *(*(a +i) +j))。

a[i][j] 还可以表示为 *(a +i)[j]，*(&a[0][0] +m *i +j)(m 为列数)。

三维数组任何一个元素可以表示为 a[i][j][k] = *(*(*(a +i) +j) +k)。

知识点 2 -13　数组指针和指针数组的区别

下面两个语句哪个是定义指针数组的语句？哪个是定义数组指针的语句？

```
int * p1[5];
int (* p2)[5];
```

首先，对于语句"int * p1[5]"，因为"[ ]"的优先级比" * "的高，所以 p1 先与"[ ]"结合，构成一个数组的定义，数组名为 p1，而"int *"修饰的是数组的内容，即数组的每个元素，即该数组包含 5 个指向 int 类型数据的指针，如图 2 -3 -4 所示，它是一个指针数组。

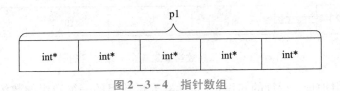

图 2 -3 -4　指针数组

其次，对于语句"int(* p2)[5]"，"( )"的优先级比"[ ]"高，(* p2)构成一个 p2 指针变量所指的变量的值，而 int 修饰的是数组的内容，即数组的每个元素；p2 是一个指针变量，它指向一个包含 5 个 int 类型数据的数组，如图 2 – 3 – 5 所示，它是一个数组指针，数组在这里并没有名字，是个匿名数组。

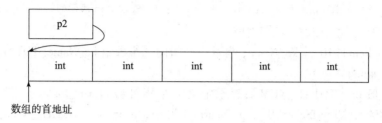

图 2 – 3 – 5　数组指针

由此可见，对指针数组来说，首先它是一个数组，数组的元素都是指针，即该数组存储的是指针，数组占多少个字节由数组本身决定；而对数组指针来说，首先它是一个指针，它指向一个数组，也就是说，它是指向数组的指针。

了解指针数组和数组指针二者之间的区别之后，分析下面的示例代码：

```
int arr[5] = {1,2,3,4,5};
int(*p1)[5] = &arr;
/*下面的定义及初始化会有警告:warning warning C4047:'initializing':'int(*)[5]'dif-
fers in levels of indirection from 'int * '*/
int(*p2)[5] = arr;
```

在上面的示例代码中，&arr 是指整个数组的首地址，而 arr 是指数组首元素的首地址，虽然所表示的意义不同，但二者之间的值却是相同的。

问题：既然值是相同的，那么为什么语句"int(* p1)[5] = &arr"是正确的，而语句"int(* p2)[5] = arr"却在有些编译器下运行时会提示错误信息呢？

在 C 语言中，赋值符号" ="两边的数据类型必须是相同的，如果不同，则需要进行显式或隐式类型转换。

p1 和 p2 都是数组指针，指向的是整个数组。p1 这个定义的" ="两边的数据类型完全一致，而 p2 这个定义的" ="两边的数据类型就不一致了（左边的数据类型是指向整个数组的指针，而右边的数据类型是指向单个字符的指针），因此会提示警告信息。

【例 2 – 3 – 5】二维数组指针举例。

在 variable_head. h 头文件中增加一个指向二维数组的指针变量。

```
//定义临时指针变量
char snum[8] = "0001";
//定义指向字符数组的指针变量
// *p_tempxh 等价于 snum[0]
char *p_tempxh = snum;
//定义指向二维字符数组学号的指针数组变量
// *(p_xh +i)等价于 student_chNo[i]
char(*p_xh)[8] = student_chNo;
```

```
//定义指向二维字符数组姓名的指针数组变量
// * (p_xm + i)等价于 student_chName[i]
char  ( * p_xm)[10] = student_chName;
//定义一个数组指针,该指针指向二维数组(含8个元素的一维数组)
//二维数组的任一元素可以表示为 * ( * (p_cj + i) + j)(i表示行,j表示列)
float( * p_cj)[8] = student_fScore;
```

char(* p_kcm)[10] = kc_Name;表示一个指向二维数组 kc_Name[TOTAL_NUM][10]的指针变量(p_kcm)。

float * p_fScore[TOTAL_NUM];表示定义一个指针数组(p_fScore),该数组中每个元素都是一个指针,即 p_fScore[0],p_fScore[1],…,p_fScore[TOTAL_NUM - 1]都是指针变量。

```
#include < stdio. h >   /*标准输入、输出头文件,包括 printf、scanf 等常用输入/输出函数的声明 */
#include < string. h > /*字符串处理头文件,包括字符串拷贝、比较大小、拼接等函数的声明 */
#define TOTAL_NUM  50   //宏定义:字符串常量
main()
{
    int i,j;
    float sum = 0;
    //初始化课程名二维字符型数组
    char  kc_Name[TOTAL_NUM][10] = {"语文","数学","英语","政治","历史"};
    //定义指向二维字符数组课程名的数组指针变量
    // * (p_kcm + i)等价于 kc_Name[i]
    char( * p_kcm)[10] = kc_Name;
    float student_fScore[TOTAL_NUM][8] = {
                            {11,96,98,89,90},
                            {22,90,88,89,95},
                            {33,88,99,80,91},
                            {40,86,98,89,90}
                    };
    float * p_fScore[TOTAL_NUM]; /*定义一个指针数组,该数组中每个元素是一个指针 */
    for(i = 0;i < TOTAL_NUM ;i++)
    {
        p_fScore[i] = student_fScore[i];   //给指针数组元素赋值
    }
    for(i = 0;i < 4;i++)
    {
        sum = 0;
        for(j = 0;j < 5;j++)
        {
            sum += * (p_fScore[i] +j);
            printf("% s成绩:% f ", * (p_kcm +j), * (p_fScore[i] +j));
```

```
        }
        //printf("\n");
        printf("平均分 =% f \n",  sum/j);
    }
}
```

上述程序的运行结果如图 2 - 3 - 6 所示。

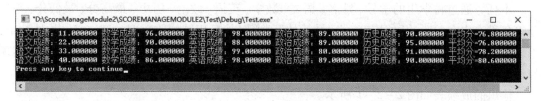

图 2 - 3 - 6　二维数组指针举例的运行结果

巩固及知识点练习

1. 上机完成任务 2 - 3 的操作。

2. 在上机完成任务 2 - 3 的基础上，根据二维数组初化的值及下面的指针变量的定义，填写表 2 - 3 - 4 中的内容。

```
char  (*p_xh)[8] = student_chNo;
//定义指向二维字符数组姓名的指针数组变量
//*(p_xm+i)等价于 student_chName[i]
char  (*p_xm)[10] = student_chName;
//定义一个数组指针,该指针指向二维数组(含 8 个元素的一维数组)
//二维数组的任一元素可以表示为 *(*(p_cj+i)+j)(i 表示行,j 表示列)
float(*p_cj)[8]
```

表 2 - 3 - 4　填写表格

行	student_ch No[i]	student_ch Name[i]	student_f Score[i][0]	student_f Score[i][1]	student_f Score[i][2]	student_f Score[i][3]	student_f Score[i][4]
0 行							
1 行							
2 行							
3 行							

3. 上机完成例 2 - 3 - 1 ~ 例 2 - 3 - 5 的编程，体会数组与循环结合编程的优势。

4. 在上机完成任务 2 - 3 的基础上，将 Task2_3Point 项目中的其他函数全部改为用指针实现。

5. 在上机完成任务 2 - 3 的基础上，理解定义二维数组的指针变量与定义二维数组的指针数组的区别与联系，并上机完成数组指针和指针数组区别的示例。

任务2-4 结构体数组实现学生成绩管理系统

描 述

本任务通过将学生的学号、姓名、语文、数学、英语、政治、历史、最高分、最低分、平均分等各种有内在关联的数据定义成"结构体"类型，然后用结构体数据类型定义结构体数组，用结构体知识点分别实现学生成绩的输入、查询、删除、修改及输出成绩表格等功能（实现与任务2-2同样的学生成绩管理系统功能）。

输出的成绩表如图2-2-1所示。

技能目标

①熟练掌握结构体类型定义。
②熟练掌握结构体类型变量及结构体数组的定义。
③熟练掌握结构体变量成员的访问。
④掌握结构体数组中元素的引用。
⑤掌握结构体数组元素的遍历。

操作要点与步骤

①创建工程项目及项目主文件。

a. 打开已建工作空间"SCOREMANAGEMODULE2. dsw"。

b. 创建项目工程。

选择"File"→"New"菜单命令，新建一个类型为"Win32 Console Application"的项目，项目名称为"Task2_4StructProject"。注意，将Task2_4StructProject项目添加到当前的工作空间SCOREMANAGEMODULE2中。

c. 创建项目头文件与源程序文件。

由于任务2-4实现的功能与任务2-2的相同，所以将任务2-2中的5个头文件（system_head. h、variable_head. h、define_head. h、menu. h、xscjgl_function. h）与3个源程序文件（TwoDimensionalArray. c、menu. c、xscjgl_function. c）全部复制到新建项目的文件夹下。

将主文件名TwoDimensionalArray. c改为StructProject. c，以区别两个项目，但是这两个主文件中都存放main（）函数，main（）主函数代码相同（功能是调用菜单函数fnMenu（））。

虽然任务2-2的头文件（. h）及源程序文件（. c）全部都复制到项目文件下，但是这些头文件（. h）及源程序文件（. c）并没有添加到新建Task2_4StructProject的项目中，所以需要将头文件（. h）及源程序文件（. c）分类添加到新建的项目中。

②修改menu. c源文件中的代码。

将menu. c源文件中的如下代码：

```
printf("\n                  用二维数组知识实现学生成绩管理系统          \n");
```

改为如下代码：

```
printf("\n                  用结构体数组知识实现学生成绩管理系统         \n");
```

③修改 variable_head. h 头文件中的内容，重点是将二维数组变量改为结构体数组变量及其他变量。

将 variable_head. h 头文件中的如下变量：

```
char   student_chNo[TOTAL_NUM][8]={"0001","0020","0030","0040"};
//初始化姓名二维字符型数组
char   student_chName[TOTAL_NUM][10]={"朱晓萱","肖奕辉","汤思远","刘明洋"};
//二维浮点型数组初始化(学生语文|数学|英语|政治|历史5门功课成绩初始化)
float student_fScore[TOTAL_NUM][8]={
                                        {11,96,98,89,90},
                                        {22,90,88,89,95},
                                        {33,88,99,80,91},
                                        {40,86,98,89,90}
                                   };
```

改为如下二维数组变量：

```
//优化下面的结构体的元素为数组
struct student
{
    char chNo[8];
    char chName[10];
    float fScore[8];//浮点型更好，因为要存放平均值
};
struct student t, stu[TOTAL_NUM]={
                                    {"0001","朱晓萱",90,96,98,89,90},
                                    {"0020","肖奕辉",94,90,88,89,95},
                                    {"0030","汤思远",95,88,99,80,91},
                                    {"0040","刘明洋",92,86,98,89,90}
                                 };
```

④在 xscjgl_function. c 源文件中，void fnShow(int n) 要使用 "define_head. h" 头文件中的符号常量 DATA 和 DATA1，需要修改成相应的结构体数组变量。

在 "define_head. h" 头文件中，符号常量 DATA 和 DATA1 原来的内容如下：

```
#define DATA  student_chNo[i],student_chName[i],student_fScore[i][0],student_
fScore[i][1],student_fScore[i][2],student_fScore[i][3],student_fScore[i][4],
student_fScore[i][5],student_fScore[i][6],student_fScore[i][7]
#define DATA1  student_chName[i],student_fScore[i][0],student_fScore[i][1],
student_fScore[i][2],student_fScore[i][3],student_fScore[i][4],student_fScore
[i][5],student_fScore[i][6],student_fScore[i][7]
```

修改后的内容如下：

```
#define DATA  stu[i].chNo,stu[i].chName,stu[i].fScore[0],stu[i].fScore[1],stu
[i].fScore[2],stu[i].fScore[3],stu[i].fScore[4],stu[i].fScore[5],stu[i].fScore
[6],stu[i].fScore[7]
#define DATA1  stu[i].chName,stu[i].fScore[0],stu[i].fScore[1],stu[i].fScore
[2],stu[i].fScore[3],stu[i].fScore[4],stu[i].fScore[5],stu[i].fScore[6],stu[i]
.fScore[7]
```

⑤修改 xscjgl_function.c 源文件中 int fnStuNumExist(char snum[], int n, int flag)函数体。要修改的函数体中的条件语句如下：

```
if((strcmp(student_chNo[i],snum))==0)//学号存在,跳出循环
```

改为以下条件语句：

```
if((strcmp(stu[i].chNo,snum))==0)//学号存在,跳出循环
```

⑥修改 xscjgl_function.c 源文件中 int fnInput(char snum[], int n, int flag)函数体相应的内容。

对函数体中要修改的代码如下：

```
strcpy(student_chNo[n],snum);/*将要插入或追加、更新的学号复制到学号二维字符数组变量*/
    printf("姓名:");
    scanf("%s",student_chName[n]);
    printf("语文:");
    scanf("%f",&student_fScore[n][0]);
    printf("数学:");
    scanf("%f",&student_fScore[n][1]);
    printf("英语:");
    scanf("%f",&student_fScore[n][2]);
    printf("政治:");
    scanf("%f",&student_fScore[n][3]);
    printf("历史:");
    scanf("%f",&student_fScore[n][4]);
```

修改后的代码如下：

```
    strcpy(stu[n].chNo,snum);/*将要插入或追加、更新的学号复制到结构体的学号变量*/
    printf("姓名:");
    scanf("%s",stu[n].chName);
    printf("语文:");
    scanf("%f",&stu[n].fScore[0]);
    printf("数学:");
    scanf("%f",&stu[n].fScore[1]);
    printf("英语:");
    scanf("%f",&stu[n].fScore[2]);
```

```
printf("政治:");
scanf("% f",&stu[n].fScore[3]);
printf("历史:");
scanf("% f",&stu[n].fScore[4]);
```

⑦修改 xscjgl_function. c 源文件中 int fnRecordNum( ) 函数体相应的内容。

函数体中要修改的代码如下：

```
if(strlen(student_chNo[i]) > 0)
```

修改后的代码如下：

```
if(strlen(stu[i].chNo) > 0) //条件（如果学号不为空），累加器自增
```

⑧修改 xscjgl_function. c 源文件中 int fnInsert(int n , int flag) 函数体相应的内容。

函数体中要修改的代码如下：

```
if(atoi(stu[i].chNo) > atoi(snum))  //如果条件成立,说明是插入记录
{
    //循环从最后一条记录逐条记录下移,为插入记录腾出位置存放信息
    for(j = n;j > i;j - -)
    {
        //stu[j] = stu[j-1];
        strcpy(student_chNo[j],student_chNo[j-1]);    //下移学号
        strcpy(student_chName[j],student_chName[j-1]); //下移姓名
    //循环8次,分别要下移5门功课的成绩及5门功课的最高分、最低分及平均分
        for(k = 0;k < 8;k++)
        {
            student_fScore[j][k] = student_fScore[j-1][k];
        }
    }
    break;  //跳出循环
}
```

修改后的代码如下：

```
if(atoi(stu[i].chNo) > atoi(snum))  //如果条件成立,说明是插入记录
{
    //循环从最后一条记录逐条下移,为插入记录腾出位置存放信息
    for(j = n;j > i;j - -)
    {
        stu[j] = stu[j-1];
    }
    break;  //跳出循环
}
```

⑨在 xscjgl_function. c 源文件中，void fnShowRecord( )函数要被查询、修改、删除等函数调用，而被调用的 void fnShowRecord( )函数用到了"define_head. h"头文件中的符号常量

DATA，当 variable_head. h 头文件中的二维数组变量修改为结构体类型变量后，"define_head. h"头文件中的符号常量 DATA 在第④步中已经修改了，故可以直接调用。

⑩修改 xscjgl_function. c 源文件中 int fnDelete(int n,int flag)函数体相应的内容。

函数体中要修改的代码如下：

```
for(j = return_fnInput;j < n;j++)/*循环从当前记录位置开始逐条将下一条记录替换当前
记录 */
    {
        strcpy(student_chNo[j],student_chNo[j +1]);     /*下一个人的学号替换当前人
的学号 */
        strcpy(student_chName[j],student_chName[j +1]); //下一个人的姓名替换当前人
的姓名
    /*循环8次,分别将下一个人的5门功课的成绩及5门功课的最高分、最低分及平均分替换当前人
的相应信息 *
        for(k = 0;k < 8;k++)
        {
            student_fScore[j][k] = student_fScore[j +1][k];
        }
    }
```

修改后的代码如下：

```
for(j = return_fnInput;j < n;j++)/*循环从当前记录位置开始逐条将下一条记录替换当前
记录 */
    {
        stu[j] = stu[j +1];
    }
```

⑪修改 xscjgl_function. c 源文件中 void fnSort(int records)函数体相应的内容。

函数体中要修改的代码如下：

```
if(student_fScore[i][7] < student_fScore[j][7])
    {
        //字符型数组临时交换变量 cTemp[10]交换学号
        strcpy(cTemp,student_chNo[i]);
        strcpy(student_chNo[i],student_chNo[j]);
        strcpy(student_chNo[j],cTemp);
        //字符型数组临时交换变量 cTemp[10]交换姓名
        strcpy(cTemp,student_chName[i]);
        strcpy(student_chName[i],student_chName[j]);
        strcpy(student_chName[j],cTemp);
        //循环8次,分别交换5门功课的成绩及5门功课的最高分、最低分
        for(k = 0;k < 8;k++)
        {
            ftemp = student_fScore[i][k];
            student_fScore[i][k] = student_fScore[j][k];
```

```
        student_fScore[j][k] = ftemp;
    }
}
```

修改后的代码如下：

```
if(stu[i].fScore[7] < stu[j].fScore[7])
{
    t = stu[i];
    stu[i] = stu[j];
    stu[j] = t;
}
```

⑫修改 xscjgl_function. c 源文件中 void fnRowAVG(int records)函数体相应的内容。

函数体中要修改的代码如下：

```
max = student_fScore[n][0]; //将学生的第 1 门功课的成绩赋给 max 变量
min = student_fScore[n][0]; //将学生的第 1 门功课的成绩赋给 min 变量
for(i = 0;i < 5;i++)   /* 求出 5 门功课的总分,并将 5 门功课的最高分及最低分分别放在变量
max 和 min 中 */
{
    sum += student_fScore[n][i];
    if(max < student_fScore[n][i]) max = student_fScore[n][i];
    if(min > student_fScore[n][i]) min = student_fScore[n][i];
}
//将所求出的每个学生的最高分、最低分及平均分赋给相应的数组元素(下标分别是 5,6,7)
    student_fScore[n][5] = max;
    student_fScore[n][6] = min;
    student_fScore[n][7] = sum/5;
```

修改后的代码如下：

```
max = stu[n].fScore[0]; //将学生的第 1 门功课的成绩赋给 max 变量
min = stu[n].fScore[0]; //将学生的第 1 门功课的成绩赋给 min 变量
for(i = 0;i < 5;i++)
{
sum += stu[n].fScore[i];
if(max < stu[n].fScore[i]) max = stu[n].fScore[i];
if(min > stu[n].fScore[i]) min = stu[n].fScore[i];
}
//将所求出的每个学生的最高分、最低分及平均分赋给相应的数据元素
stu[n].fScore[5] = max;
stu[n].fScore[6] = min;
stu[n].fScore[7] = sum/5;
```

⑬在 xscjgl_function. c 源文件中修改自定义函数 void fnColumnAVG(int records)的函数体。

需要修改的函数体代码如下：

```
void   fnColumnAVG(int records)
{
    for(i=0;i<8;i++)//根据实际的列控制循环
    {
        sum=0;
        max=student_fScore[0][i];
        min=student_fScore[0][i];
        for(k=0;k<records;k++)
        {
            sum+=student_fScore[k][i];
            if(max<student_fScore[k][i])  max=student_fScore[k][i];
            if(min>student_fScore[k][i])  min=student_fScore[k][i];
        }
//增加3行并将每门课程的最高分、最低分及平均分分别赋给相应的元素
        student_fScore[records][i]=max;
            student_fScore[records+1][i]=min;
        student_fScore[records+2][i]=sum/records;
    }
    //将所增加的3行的数组元素的学号赋值为空
    strcpy(student_chNo[records],  "");
    strcpy(student_chNo[records+1],"");
    strcpy(student_chNo[records+2],"");
    //将所增加的3行的数组元素的姓名分别赋值为"最高分""最低分"及"平均分"字符串
    strcpy(student_chName[records],"最高分");
    strcpy(student_chName[records+1],"最低分");
    strcpy(student_chName[records+2],"平均分");
}
```

修改后函数体的代码如下：

```
/*计算每列(每门课程)的最大值、最小值及平均值,增加3行并将每门课程的最高分、最低分及平均分
分别赋值给增加3行的数组相应的元素*/
void   fnColumnAVG(int records)
{
    for(i=0;i<8;i++)//根据实际的列控制循环
    {
        sum=0;
        max=stu[0].fScore[i];
        min=stu[0].fScore[i];
        for(k=0;k<records;k++)
        {
            sum+=stu[k].fScore[i];
            if(max<stu[k].fScore[i])  max=stu[k].fScore[i];
            if(min>stu[k].fScore[i])  min=stu[k].fScore[i];
```

```
    }
    /*增加3行并将每门课程的最高分、最低分及平均分分别赋给相应的元素*/
    stu[records].fScore[i]=max;
    stu[records+1].fScore[i]=min;
    stu[records+2].fScore[i]=sum/records;
}
//将所增加的3行的数组元素的学号赋值为空
strcpy(stu[records].chNo,  "");
strcpy(stu[records+1].chNo,"");
strcpy(stu[records+2].chNo,"");
//将所增加的3行的数组元素的姓名分别赋值为"最高分""最低分"及"平均分"字符串
strcpy(stu[records].chName,"最高分");
strcpy(stu[records+1].chName,"最低分");
strcpy(stu[records+2].chName,"平均分");
}
```

至此，完成了任务2-4中用结构体数组知识点实现学生成绩管理系统的开发工作。

知识点2-14　结构体与结构体数组

C语言提供了一种聚合数据类型——结构体类型。结构体是若干相关数据项的集合，它们的类型可以不同，为了便于统一管理，才把它们组织到一起。

例如学生成绩表中，每位学生在表中占一行，每一行的栏目包括学号、姓名、语文、数学、英语、政治、历史、最高分、最低分、平均分等各种有内在关联的数据。

结构体中所含成员的数量和大小必须是确定的，即结构体不能随机改变大小。但是，组成一个结构体的诸成员允许是不同的数据类型，即结构体是异质的，这与数组（相同数据类型）有根本差别。

1. 结构体类型定义

结构体是一种构造类型，它是一种自定义的数据类型，所以需要先自定义结构体数据类型，然后才能定义结构体变量。

结构体的类型由若干"成员"组成，结构体类型定义的一般格式如下：

```
struct 结构体类型名
{
    数据类型1 成员1;
    数据类型2 成员2;
    ...
    数据类型n 成员n;
};
```

2. 结构体类型定义的功能说明

结构体名：自定义结构体类型的名称（应遵循标识符的规定）。

结构体有若干数据成员，分别属于各自的数据类型。结构体成员名可以与程序中其他变量或标识符同名。结构体成员名同样应遵循标识符的规定。

使用结构体类型时，struct 结构体名作为一个整体，表示名字为"结构体名"的结构体类型。

结构体类型的成员可以是基本数据类型，也可以是其他的已经定义的结构体类型——结构体嵌套。结构体成员的类型不能是正在定义的结构体类型（递归定义，结构体大小不能确定），但可以是正在定义的结构体类型的指针。

例如，本任务中定义关于学生成绩的结构体类型如下：

```
struct student
{
    char chNo[8];
    char chName[10];
    float fScore[8];//浮点型数组更好，因为要存放平均值
};
```

struct student 是结构体类型名，struct 是关键词，在定义和使用时均不能省略。结构体类型由 3 个成员组成，分别属于不同的数据类型，分号";"不能省略。

3. 定义结构体类型的变量及结构体类型的结构体数组

（1）先定义结构体类型，再定义结构体变量及结构体数组

例如：

```
struct student
{
    char chNo[8];
    char chName[10];
    float fScore[8];//浮点型数组更好，因为要存放平均值
};
struct student t,stu[TOTAL_NUM];   /*t 是结构体变量,stu[]是结构体数组,它们都属于
student 结构体类型 */
```

struct student{ };是定义结构体类型 struct student。

struct student t, stu[TOTAL_NUM];是结构体变量定义，定义一个类型为 struct student 的结构体变量 t 和结构体数组 stu[TOTAL_NUM]。

（2）定义结构体类型的同时定义结构体变量及结构体数组

```
struct 结构体名
{
... (成员) ...
}
结构体变量名表;
```

例如：

```
struct student
{
    char chNo[8];
    char chName[10];
    float fScore[8];//浮点型数组更好,因为要存放平均值
} t,stu[TOTAL_NUM];
```

这是一种紧凑的格式，既定义结构类型，也定义结构类型的变量。

（3）直接定义结构体变量及结构体数组（不给出结构体类型名，即匿名的结构体类型）

```
struct
{
    …（成员）…
}
结构体变量名表;
```

例如：

```
struct
{
    char chNo[8];
    char chName[10];
    float fScore[8];//浮点型数组更好,因为要存放平均值
} t, stu[TOTAL_NUM];
```

这种没有结构体类型名的方式只能够定义一次，不能再以此定义其他变量。这种方式不如前两种使用得普遍，往往局限于一个函数或一个程序内使用。

4. 结构体类型变量及结构体数组初始化

对结构体变量的初始化和对数组变量的初始化形式相似，在赋值号右端的初值表中提供对应成员的常量值。由于结构体成员可具有不同类型，所以各个常量值应与相应成员类型保持一致。结构体变量的初始化的一般形式如下：

```
struct 结构体类型 结构体变量名 = {初始化数据};
```

例如：

```
struct student t,stu[TOTAL_NUM] = {
                        {"0001","朱晓萱",90,96,98,89,90},
                        {"0020","肖奕辉",94,90,88,89,95},
                        {"0030","汤思远",95,88,99,80,91},
                        {"0040","刘明洋",92,86,98,89,90}
                };
```

结构体数组 stu[TOTAL_NUM]中字符数组 chNo[8]学号、字符数组 chName[10]姓名及浮点型数组 fScore[8]的学生 5 门课程成绩被依次赋值（初始化）。

初始化时，允许初始化初值的个数少于结构体变量成员的个数，初值表中的常量依次对结构体变量中排在前面的成员进行初始化，而余下的成员就初始化为 0。

上述初始化时，fScore[5]、fScore[6]、fScore[7]就隐含地被初始化为 0.0。

5. 结构体类型变量及结构体数组的引用

（1）结构体变量的引用

一般对结构体变量的使用，包括赋值、输入、输出、运算等，都是通过对结构体变量的成员操作来实现的。

用结构体变量名引用其成员的一般格式：

结构体变量名.成员名

其中，"."称为结构体成员运算符，将结构体变量名与成员名连接起来，它具有最高级别的优先级。

（2）结构体类型数组引用

结构体数组的数组元素类型为结构体类型的数组。

例如：全班有 40 人，每位学生在表中占一行，每一行的栏目包括学号、姓名、语文、数学、英语、政治、历史、最高分、最低分、平均分等各种有内在关联的数据，这样一个学生成绩表可用结构体数组表示。

一个结构体数组元素相当于一个结构体变量，数组元素成员的访问使用数组元素的下标来实现。

结构体数组元素成员的访问形式：

结构体数组名[元素下标].结构体成员名

例如：

max = stu[n].fScore[0];

可以将一个结构体数组元素整体赋给同一结构体数组的另一个元素，或赋给同一结构体类型变量。

例如：

stu[i] = stu[j];

与结构体变量一样，结构体数组元素也不能作为一个整体进行输入/输出，只能以单个成员的形式实现。

巩固及知识点练习

1. 上机完成任务 2-4 的操作。

2. 在上机完成任务 2-4 的基础上，根据结构体数组初始化的值，填写表 2-4-1 中的内容。

表 2-4-1 转义字符

结构体数组元素	chNo	chName	fScore[0]	fScore[1]	fScore[2]	fScore[3]	fScore[4]
stu[0].							
stu[1].							
stu[2].							
stu[3].							

任务 2-5　结构体数组指针实现学生成绩管理系统

 描　述

将学生的学号、姓名、语文、数学、英语、政治、历史、最高分、最低分、平均分等各种有内在关联的数据定义成"结构体"类型的数组，然后再定义结构体数组的指针，用结构体数组指针的知识点分别实现学生成绩的输入、查询、删除、修改及输出成绩表格等功能（实现与任务 2-2 同样的学生成绩管理系统功能）。

输出的成绩表如图 2-2-1 所示。

 技能目标

①熟练掌握结构体类型定义。
②熟练掌握结构体类型变量及结构体数组的定义。
③熟练掌握结构体变量和结构体数组的指针定义。
④掌握用结构体变量指针访问结构体成员。
⑤掌握用结构体数组指针引用结构体数组中的元素。
⑥掌握用结构体数组指针遍历结构体数组元素。

 操作要点与步骤

①创建工程项目及项目主文件。

a. 打开已建工作空间"SCOREMANAGEMODULE2. dsw"。

b. 创建项目工程。

选择"File"→"New"菜单命令，新建一个类型为"Win32 Console Application"的项目，项目名称为"Task2_5Struct Point"。注意，将 Task2_5Struct Point 项目添加到工作空间 SCOREMANAGEMODULE2 中。

c. 创建项目头文件与源程序文件。

将任务 2-4 中的 5 个头文件（system_head. h、variable_head. h、define_head. h、menu. h、xscjgl_function. h）与 3 个源程序文件（StructProject. c、menu. c、xscjgl_function. c）全部复制到新建项目的文件夹下。

将主文件名 StructProject. c 改为 Point. c，以区别两个项目，但是这两个主文件中都存放 main( )函数，main( )主函数代码相同（功能是调用菜单函数 fnMenu( )）。

虽然任务 2-4 的头文件（. h）及源程序文件（. c）全部都复制到当前的项目文件夹下，但是这些头文件（. h）及源程序文件（. c）并没有添加到新建 Task2_5Struct Point 的项目中，所以需要将头文件（. h）及源程序文件（. c）分类添加到新建的项目中。

d. 将 menu. c 源文件中的如下代码：

```
printf("\n       用结构体数组知识实现学生成绩管理系统       \n");
```

改为如下代码：

```
printf("\n       用结构体数组指针知识实现学生成绩管理系统       \n");
```

②以下的步骤是用结构体数组指针的知识点改写用结构体数组知识点编写的 void fnRowAVG(int records)、void fnColumnAVG(int records) 和 void fnShow(int n)3 个函数。

要用结构体数组指针的知识点改写用结构体知识点编写的 3 个函数，首先要在 variable_head. h 头文件中增加结构体数组指针变量，指向结构体数组变量，从而保证 3 个改写的函数都可以使用所增加的结构体数组指针变量完成改写任务。

在 variable_head. h 头文件中增加结构体数组指针变量，指向结构体数组变量：

```
//定义结构体数组指针变量p
struct student * p = stu;
```

void fnRowAVG(int records)、void fnColumnAVG(int records) 和 void fnShow(int n)三个函数中，凡是用到结构体数组元素的地方，使用上述结构体数组指针 p 替换 3 个函数中结构体数组元素即可。

③用结构体数组指针的知识点改写用结构体数组知识点编写的 void fnShow(int n)函数。

由于 void fnShow(int n)使用的都是宏定义的符号常量，将原来 DATA 及 DATA1 两个符号常量注释，然后将 DATA 及 DATA1 两个符号常量改写为以下的定义即可，这样 void fnShow(int n)函数使用的符号常量就使用了结构体数组指针来输出成绩表信息了。

```
//用指针变量改写 define_head. h 头文件中的符号常量，输出学生的信息
#define DATA(p + i) - > chNo,(p + i) - > chName,(p + i) - > fScore[0],(p + i) - > fScore
[1],(p + i) - > fScore[2],(p + i) - > fScore[3],(p + i) - > fScore[4],(p + i) - > fScore
[5],(p + i) - > fScore[6],(p + i) - > fScore[7]
#define DATA1   (p + i) - > chName,(p + i) - > fScore[0],(p + i) - > fScore[1],(p + i) -
> fScore[2],(p + i) - > fScore[3],(p + i) - > fScore[4],(p + i) - > fScore[5],(p + i) -
> fScore[6],(p + i) - > fScore[7]
```

④用结构体数组指针的知识点改写用结构体数组知识点编写的 void fnRowAVG(int records)函数。

在 void fnRowAVG(int records)函数中，凡是用到结构体数组元素的地方，使用 variable_head. h 头文件增加的结构体数组指针 p 替换 void fnRowAVG(int records)函数中结构体数组元素即可。

用结构体数组指针替换 void fnRowAVG(int records)函数后的代码如下：

```
//计算每行(各门课程)的最大值、最小值及平均值函数
void   fnRowAVG(int records)
{
    for(n = 0;n < records;n++)
    {
        //用循环计算每个学生的几门课程成绩和,并求出每个学生的最高分、最低分
```

```
        sum = 0;
        max = (p + n) - >fScore[0]; //将学生的第1门功课的成绩赋给 max 变量
        min = (p + n) - >fScore[0]; //将学生的第1门功课的成绩赋给 min 变量
        for(i = 0;i < 5;i++)
        {
            sum += (p + n) - >fScore[i];
            if(max < (p + n) - >fScore[i]) max = (p + n) - >fScore[i];
            if(min > (p + n) - >fScore[i]) min = (p + n) - >fScore[i];
        }
        //将所求出的每个学生的最高分、最低分及平均分赋给相应的数据元素
        (p + n) - >fScore[5] = max;
        (p + n) - >fScore[6] = min;
        (p + n) - >fScore[7] = sum/5;
    }
}
```

　　⑤用结构体数组指针的知识点改写用结构体数组知识点编写的 void fnColumnAVG（int records）函数。

　　在 void fnColumnAVG（int records）函数中，凡是用到二维数组元素的地方，使用 variable_head.h 头文件增加的结构体数组指针 p 替换 void fnColumnAVG（int records）函数中结构体数组元素即可。

　　用结构体数组指针 p 替换 void fnColumnAVG（int records）函数后的代码如下：

```
/* 计算每列(每门课程)的最大值、最小值及平均值,增加3行并将每门课程的最高分、最低分及平均分分
别赋给相应的元素 */
void  fnColumnAVG(int records)
{
    for(i = 0;i < 8;i++)//根据实际的列控制循环
    {
        sum = 0;
        max = p -> fScore[i];
        min = p -> fScore[i];
        for(k = 0;k < records;k++)
        {
            sum += (p + k) -> fScore[i];
            if(max < (p + k) -> fScore[i])  max = (p + k) -> fScore[i];
            if(min > (p + k) -> fScore[i])  min = (p + k) -> fScore[i];
        }
        /* 增加3行并将每门课程的最高分、最低分及平均分分别赋给相应的元素 */
        (p + records) - >fScore[i] = max;
        (p + records + 1) - >fScore[i] = min;
        (p + records + 2) - >fScore[i] = sum/records;
    }
}
```

```
//将所增加的3行的数组元素的学号赋值为空
    strcpy((p+records)->chNo, "");
    strcpy((p+records+1)->chNo,"");
    strcpy((p+records+2)->chNo,"");
//将所增加的3行的数组元素的姓名分别赋值为"最高分""最低分"及"平均分"字符串
    strcpy((p+records)->chName, "最高分");
    strcpy((p+records+1)->chName,"最低分");
    strcpy((p+records+2)->chName,"平均分");
}
```

⑥用结构体数组指针的知识点改写用结构体数组知识点编写的 void fnSort(int records)函数。

在 void fnSort(int records)函数中，凡是用到二维数组元素的地方，使用 variable_head.h 头文件增加的结构体数组指针替换 void fnSort(int records)函数中结构体数组元素即可。

用结构体数组指针替换 void fnSort(int records)函数后的代码如下：

```
//5 计算每行(每门课程)的最大值、最小值及平均值,然后按学生的平均分降序排序
void fnSort(int records)
{
    fnRowAVG(records);//计算每行(每门课程)的最大值、最小值及平均值。
    for(i=0;i<records-1;i++)    //按学生的平均分降序排序
    {
        for(j=i+1;j<records;j++)
        {
            if((p+i)->fScore[7]<(p+j)->fScore[7])
            {
                t=*(p+i);
                *(p+i)=*(p+j);
                *(p+j)=t;
            }
        }
    }
    //排完序后,调用计算每列(每门课程)的最大值、最小值及平均值函数
    fnColumnAVG(records);
}
```

知识点 2-15　结构体指针与结构体数组指针的定义及引用

1. 结构体指针的定义及引用

（1）结构体指针的定义

格式如下：

```
struct student
{
    char chNo[8];
```

```
    char chName[10];
    float fScore[8];//浮点型更好,因为要存放平均值
};
struct student t;//定义结构体变量t
//定义结构体指针变量p
struct student * p = &t;
```

（2）结构体指针的引用

通过结构体指针获取结构体成员，一般形式为：

```
( * pointer). memberName
```

或者

```
pointer - > memberName
```

第一种写法中，. 的优先级高于 * ，(* pointer)两边的括号不能少。如果去掉括号，写作 * pointer. memberName，那么就等效于 * (pointer. memberName)，这样意义就完全不对了。

第二种写法中，结构体指针变量 - >结构体成员。其中"- >"是新的运算符（简称为"箭头"），是结构体指针变量引用结构体成员的运算符。

上面的两种写法是等效的，通常采用第二种更加直观的写法。

2. 结构体数组指针的定义及引用

（1）结构体数组指针的定义

格式如下：

```
struct student
{
    char chNo[8];
    char chName[10];
    float fScore[8];//浮点型更好,因为要存放平均值
};
struct student t, stu[TOTAL_NUM] = {
                              {"0001","朱晓萱",90,96,98,89,90},
                              {"0020","肖奕辉",94,90,88,89,95},
                              {"0030","汤思远",95,88,99,80,91},
                              {"0040","刘明洋",92,86,98,89,90}
                          };
//定义结构体数组指针变量p
struct student * p = stu;
```

（2）结构体数组指针的引用

上述定义的结构体数组指针是一维数组指针，只不过此指针指向的是结构体的数组元素，所以，结构体数组指针也可以应用表2 - 3 - 2中的指针变量与一维数组的关系，引用结构体数组指针所指向的结构体成员。

通过结构体数组指针获取结构体成员的第二种写法如下：

```
(p + i) -> fScore[1],(p + i) -> fScore[2],(p + i) -> fScore[3],(p + i) -> fScore[4]
```

巩固及知识点练习

1. 上机完成任务 2-5 的操作。

2. 在上机完成任务 2-5 的基础上，根据结构体数组初化的值及下面的指针变量的定义，填写表 2-5-1 中的内容。

```
//定义结构体数组指针变量p
struct student * p = stu;
```

表 2-5-1　转义字符

结构体数组元素	chNo	chName	fScore[0]	fScore[1]	fScore[2]	fScore[3]	fScore[4]
(p+0)->							
(p+1)->							
(p+2)->							
(p+3)->							

3. 在上机完成任务 2-5 的基础上，将 Task2_5Struct Point 项目中的其他函数全部改为用结构体数组指针实现。

项目 **3**

基于文件读写学生成绩管理系统

项目学习目标

项目 1 及项目 2 所有的案例及学生成绩管理系统的数据都没有保存到存储介质上，即当项目关闭或关机后，所有处理的数据都没有保存。这样每天都要先重复做以前的工作，才能接着做后面的工作。

将数据保存到存储介质上的好处是：首先将保存在存储介质上的数据读入计算机内存，以便接着录入或修改之前没完成的数据处理任务，然后保存现在所有录入或修改的数据信息，这样，长期可积累的数据越来越多，不至于每天的工作所积累的数据"不翼而飞"了。

通过学习文本文件、二进制文件、链表等不同的知识点，实现具有相同功能的同一个"学生成绩管理系统"项目，不仅达到了递进学习掌握所学知识的用途及目的，还达到了举一反三比较学习知识点的目的。

本项目采用 3 个任务驱动实现具有相同功能的同一个学生成绩管理系统，学生不仅可以进一步巩固项目 1 及项目 2 所学 C 语言知识点，还可以进一步掌握将数据存入文件和从文件中读取数据的知识点。

1. 掌握文本文件的打开与关闭函数及文件指针。
2. 熟练掌握文件文件读写操作。
3. 掌握二进制文件的打开与关闭函数及文件指针。
4. 熟练掌握二进制文件读写操作。
5. 掌握基于结构体进行动态内存的分配与回收。
6. 熟练掌握链表的创建、遍历、排序等方法。

任务 3 - 1　基于文本文件读写实现学生成绩管理系统

 描　述

本任务通过对图 2 - 1 - 1 所示的菜单编号的选择，用文本文件知识点分别实现学生成绩的输入、查询、删除、修改及输出成绩表格等功能。

实现与任务 2 - 3 同样的学生成绩管理系统功能，输出的成绩表如图 2 - 2 - 1 所示。

本任务除了完成与任务 2 - 3 相同的功能外，还可以将输入或修改学生的记录信息保存到文本文件 DataFile txt 中。

 技能目标

① 能熟练掌握文本文件和文件指针的概念。
② 能熟练掌握文本文件的打开与关闭函数。
③ 能熟练掌握文本文件的读与写操作函数。

 操作要点与步骤

①创建工程项目及项目主文件（本项目重新建立新的工作空间）。

a. 在 D 盘上建立 D：\ScoreManageModule3 文件夹。

b. 创建新的工作空间及新的工程（项目）。

选择"File"→"New"菜单命令，在新建的文件夹下，新建名为 ScoreManageModule3 的工作空间。

选择"File"→"New"菜单命令，在新建的文件夹下，新建名为"Task3_1TxtFile"的工程（项目），项目类型为"Win32 Console Application"，然后选择"Add to current Workspace"单选按钮。

c. 创建项目头文件与源程序文件。

由于任务 3 - 1 实现的功能与任务 2 - 3 的相同，所以将任务 2 - 3 中的 5 个头文件（system_head h、variable_head h、define_head h、menu h、xscjgl_function h）与 3 个源程序文件（StructProject c c、fnMenu c、xscjgl_function c）全部复制到 Task3_1TxtFile 项目的文件夹下。

将主文件名 StructProject c 改为 main c，以区别两个项目，但是这两个主文件中都存放 main()函数，main()主函数代码相同（功能是调用菜单函数 fnMenu()）。

虽然任务 2 - 3 的头文件（h）及源程序文件（c）全部都复制到项目文件下，但是这些头文件（h）及源程序文件（c）并没有添加到新建的 Task3_1TxtFile 项目中，所以需要将头文件（h）及源程序文件（c）分类添加到新建的项目中。

②修改 variable_head h 头文件中的内容，在此文件中增加文件指针变量（FILE * fp;）命令。

```
FILE * fp;        //文件指针变量
```

③修改 define_head h 头文件中的内容，在此文件中增加从文本文件读写要用到的 3 个符号常量宏定义 FILENAME、FORMATFILE 及 DATAFILESCANF。

在 define_head h 头文件中增加如下符号常量：

```
#define FILENAME  "DataFile txt"   //文本文件名
#define FORMATFILE  "% s\t% s\t% f\t% f\t% f\t% f\t% f\t% f\t% f\t% f \n"
#define DATAFILESCANF  &stu[i] chNo,&stu[i] chName,&stu[i] fScore[0],&stu[i]
fScore[1],
&stu[i] fScore[2],&stu[i] fScore[3],&stu[i] fScore[4],&stu[i] fScore[5],&stu[i]
fScore[6],&stu[i] fScore[7]
```

④在 xscjgl_function c 源文件中，新增加从文本文件中读取学生成绩信息到结构体数据元素，并返回读取的记录数的函数 int fnFileRecordNum( )。

a. 在 xscjgl_function h 头文件中，新增加将学生成绩信息保存到文本文件中的函数的声明。

在 xscjgl_function h 头文件中，新增函数的声明如下：

```
int fnFileRecordNum();
```

b. 在 xscjgl_function c 源文件中，新增的函数定义如下：

```
/ * 新增加从文本文件中读取学生成绩信息到结构体数据元素并返回读取的记录数的函数
int fnFileRecordNum() */
{
    i = 0;     //将整型全域变量 i 置 0
    //文本文件读文件,如果没有这个文件,由 int fnSaveAll(int n) 函数创建文件
    if((fp = fopen(FILENAME,"r")) == NULL)   / * 读文本文件只能写 r 这个参数,否则会出现异
常 */
    {
        return  0;
    }
    while(! feof(fp))  / * 如果文件打开成功,遍历记录并累加计算记录数存放到变量 i 中 */
    {
        fscanf(fp,FORMATFILE,DATAFILESCANF); / * 用到了 define_head h 头文件中增加的宏
定义 FORMATFILE 及 DATAFILESCANF 两个符号常量 */
        i++;
    }
    if(i == 0)  //如果累加器为 0,说明文件为空文件,无记录
    {
        printf("文件中没有记录! \n");
        getch();
    }
```

```
    else
    {
        printf("          从文件中读出的记录数为:%d条记录！\n",i);
        fclose(fp);
    }
return i;
}
```

⑤在 xscjgl_function c 源文件中，新增加将学生成绩信息保存到文本文件中的函数 int fnSaveAll(int n)。

a. 在 xscjgl_function h 头文件中，新增加将学生成绩信息保存到文本文件中的函数的声明。

在 xscjgl_function h 头文件中，新增函数的声明如下：

```
int fnSaveAll(int n);
```

b. 在 xscjgl_function c 源文件中，新增的函数定义如下：

```
//学生信息全部被重新保存一次
int fnSaveAll(int n)
{
    if((fp = fopen(FILENAME,"w")) == NULL)   /*写文本文件只能写w这个参数,如果没有这个
文件,就创建新文件 */
    {
        printf("文件不存在或打开失败！\n");
        getch();
        return  0;
    }
    for(i = 0;i < n;i++)   //循环遍历,将结构体的数据写入文件中
    {
        fprintf(fp,FORMATFILE,DATA);/*用到了define_head h 头文件中增加的宏定义 FOR-
MATFILE 符号常量 */
    }
    fclose(fp);
    return i;
}
```

⑥修改 fnMenu c 源文件，修改相应的代码。

a. 将 fnMenu c 源文件中如下代码：

```
    printf("\n               用结构体数组知识实现学生成绩管理系统          \n");
```

改为如下代码：

```
    printf("\n               用文本文件读写知识实现学生成绩管理系统          \n");
```

b. 在 fnMenu c 源文件中，当选择 1、3、4、5 菜单编号时，即选择插入或追加、删除、修改（更新）记录及将记录排序输出成绩表菜单时，增加调用将记录信息保存到文本文件的函

数命令（records = fnSaveAll（records）;//保存到文件）。

c. 将 fnMenu c 源文件中，在 system（"cls"）;与 switch（MenuValue）语句之间添加相应的代码。

```
records = fnFileRecordNum();/*调用新增加从文本文件中读取学生成绩信息到结构体数据元素并
返回读取记录数的函数 */
if(records ==0)   //条件成立,说明文件不存在
{
    records = fnRecordNum();/*调用 fnRecordNum()函数返回记录数(计算结构体数组初始化的
    记录数) */
    if(records >0)//表示结构体数组初始化的记录数 >0,且文件不存在
    {
        records = fnSaveAll(records);/*将结构体数组初始化的记录保存到文件中,同时返回
    保存的记录数 */
    }
}
```

由于在 switch（MenuValue）语句之前已经考虑记录数为 0 的情况，所以 fnMenu c 文件中 switch（MenuValue）语句下面各分支情况就不需要再考虑记录数为 0 的情况了，即各分支的 case 语句体中的以下代码可以全部删除。

```
if(records ==0)
        {
            printf("文件记录为空,无可查询的学生信息!!! 按任意键继续");
            getch();
        }
        else
```

d. 将菜单列表单独新建一个 void menuList( )函数，并将此函数放在 void fnMenu( )的前面。void menuList( )函数代码如下：

```
void menuList()
{
    printf("\n          用文本文件读写知识实现学生成绩管理系统         \n");
    printf(" ┌─────────────────────────────────────┐ \n");
    printf(" │            欢迎使用学生成绩管理系统          │ \n");
    printf(" ├─────────────────────────────────────┤ \n");
    printf(" │  1 追 \t 加 \t 或 \t 插 \t 入 \t 学 \t 生 \t 信 \t 息 \t       │ \n");
    printf(" ├─────────────────────────────────────┤ \n");
    printf(" │  2 查 \t 询 \t 学 \t 生 \t 信 \t 息 \t\t\t\t      │ \n");
    printf(" ├─────────────────────────────────────┤ \n");
    printf(" │  3 删 \t 除 \t 学 \t 生 \t 信 \t 息 \t\t\t\t      │ \n");
    printf(" ├─────────────────────────────────────┤ \n");
    printf(" │  4 更 \t 新 \t 学 \t 生 \t 信 \t 息 \t\t\t\t      │ \n");
    printf(" ├─────────────────────────────────────┤ \n");
```

```
        printf("|    5 按平均分降序输出,同时输出每个学生及每门课程最高分、最低分、平均值等信息
    |\n");
        printf("|                                                        |\n");
        printf("|    0 退 \t 出 \t 系 \t 统 \t \t \t \t \t    |\n");
        printf("|                                                        |\n");
        printf("|         请选择要执行的功能菜单的编号（0～5）        |\n");
        printf("|                                                        |\n");
    }
```

经过上述4步修改后，fnMenu c 源文件中的代码如下（加粗的部分为新增加的代码）：

```
#include "system_head h"//存放 menu()函数中需要调用系统函数头文件
#include "menu h"    //菜单功能函数声明头文件
#include "xscjgl_function h"//存放 menu()函数中将要调用函数的声明


void menuList()
{
    printf("\n          用文本文件读写知识实现学生成绩管理系统          \n");
    printf("                                                        \n");
    printf("|               欢迎使用学生成绩管理系统            |\n");
    printf("|                                                        |\n");
    printf("|    1 追 \t 加 \t 或 \t 插 \t 入 \t 学 \t 生 \t 信 \t 息 \t    |\n");
    printf("|                                                        |\n");
    printf("|    2 查 \t 询 \t 学 \t 生 \t 信 \t 息 \t \t \t    |\n");
    printf("|                                                        |\n");
    printf("|    3 删 \t 除 \t 学 \t 生 \t 信 \t 息 \t \t \t    |\n");
    printf("|                                                        |\n");
    printf("|    4 更 \t 新 \t 学 \t 生 \t 信 \t 息 \t \t \t    |\n");
    printf("|                                                        |\n");
    printf("|    5 按平均分降序输出,同时输出每个学生及每门课程最高分、最低分、平均值等信息
    |\n");
    printf("|                                                        |\n");
    printf("|    0 退 \t 出 \t 系 \t 统 \t \t \t \t \t    |\n");
    printf("|                                                        |\n");
    printf("|         请选择要执行的功能菜单的编号（0～5）        |\n");
    printf("|                                                        |\n");
    }
//菜单函数
void fnMenu()
{
    do
    {
        system("cls");   //需要这个头文件#include <stdlib h>
```

```
        menuList();
        scanf("% d",&MenuValue);
        system("cls");   //需要这个头文件#include < stdlib h >
        records = fnFileRecordNum();/* 调用新增加的从文本文件中读取学生成绩信息到结构体
数据元素并返回读取记录数的函数
        if(records ==0)   //条件成立,说明文件不存在
        {
            records = fnRecordNum();/* 调用 fnRecordNum()函数返回记录数(计算结构体数组
初始化的记录数)*/
            if(records >0)/* 条件成立,说明文件不存在,同时,结构体数组初始化的记录数 >0 */
            {
                records = fnSaveAll(records);/* 将结构体数组初始化的记录保存到文件中,同
时返回保存的记录数 */
            }
        }
        switch(MenuValue)
        {
        case 1:   //插入或追加记录
            temp = fnInsert(records,1);//1 传给 flag,1 表示插入或追加记录
            records = fnSaveAll(records);//保存到文件
            break;
        case 2:   //查询记录
            temp = fnSearch(records,2);//2 传给 flag,2 表示查询记录
            break;
        case 3:    //删除记录
            temp = fnDelete(records,3);//3 传给 flag,3 表示删除记录
            records = fnSaveAll(records);//保存到文件
        break;
    case 4:    //更新(修改)记录
            temp = fnModify(records,4);//4 传给 flag,4 表示更新(修改)记录
            records = fnSaveAll(records);//保存到文件
        break;
    case 5: /* 按平均分降序输出,同时输出每个学生及每门课程的最高分、最低分、平均值等信息*/
            printf("\n 按平均分降序输出,同时输出共计% d 名学生的最高分、最低分、平均值
等信息! \n",records);
            fnSort(records);//按学生的平均分降序排序
            //输出原始记录及每行(每个学生)的最大值、最小值与平均值
            fnShow(records +3);
            records = fnSaveAll(records);//保存到文件
            break;
    case 0:
            break;
    default:
```

```
            printf("\n选择功能的菜单编号有误!!! 请重新选择 (0~5)! \n");
        break;
    }
    getch();
}while(MenuValue! =0);
printf("谢谢使用! 欢迎多提宝贵意见! 按任意键退出系统 \n");
}
```

注意： 参照操作步骤⑥修改 fnMenu c 源文件的操作步骤，修改项目 1、项目 2 中所有项目的 fnMenu c 源文件的代码。

知识点 3 - 1　文件打开、关闭及文本文件读写

项目 1、项目 2 各任务中已经多次使用了 C 语言程序文件、目标文件、可执行文件、库文件(头文件)等。

所谓文件，是指一组相关数据的有序集合，这个数据集有一个名称，叫作文件名。文件通常是驻留在外部介质(如磁盘等)上的，在使用时才调入内存。从用户的角度看，文件可分为普通文件和设备文件两种。

普通文件是指驻留在磁盘或其他外部介质上的一个有序数据集，可以是源文件、目标文件、可执行程序，也可以是一组待输入处理的原始数据，或者是一组输出的结果。源文件、目标文件、可执行程序可以称作程序文件，输入/输出数据可称作数据文件。

设备文件是指与主机相连的各种外部设备，如显示器、打印机、键盘等。在操作系统中，把外部设备也看作是一个文件来进行管理，把它们的输入、输出等同于对磁盘文件的读和写。

通常把显示器定义为标准输出文件，一般情况下，在屏幕上显示有关信息就是向标准输出文件输出，如前面经常使用的 printf( ) 函数就是这类输出。键盘通常被认为是标准的输入文件，从键盘上输入就意味着从标准输入文件上输入数据，scanf( ) 函数就属于这类输入。

根据数据的组织形式，又可以把文件分为两类：文本文件（也叫 ASCII 码文件）和二进制文件。

文本文件的每个字节存放一个 ASCII 码，代表一个字符，例如，数 5678 的存储形式为：

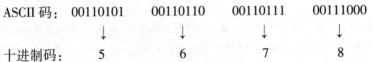

ASCII 码：　00110101　　00110110　　00110111　　00111000

十进制码：　　　5　　　　　6　　　　　7　　　　　8

共占用 4 个字节。ASCII 码文件可在屏幕上按字符显示，例如源程序文件就是 ASCII 文件，由于是按字符显示，因此能读懂文件内容（用 DOS 命令"TYPE"可显示文件的内容）。

文本文件占据存储空间大，并且在读取时要花费额外的转换时间（ASCII 码转换），但是文本文件便于直观处理信息。

二进制文件是按二进制的编码方式来存放文件的。

5678 的二进制存储形式为：00010110　00101110（占 2 个字节）。

C 语言在处理二进制文件时，按字符流进行处理，因此，也把二进制文件称作"流式文件"。即"流式文件"输入/输出字符流的开始和结束只由程序控制而不受物理符号（如回车

符)的控制。

二进制文件虽然也可以在屏幕上显示,但其内容无法读懂(二进制文件在读取时不需要额外的转换时间,但是不能直接输出字符形式,即不能读懂文件内容,用 DOS 命令"TYPE"可显示文件的内容,但是读不懂)。

二进制文件和文本文件的唯一差别:二进制文件含有一些非标准输出的 ASCII 码(例如,0x01 就是非标准输出的 ASCII 码);文本文件是由标准的输出的 ASCII 码组成的(例如,0x65 就是标准输出的 ASCII 码)。

1. 文件指针

在进行文件的读或者写的过程中,不管是文本文件还是二进制文件,都离不开文件指针的概念。所谓文件指针,是在 C 语言中用一个指针指向一个文件,通过文件指针就可对它所指的文件进行各种操作。

定义文件指针的一般形式为:

```
FILE    *指针变量标识符;
```

FILE 应为大写,它实际上是由系统定义的一个结构,该结构中含有文件名、文件状态和文件当前位置等信息,在编写源程序时,不必关心 FILE 结构的细节;fp 表示指向 FILE 结构的指针变量,通过 fp 即可寻找存放某个文件信息的结构变量,然后按结构变量提供的信息找到该文件,对文件进行操作。

2. 文件打开和关闭

文件在进行读写操作之前要先打开,读写完毕后要关闭。打开文件是建立文件的各种有关信息,并使文件指针指向该文件,以便进行其他操作;关闭文件则断开指针与文件之间的联系,从而禁止再对该文件进行操作。

(1)文件的打开

C 语言中,用函数 fopen()打开文件,其一般形式如下:

```
FILE * fp;
fp = fopen(chFileName,mode);
```

功能:以 mode 打开方式打开文件 chFileName(参数 chFileName 是要读写文件的文件名,mode 为文件的打开方式)。

若文件打开成功,则返回一个文件指针赋值给指针变量 fp。

假使一个文件由于某种原因而打不开,则 fopen()函数返回一个 NULL,表示打开文件失败,所以打开文件最常见的形式如下:

```
if((fp = fopen("testfile txt","r")) == NULL)
{
    printf("文件未找到! \n");
    exit(1);
}
```

exit()函数的功能是关闭所有打开的文件并强迫程序结束。一般 exit()函数带参数值 0 表示正常结束,带非 0 值表示出错后结束,操作系统中可以接收返回的参数值。

文件打开方式 mode 一共有 12 个,见表 3-1-1。

表 3 – 1 – 1　文件打开方式

文件类型	打开方式	处理方式	指定文件 不存在时	指定文件存在时
文件文本	r	只读	出错	正常打开
	w	只写	建立新文件	文件原有内容丢失
	a	添加	建立新文件	在文件原有内容末尾追加
	r +	读写	出错	正常打开
	w +	读写	建立新文件	文件原有内容丢失
	a +	读写	建立新文件	在文件原有内容末尾追加
二进制文件	rb	只读	出错	正常打开
	wb	只写	建立新文件	文件原有内容丢失
	ab	添加	建立新文件	在文件原有内容末尾追加
	rb +	读写	出错	正常打开
	wb +	读写	建立新文件	文件原有内容丢失
	ab +	读写	建立新文件	在文件原有内容末尾追加

表 3 – 1 – 1 中的 r、w、a 是三种基本的打开方式,分别表示读、写和添加。默认基本打开的文件是指定的文本文件,在默认基本打开方式的代号后添加 b 表示打开的是指定的二进制文件。以"w"方式打开的文件只能用于写,如果这个文件不存在,就创建这个文件;如果文件已存在,则以"w"方式打开文件将使原来文件的内容全部丢失。可以通过"a"方式在文件的末尾添加新的数据(不能直接在文件的中间插入数据)。

以"r +""w +""a +"方式打开的文件既可读,又可写。"w +"方式则新建立一个文件,文件原有的内容丢失,先向此文件写数据,然后可以读取文件中的数据。

例如:

以只读方式(r 表示只读方式)打开文本文件 testfile txt 的语句如下:

```
fp = fopen("testfile txt","r");
```

以只写方式(w 表示只写方式)打开二进制文件 testfile dat(即建立新文件,文件原有内容丢失)的语句如下:

```
fp = fopen("testfile dat","wb");
```

(2)文件的关闭

使用 fclose()函数关闭文件,其一般形式为:

```
fclose(文件指针);
```

3. 文本文件的读写

项目 1 及项目 2 的任务中多次使用通过标准的输入设备(键盘)输入信息的输入函数 scanf()和通过标准的输出设备(显示器)输出信息的输出函数 printf()。对文本文件进行读、写的函数分别是 fscanf()函数和 fprintf()函数。

(1)格式化写函数 fprintf()

①fprintf()函数是将信息写入文本文件中的函数,它的一般格式是:

```
fprintf(fp,控制字符串,参数1,参数2…);
```

②fprintf()函数的功能是把"输出列表"中的数据按"格式字符串"所给定的格式写入

文件指针 fp 所指向的文件中, 例如:

```
fprintf(fp,"% d\t% f\n",i,sqrt((float)i));
```

如果 i = 6, 则写入磁盘文件中的数据是字符串 "6　　2.449490"。

fprintf( )函数类似于 printf( ) 函数, 都是格式化输出函数, 只不过 fprintf( ) 函数的输出对象是磁盘文件, 而 printf( ) 函数的输出对象是显示器。

（2）格式化读函数 fscanf( )

①函数 fscanf( )是从文本文件中读信息的函数, 它的一般格式是:

```
fscanf(fp,控制字符串,参数1,参数2…);
```

②函数 fscanf( )的功能是从文件指针 fp 所指向的文件中按 "格式字符串" 所给定的格式读取数据到 "输入列表" 中, 例如:

```
fscanf(fp,"% d\t% f",&n,&x);
```

若磁盘文件中有字符串 "6　　2.449490", 则上述语句可以把文件中字符数据 6 送给变量 n, 把字符数据 2.449490 送给变量 x。

fscanf( )函数类似于 scanf( )函数, 都是格式化输入函数, 只不过 fscanf( )函数是从磁盘文件输入数据, 而 scanf( )函数是从键盘输入数据。

【例 3 - 1 - 1】读写文本文件内容（整数及整数开方的结果）。

```
#include     <math h >
#include     <stdio h >
FILE   *fp;
char  fname[] = "myfile22 txt";
int funsave(char  * fname)
{
    int  i;
    if((fp = fopen(fname,"wt")) == NULL)   return  0;/ * 如果文件不存在, 则新创建一个文
件。 */
    for(i = 1;i <=10;i++)
    {
    //对一个整数开方, 结果为浮点数。将整数及整数开方的结果写入文本文件中。
        fprintf(fp,"% d\t% f\n",i,sqrt((float)i));   / * "% d\t% f\n"控制符要间隔一个制
表位"\t", 最后不一定要有"\n"(有这个文件中每条记录占一行) */
    }
    printf("\n Succeed!! \n");
    fclose(fp);//关闭文件指针所指向的文件。
    return  1;
}
int funload(char  * fname)
{
    int  n;
    float x;
    printf("\nThe data in file :\n");
```

```
        if((fp=fopen(fname,"rt"))==NULL)
        {
            return  0;
        }
        fscanf(fp,"%d%f",&n,&x);//从文件中读取数据,然后赋值给n和x
        while(!feof(fp))//判断文件是否到达末尾
        {
          printf("%d%f\n",n,x);
          fscanf(fp,"%d\t%f",&n,&x); /* fscanf()函数的格式可以和fprintf()格式一样,也可
        以不一样:fscanf(fp,"%d\t%f",&n,&x);fscanf(fp,"%d %f\n",&n,&x); fscanf(fp,"%
        d%f",&n,&x); */
            }
        fclose(fp);
        return 1;
    }
    int main(void)
    {
        if((fp=fopen(fname,"w"))==NULL) return  0;/*如果文件不存在,则新创建一个文件*/
        fclose(fp);
        funload(fname);//以地址方式传递
        funsave(fname);//以地址方式传递
        funload(fname);//以地址方式传递
        return 1;
    }
```

(3) 文本文件的读写函数

主要有 fgetc( ) 和 fputc( ),以及 fgets( ) 和 fputs( ),它们的调用形式见表 3 – 1 – 2。

表 3 – 1 – 2　文本文件读写函数

函数名	调用形式	功能	返回值
fgetc	fgetc(fp)	从文件指针 fp 所指的文件中读一个字符	读成功,返回所读的字符;否则,返回 EOF
fputc	fputc(ch, fp)	将字符 ch 写入文件指针 fp 所指的文件中	写成功,返回该字符;否则,返回 EOF
fgets	fgets(chBuf, n, fp)	从文件指针 fp 所指的文件中读长度为 (n－1) 的字符串存入起始地址为 chBuf 的空间中	读成功,返回地址 buf;若遇文件结束或出错,返回 NULL
fputs	fputs(chStr, fp)	将字符串 chStr 写入文件指针 fp 所指的文件中	写成功,返回 0;否则,返回非 0

【例3-1-2】使用 fgetc( )和 fputc( )函数实现文件的拷贝。

```c
#include <stdio h>
#include <stdlib h>       //用来包含 exit()函数
/* copyData 函数完成复制文件的功能,其中 sourceFile 参数表示源文件名,destination 参数表
示目的文件名 */
    void copyData(char   sourceFile[],char destinationFile[])
{
    FILE * fin;
    FILE * fout;
    int ch;

    if((fin = fopen(sourceFile,"r")) == NULL)
    {
        printf("源文件不存在,请重新输入源文件名!");
        getchar();                  //防止程序自动跳出,下同
        exit(1);
    }
    if((fout = fopen(destinationFile,"w")) == NULL)
    {
        printf("目的文件不存在,请重新输入目的地址!");
        getchar();
        exit(1);
    }
    while((ch = fgetc(fin))! = EOF)
        fputc(ch,fout);
    printf("文件复制成功! 按任意键退出   ");
    fclose(fin);
    fclose(fout);
}
main()
{
    copyData("in txt","out txt");
    getchar();
    return 0;
}
```

注意:运行此程序可将 in txt 文本文件中的内容复制到 out txt 文本文件中。在运行此程序之前,要存在一个 in txt 文本文件,并且该文本文件有内容。

巩固及知识点练习

1. 上机完成任务3-1的操作。
2. 在上机完成任务3-1的基础上,填写表3-1-3中的内容。

表 3 – 1 – 3　填写表格

文件类型	打开方式	处理方式	指定文件 不存在时	指定文件存在时
文件文本	r w a r + w + a +			

3. 上机完成例 3 – 1 – 1 和例 3 – 1 – 2 的编程, 体会文本文件的读写函数。

4. 理解用文本文件进行读、写的函数 fscanf( ) 函数和 fprintf( ) 函数与用标准的输入设备 (键盘) 输入信息的输入函数 scanf( ) 及用标准的输出设备 (显示器) 输出信息的输出函数 printf( ) 的区别与联系。

5. 从键盘输入两个学生数据, 写入一个文本文件中, 再读出这两个学生的数据显示在屏幕上。

6. 参照操作步骤⑥修改 fnMenu c 源文件, 修改项目 1 和项目 2 中所有项目的 fnMenu c 源文件的代码。

任务 3 – 2　基于二进制文件读写实现学生成绩管理系统

描　述

本任务通过对图 2 – 1 – 1 所示的菜单编号进行选择, 用二进制文件知识点分别实现学生成绩的输入、查询、删除、修改及输出成绩表格等功能。

实现与任务 3 – 1 同样的学生成绩管理系统功能, 输出的成绩表如图 2 – 2 – 1 所示。

本任务除了完成与任务 3 – 1 相同的功能外, 还可以将输入或修改学生的记录信息保存到二进制文件 DataFile dat 中。

技能目标

①能熟练掌握二进制文件和文件指针的概念。
②能熟练掌握二进制文件的打开与关闭函数。
③能熟练掌握二进制文件的读与写操作函数。

操作要点与步骤

①创建工程项目。
a. 创建新的工程 (项目)。

选择"File"→"New"菜单命令，在 ScoreManageModule3 文件夹下，新建名称为"Task3_2BinaryFile"的工程（项目），项目类型为"Win32 Console Application"，然后选择"Add to current Workspace"单选按钮。

b. 创建项目头文件与源程序文件。

由于任务 3-2 实现的功能与任务 3-1 的相同，所以将任务 3-1 中的 5 个头文件（system_head h、variable_head h、define_head h、menu h、xscjgl_function h）与 3 个源程序文件（main c、fnMenu c、xscjgl_function c）全部复制到 Task3_2BinaryFile 项目的文件夹下。

虽然任务 3-1 的头文件（h）及源程序文件（c）全部都复制到项目下，但是这些头文件（h）及源程序文件（c）并没有添加到新建和 Task3_2BinaryFile 的项目中，所以需要将头文件（h）及源程序文件（c）分类添加到新建的项目中。

②修改 define_head h 头文件中的内容，在此文件中增加从二进制文件读写要用到的宏定义 FILENAME 及 LEN 两个符号常量。

在 define_head h 头文件中增加如下符号常量：

```
#define FILENAME  "DataFile DAT"    //二进制文件的文件名
#define LEN sizeof(struct student)      //结构体的长度
```

③修改 xscjgl_function c 源文件中的 int fnFileRecordNum( );函数体。

要修改的函数体如下：

```
//打开文件,读取文件内容并计算文件中的记录数
int fnFileRecordNum();
{
    i = 0;    //将整型全域变量 i 置 0
    //文本文件读文件,如果没有这个文件,由 int fnSaveAll(int n) 函数创建文件
    if((fp = fopen(FILENAME,"r")) ==NULL) /*读文本文件只能写 r 这个参数,否则会出现异常*/
    {
        return  0;
    }
    while(! feof(fp))   /*如果文件打开成功,遍历记录并累加计算记录数存放到变量 i 中*/
    {
/*用到了 define_head h 头文件中的宏定义 FORMATFILE 及 DATAFILESCANF 两个符号常量*/
        fscanf(fp,FORMATFILE,DATAFILESCANF);
        i++;
    }
    if(i ==0)   //如果累加器为 0,说明文件为空文件,无记录
    {
        printf("文件中没有记录! \n");
        getch();
    }
    else
    {
        printf("     从文件中读出的记录数为: % d 条记录! \n",i);
        fclose(fp);
```

```
        }
return i;
}
```

修改后的 int fnFileRecordNum( );函数体如下：

```
//打开文件，读取二进制文件内容并计算文件中的记录数
int fnFileRecordNum()
{
    i=0;      //将整型全域变量 i 置 0
    /*二进制文件读文件，如果没有这个文件，由 int fnSaveAll(int n)函数创建文件*/
    if((fp=fopen(FILENAME,"ab+"))==NULL)   /*读二进制文件只能写 b 这个参数，否则会
出现异常*/
    {
        return 0;
    }
    while(! feof(fp))   /*如果文件打开成功，遍历记录并累加计算记录数存放到变量 i 中*/
    {
        if(fread(&stu[i],LEN,1,fp)==1)   //读文件的记录
        {
            i++;
        }
    }
    if(i==0)   //如果累加器为 0，说明文件为空文件，无记录
    {
        printf("文件中没有记录！\n");
    }
    else
    {
        printf("       从文件中读出的记录数为：%d 条记录！\n",i);
        fclose(fp);
    }
    return i;
}
```

④在 xscjgl_function c 源文件中，修改将学生成绩信息保存到二进制文件中的函数 int fn-SaveAll(int n)。

在 xscjgl_function c 源文件中，原 int fnSaveAll(int n)函数的内容如下：

```
//学生信息全部被重新保存一次
int fnSaveAll(int n)
{
    if((fp=fopen(FILENAME,"w"))==NULL)   /*写文本文件只能写 w 这个参数，如果没有这个
文件,就新创建新文件*/
    {
```

```
        printf("文件不存在或打开失败! \n");
        getch();
        return  0;
    }
    for(i=0;i<n;i++)  //循环遍历,将结构体的数据写入文件中
    {
        fprintf(fp,FORMATFILE,DATA);/*用到了define_head h 头文件中增加的宏定义 FOR-
MATFILE 符号常量*/
    }
    fclose(fp);
    return i;
}
```

在 xscjgl_function c 源文件中,修改 int fnSaveAll(int n)函数后的内容如下:

```
//学生信息全部被重新保存一次
int fnSaveAll(int n)
{
    //写二进制文件只能写 w 这个参数,如果没有这个文件,就创建新文件
    if((fp = fopen(FILENAME,"wb")) ==NULL)
    {
        printf("文件打开失败! \n");
        return 0;
    }
    for(i=0;i<n;i++)  //循环遍历,将结构体的数据写入文件中
        //条件为 1,向文件中写入记录,不为 1,提示写出错
        if(fwrite(&stu[i],LEN,1,fp)! =1)
        {
            printf("文件保存失败!");
            getch();
            return  0;
        }
fclose(fp);
return i;
}
```

⑤修改 fnMenu c 源文件,修改相应的代码。

将 fnMenu c 源文件中如下代码:

```
    printf("\n                用文本文件读写知识实现学生成绩管理系统                \n");
```

改为如下代码:

```
    printf("\n                用二进文件读写知识实现学生成绩管理系统                \n");
```

知识点 3 –2　二进制文件的定位与随机读写

若用文件的顺序读写，必须从文件头移动到要求的文件位置再读，这显然不方便。C 语言提供了一组文件的随机读写函数，即可以将文件位置指针定位在所要求读写的地方直接读写。

文件的随机读写函数如下：

```
int fseek(FILE * stream,long offset,int fromwhere);
int fread(void * buf,int size,int count,FILE * stream);
int fwrite(void * buf,int size,int count,FILE * stream);
long ftell(FILE * stream);
```

1. 二进制文件的读写（fread( )函数和 fwrite( )函数）

C 语言还提供了二进制数据（数据块）的读写函数，可用来读写一组数据，如一个数组元素、一个结构变量的值等。

读数据块函数调用的一般形式为：

```
fread(buffer,size,count,fp);
```

写数据块函数调用的一般形式为：

```
fwrite(buffer,size,count,fp);
```

fread( )函数和 fwrite( )函数中，buffer、size、count、fp 四个参数的含义如下：

①buffer 是一个指针。

对于 fread( )函数而言，从文件指针 fp 所指向的文件中读取 count 个大小为 size 字节的数据块（记录）到 bufer 所指向的地址空间，若成功，则返回数据块（记录）个数 count；若出错或遇文件结束，则返回 0。

对于 fwrite( )函数而言，将 buffer 开始处的 count 个大小为 size 字节的数据块（记录）写入文件指针 fp 所指向的文件中，若成功，则返回数据块（记录）个数 count；若不成功，则返回 0。

②size 是一次要读写的字节数。

③count 是要读写多少项。

④fp 是指向文件的指针。

例如 fread(fa，4，6，fp);，其意义是从 fp 所指的文件中每次读 4 个字节（一个实数）送入实数组 fa 中，连续读 6 次，即读 6 个实数到 fa 中。

【例 3 –2 –1】读写二进制文件的内容。

从键盘输入两个学生数据，写入一个二进制文件中，再从二进制文件中读出这两个学生的数据显示在屏幕上。

```
#include < stdio h >
#include < stdlib h >     //用来包含 exit()函数
//建立 student 结构体
struct student
{
```

```
    char name[10];
    int num;
    int age;
    char addr[15];
}boya[2],boyb[2],*pp,*qq;
main()
{
    FILE * fp;
    int i;
    pp = boya;
    qq = boyb;
    if((fp = fopen("stu_list","wb +")) ==NULL)        //打开文件
    {
        printf("Cannot open file ,strike any key exit!");
        getchar();
        exit(1);
    }
    printf("\n input data \n");
    for(i =0;i <2;i++,pp++)                          //读入数据
        scanf("% s% d% d% s",pp - >name,&pp - >num,&pp - >age,pp - >addr);
    pp = boya;
    fwrite(pp,sizeof(struct student),2,fp);          //写入文件
    rewind(fp);   // rewind 函数用于把 fp 所指文件的内部位置指针移到文件头
    fread(qq,sizeof(struct student),2,fp);
        printf("\n \nname \tnumber age addr \n");      //显示输出
    for(i =0;i <2;i++,qq++)
    printf("% s \t% 5d% 7d% s \n",qq ->name,qq ->num,qq ->age,qq ->addr);
    fclose(fp);
    return 0;
}
```

程序定义了一个结构 student，声明了两个结构数组 boya 和 boyb，以及两个结构指针变量 pp 和 qq。pp 指向 boya，qq 指向 boyb。程序第 16 行以读写方式打开二进制文件"stu_list"，输入两个学生数据之后，写入该文件中，然后把文件内部位置指针移到文件首，读出两名学生数据后，在屏幕上显示。

2. 文件的位置指针设置函数 fseek( )

fseek( )函数的格式如下：

```
int fseek(FILE * stream,long offset,int fromwhere);
```

fseek( )函数的作用是将文件的位置指针设置到从 fromwhere 开始的第 offset 字节的位置上，其中 fromwhere 用表 3 – 2 – 1 中的符号或数字表示。

表 3-2-1   fromwhere 表示方法

符号常数	数值	含义
SEEK_SET	0	从文件开头
SEEK_CUR	1	从文件指针的现行位置
SEEK_END	2	从文件末尾

offset 是指文件位置指针从指定开始位置(fromwhere 指出的位置)跳过的字节数。它是一个长整型量,以支持大于 64 KB 字节的文件。fseek( )函数一般用于对二进制文件进行操作。当 fseek( )函数返回 0 时,表明操作成功;返回非 0 时,表示失败。

例如:

```
fseek(fp,100L,0);    /*将位置指针从文件开始向后移100个字节*/
fseek(fp,-100L,2);   /*将位置指针从文件末尾向前移100个字节*/
fseek(fp,100L,1);    /*将位置指针从当前位置向后移100个字节*/
```

3. 返回文件位置指示器的当前值函数 ftell( )

ftell( )函数的格式如下:

```
long ftell(FILE * stream);
```

ftell( )函数返回文件位置指示器的当前值,这个值是指示器从文件头开始算起的字节数,返回的数为长整型数,当返回 -1 时,表明出现错误。

【例 3-2-2】应用二进制文件的定位与随机读写函数举例。

输入某班学生的学号、姓名、成绩、地址,存储到文件 stu_list 中,并将其中 1,3,5,…学生的成绩存入文件 stu_list1 中并显示在屏幕上,2,4,6,…学生的成绩存入文件 stu_list2 中并显示在屏幕上。程序代码如下:

```
#include "stdio h"
#include <stdio h>
#include <stdlib h>        //用来包含exit()函数
//初始化结构体数组
struct student
{
    char chNo[8];
    char chName[10];
    int age;char addr[20];
};
struct student stu[80] = {
                    {"0010","朱晓萱",22,"苏州市姑苏区"},
                    {"0020","肖奕辉",23,"苏州市吴中区"},
                    {"0030","汤思远",25,"苏州市吴江区"},
                    {"0040","刘明洋",22,"苏州市相城区"},
                    {"0050","张  三",20,"苏州市高新区"},
                    {"0060","李  四",24,"苏州工业园区"}
```

```
                    };
main()
{
    int i = 0, n = 5;
    FILE * fp, * fp1, * fp2;
    if((fp = fopen("stu_list", "w")) == NULL)
    {
        printf("Cannot open file strike any key exit!");
        exit(1);
    }
    if((fp1 = fopen("stu_list1", "w")) == NULL)
    {
        printf("Cannot open file strike any key exit!");
        exit(1);
    }
    if((fp2 = fopen("stu_list2", "w")) == NULL)
    {
        printf("Cannot open file strike any key exit!");
        exit(1);
    }
    printf("原文件记录如下: \n");
    for(i = 0; i <= n; i++)          //将数据存入文件 stu_list
        printf("% s \t% s \t% d \t% s \t \n", stu[i] chNo, stu[i] chName, stu[i] age, stu
[i] addr);
    for(i = 0; i <= n; i++)          //将数据存入文件 stu_list
        fwrite(&stu[i], sizeof(struct student), 1, fp);
    rewind(fp);
    printf("单号记录如下: \n");
    for(i = 0; i <= n; i = i + 2)         //将单号存入文件 stu_list1 并在屏幕显示
    {
        fread(&stu[i], sizeof(struct student), 1, fp);
        fwrite(&stu[i], sizeof(struct student), 1, fp1);
        printf("% s \t% s \t% d \t% s \t \n", stu[i] chNo, stu[i] chName, stu[i] age, stu
[i] addr);
        fseek(fp, sizeof(struct student), 1);
    }
    rewind(fp);
    printf("双号记录如下: \n");
    for(i = 1; i <= n; i = i + 2)         //将双号存入文件 stu_list2 并在屏幕显示
    {
        fseek(fp, sizeof(struct student), 1);
        fread(&stu[i], sizeof(struct student), 1, fp);
        fwrite(&stu[i], sizeof(struct student), 1, fp2);
```

```
      printf("% s\t% s\t% d\t% s\n",stu[i] chNo,stu[i] chName,stu[i] age,stu[i]
addr);
    }
    fclose(fp);
    fclose(fp1);
    fclose(fp2);
}
```

上述程序的运行结果如图 3 – 2 – 1 所示，程序中首先定义了存放学生信息的全局结构体数组；在主函数中定义了 3 个指向文件的文件指针 fp、fp1、fp2，分别指向存储全体学生、单号学生、双号学生信息的文件；然后先输入全部学生的信息，使用 fwrite( ) 函数将数据存入文件 stu_list；再使用 fread( ) 函数、fwrite( ) 函数、fseek( ) 函数将单号学生信息存入文件 stu_list1，并使用 printf( ) 函数在屏幕上显示信息；再用同样方法将双号学生信息存入文件 stu_list2，并使用 printf( ) 函数在屏幕上显示信息；最后关闭所有文件。

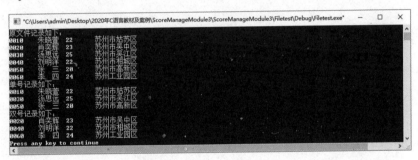

图 3 – 2 – 1　二进制文件的定位与随机读写程序运行结果

巩固及知识点练习

1. 上机完成任务 3 – 2 的操作。

2. 在上机完成任务 3 – 2 的基础上，填写表 3 – 2 – 2 中的内容。

表 3 – 2 – 2　填写表格

文件类型	打开方式	处理方式	指定文件不存在时	指定文件存在时
二进制文件	rb wb ab rb + wb + ab +			

3. 上机完成例 3 – 2 – 1 和例 3 – 2 – 2 的编程，体会二进制文件的读、写函数。

4. 理解使用二进制文件进行读函数 fread( )、写函数 fwrite( ) 的格式与功能。

```
int fread(void * buf,int size,int count,FILE * stream);
int fwrite(void * buf,int size,int count,FILE * stream);
```

5. 理解使用文件的位置指针设置函数 fseek( ) 的格式与功能。

```
int fseek(FILE * stream,long offset,int fromwhere);
```

6. 理解返回文件位置指示器的当前值函数 ftell( )的格式与功能。

返回 long ftell(FILE * stream);。

任务 3 - 3 基于链表的文本文件读写实现学生成绩管理系统

描　述

在任务 3 - 1 的基础上,引入了动态内存空间分配使用内存的方法及链表相关知识,实现了将多个学生信息记录节点构成链表,然后用基于链表的文本文件读写实现了与任务 3 - 1 同样功能的学生成绩管理系统。

通过对学生结构体类型变量动态分配内存,将学生记录信息构成链表,编写了链表节点的遍历、链表节点的添加、链表节点的删除、链表节点的修改、链表节点的释放及链表节点的按某成员值排序等算法;实现了与任务 3 - 1 同样功能的学生成绩管理系统;在任务 3 - 3 的基础上,学员很容易利用链表知识改写实现与任务 3 - 2 相似功能学生成绩管理系统的任务,达到举一反三的目的。

技能目标

①能熟练掌握动态分配内存的方法。
②能熟练掌握内存其他操作的函数。
③深入掌握内存的释放算法。
④深入掌握链表的创建算法。
⑤深入掌握链表的遍历算法。
⑥深入掌握链表中删除一个节点的算法。
⑦深入掌握链表按成员值排序的算法。

操作要点与步骤

①创建工程项目。
a. 创建新的工程 (项目)。

打开 ScoreManageModule3 工作空间,选择 "File"→"New" 菜单命令,新建名称为 "Task3_3LinkListedXm" 的工程 (项目),项目类型为 "Win32 Console Application",然后选择 "Add to current Workspace" 单选按钮。

b. 创建项目头文件与源程序文件。

由于任务 3 - 3 实现的功能与任务 3 - 1 的相同,所以将任务 3 - 1 中的 5 个头文件 (system_head h、variable_head h、define_head h、menu h、xscjgl_function h) 、3 个源程序文件

（main c、fnMenu c、xscjgl_function c）全部复制到 Task3_3LinkListedXm 项目的文件夹下（1 个数据文件 DataFile txt 可以不复制）。

虽然任务 3 - 1 的头文件（h）及源程序文件（c）全部都复制项目文件下，但是这些头文件（h）及源程序文件（c）并没有添加到新建的 Task3_3LinkListedXm 项目中，所以需要将头文件（h）及源程序文件（c）分类添加到新建的项目中。

②在 variable_head h 头文件中，修改 struct student 结构体类型的定义等。

a. 该头文件中要修改的内容如下：

```
//优化下面的结构体的元素为数组
struct student
{
    char chNo[8];
    char chName[10];
    float fScore[8];//浮点型更好，因为要存放平均值
};
struct student t,stu[TOTAL_NUM] = {
                    {"0001","朱晓萱",90,96,98,89,90},
                    {"0020","肖奕辉",94,90,88,89,95},
                    {"0030","汤思远",95,88,99,80,91},
                    {"0040","刘明洋",92,86,98,89,90}
                };
```

b. 在该头文件中，对上面的代码进行修改。

第一步：修改 struct student 结构体类型的定义，在其中添加指向下一个同类型（struct student 类型）节点的指针，该成员变量名称为 next。

```
struct student * next;   //指向 struct student 结构体类型节点的指针
```

第二步：在 variable_head h 头文件中添加链表头指针、临时节点指针及节点指针，所定义的指针均属于 struct student 类型的节点指针。

```
struct student * head, * ptmp, * pnode;//头指针、临时节点指针、节点指针
```

经过上述两个步骤修改后，variable_head h 头文件中，struct student 结构体类型的定义、该类型节点变量及该类型的节点指针变量的代码如下：

```
//优化修改结构体节点类型的定义
struct student
{
    char chNo[8];
    char chName[10];
    float fScore[8];//浮点型更好，因为要存放平均值
};
//定义结构体数组
struct student stu[TOTAL_NUM] =
                    {
```

```
                    {"0010","朱晓萱",90,96,98,89,90},
                    {"0020","肖奕辉",94,90,88,89,95},
                    {"0030","汤思远",95,88,99,80,91},
                    {"0040","刘明洋",92,86,98,89,90}
                };
//定义链表节点类型
typedef struct studentNode
{
    struct student studata;
    struct studentNode * next;
};
```

/＊添加链表头指针、临时节点指针及节点指针，所定义的指针均属于 struct studentNode 类型的节点指针＊/

```
    struct studentNode   * head, * ptmp, * pnode; /*头指针、临时节点指针、节点指针*/
```

③修改 define_head h 头文件，在其中添加从文件中读取一行信息到节点中的格式宏定义、将节点信息打印输出的宏定义及内存操作失败的宏定义。

```
//读取数据送入节点 p 中(p 为 struct studentNode 节点类型的指针变量)
#define DATAFILESCANF(p)   p - > studata chNo,p - > studata chName,&(p - > studata
fScore[0]),&(p - >studata fScore[1]),&(p - >studata fScore[2]),
&(p - >studata fScore[3]),&(p - >studata fScore[4]),&(p - >studata fScore[5]),&
(p - >studata fScore[6]),&(p - >studata fScore[7])
//打印节点 p 中的信息
#define DATAPRINT(p)   p - > studata chNo,p - > studata chName,p - > studata fScore
[0],p - >studata fScore[1],p - >studata fScore[2],p - >studata fScore[3],
p - >studata fScore[4],p - >studata fScore[5],p - >studata fScore[6],p - >studata
fScore[7]
#define DATAPRINT1(p)   p - > studata chName,p - > studata fScore[0],p - > studata
fScore[1],p - >studata fScore[2],p - >studata fScore[3],
p - >studata fScore[4],p - >studata fScore[5],p - >studata fScore[6],p - >studata
fScore[7]
//内存操作失败信息
#define MEMERROR "内存操作失败 \n"
```

④具体功能的修改实现。

打开 xscjgl_function c 文件，依次修改各个函数的具体实现，将其改为链表操作的方式。

a. 修改 int fnRecordNum( )函数的代码，改后的代码如下：

```
int fnRecordNum()    //统计结构体数组初始化的记录数，并建立初始链表
{
    temp = 0;         //给整型全局域变量赋值(累加器置0)
    pnode = head = NULL;
    for(i = 0;i < TOTAL_NUM;i++)
    {
```

```
        if(strlen(stu[i] chNo) >0)/*条件成立(学号不为空),累加器自增,统计记录数*/
            temp++;
            pnode = (struct studentNode *)malloc(sizeof(struct studentNode));
            if(pnode ==NULL)
            {
                printf(MEMERROR);
                break;
            }
            //建立链表
            strcpy(pnode - >studata chNo,stu[i] chNo);
            strcpy(pnode - >studata chName,stu[i] chName);
            pnode - >studata fScore[0] =stu[i] fScore[0];
            pnode - >studata fScore[1] =stu[i] fScore[1];
            pnode - >studata fScore[2] =stu[i] fScore[2];
            pnode - >studata fScore[3] =stu[i] fScore[3];
            pnode - >studata fScore[4] =stu[i] fScore[4];
            pnode - >studata fScore[5] =stu[i] fScore[5];
            pnode - >studata fScore[6] =stu[i] fScore[6];
            pnode - >studata fScore[7] =stu[i] fScore[7];
            pnode - >next =head;
            head =pnode;
        }
    }
    if(temp ==0)   //如果累加器为0,说明无记录
    {
        printf("没有记录内容! \n");
    }
    return temp;
}
```

b. 修改 int fnFileRecordNum( ) 函数的代码。原 int fnFileRecordNum( ) 函数的代码如下：

```
/*新增加从文本文件中读取学生成绩信息到结构体数据元素并返回读取的记录数的函数
int fnFileRecordNum() */
{
    i =0;    //将整型全域变量 i 置0
        //文本文件读文件,如果没有这个文件,由 int fnSaveAll(int n)函数创建文件
    if((fp =fopen(FILENAME,"r")) ==NULL)   /*读文本文件只能写 r 这个参数,否则会出现异
常*/
    {
        return  0;
    }
    while(! feof(fp))  /*如果文件打开成功,遍历记录并累加计算记录数存放到变量 i 中*/
    {
```

```
    /*用到了 define_head h 头文件中增加的宏定义 FORMATFILE 及 DATAFILESCANF 两个符
号常量*/
     fscanf(fp,FORMATFILE,DATAFILESCANF);
     i++;
    }
   if(i==0)   //如果累加器为 0,说明文件为空文件,无记录
   {
     printf("文件中没有记录! \n");
     getch();
   }
   else
   {
     printf("      从文件中读出的记录数为: % d 条记录! \n",i);
     fclose(fp);
   }
return i;
 }
```

修改后的代码如下（将文本文件 DataFile txt 中的数据信息逐行读取到节点中，并建立起链表）：

```
//打开文件,读取文件内容构造链表并计算文件中的记录数
int fnFileRecordNum()
{
   i=0;     //将整型全域变量 i 置 0
   //读文本文件内容,如果没有这个文件,由 int fnSaveAll(int n)函数创建文件
   pnode=head=NULL;
   if((fp=fopen(FILENAME,"r"))==NULL)/*读文本文件只能写 r 这个参数,否则会出现异常*/
   {
     return  0;
   }
   while(!feof(fp))   //如果文件打开成功,遍历记录并累加计算记录数存放到变量 i 中
   {
     pnode =(struct studentNode * )malloc(sizeof(struct studentNode));
     if(pnode==NULL)
     {
        printf(MEMERROR);
        break;
     }
     /* 用到了 define_head h 头文件中增加的宏定义 FORMATFILE 及 DATAFILESCANF(p)两个
符号常量*/
     fscanf(fp,FORMATFILE,DATAFILESCANF(pnode));
     //建立链表
     /* strcpy(stu[i] chNo,pnode - >studata chNo);
```

```
    strcpy(stu[i] chName,pnode - >studata chName);
    stu[i] fScore[0] =pnode - >studata fScore[0];
    stu[i] fScore[1] =pnode - >studata fScore[1];
    stu[i] fScore[2] =pnode - >studata fScore[2];
    stu[i] fScore[3] =pnode - >studata fScore[3];
    stu[i] fScore[4] =pnode - >studata fScore[4];
    stu[i] fScore[5] =pnode - >studata fScore[5];
    stu[i] fScore[6] =pnode - >studata fScore[6];
    stu[i] fScore[7] =pnode - >studata fScore[7]; */
    pnode - >next =head;
    head =pnode;
    i++ ;//统计行的信息,即记录数
}
if(i ==0)   //如果累加器为0,说明文件为空文件,无记录
{
    printf("文件中没有记录! \n");
    getch();
}
else
{
    printf("     从文件中读出的记录数为:%d 条记录! \n",i);
    fclose(fp);
}
return i;//返回记录数
}
```

◆ 思考:上述代码中,多行注释/*   */的代码的作用是什么?

c. int fnSaveAll(int n)函数中要修改的代码如下:

```
//学生信息全部被重新保存一次
int fnSaveAll(int n)
    {
    if((fp =fopen(FILENAME,"w")) ==NULL)   /*写文本文件只能写 w这个参数,如果没有这个
文件,就创建新文件 */
    {
        printf("文件不存在或打开失败! \n");
        getch();
        return  0;
    }
    for(i =0;i <n;i++)   //循环遍历,将结构体的数据写入文件中
    {
        //用到了 define_head h 头文件中增加的宏定义 FORMATFILE 符号常量
        fprintf(fp,FORMATFILE,DATA);
    }
```

```
fclose(fp);
    return i;
}
```

修改后的代码如下（将链表中的数据采用遍历的方式逐个保存到文本文件中）：

```
//学生节点信息全部被重新保存到文本文件中
int fnSaveAll(int n)
{
        if((fp = fopen(FILENAME,"w")) == NULL)    /*写文本文件只能写 w 这个参数，如果没有
这个文件,就新创建新文件*/
    {
        printf("文件不存在或打开失败！\n");
        getch();
        return  0;
    }
    //遍历链表,逐个保存链表中的每个节点到文件中
        i = 0;
    for(pnode = head;pnode! = NULL;pnode = pnode - > next)
    {
        if(strcmp(pnode - > studata chNo,"") == 0)  break;/*学号为空时,退出循环*/
        i++;//统计行的信息,即记录数
        fprintf(fp,FORMATFILE,DATAPRINT(pnode));
    }
    fclose(fp);
        return i;//返回记录数
}
```

d. 修改 int fnStuNumExist(char snum[ ],int n,int flag)函数。

采用遍历的方式对链表中的每个节点进行查找。

```
//插入或追加记录、删除记录、修改记录及查询记录前,检查记录是否存在.
int fnStuNumExist(char snum[],int n,int flag)
{
    flag = -1;
    //循环遍历链表
    for(pnode = head;pnode! = NULL;pnode = pnode - > next)
    {
        if((strcmp(pnode -> studata chNo,snum)) == 0)//学号存在,跳出循环
        {
            flag =1;
            break;
        }
    }
/*返回 flag =1,表示学号存在,不可以插入或追加记录,但是查询、修改、删除函数将可正常进行*/
```

```
/*返回 flag = -1,表示学号不存在,可以插入或追加记录,但是查询、修改、删除函数将要求重新输
入学号 */
    return flag;
}
```

e. 修改 fnInput( )函数。

在输入信息中,根据学号判断,如果学号已存在,则为更新操作;如果学号不存在,则为新增操作。

对函数 fnStuNumExist( )进行调用,如果该函数的返回值为1,表示学号存在,则定位到具体的节点,并将该节点的地址保存到 pnode 中。在 fnInput( )函数中,只要对节点信息进行录入,即可完成更新操作。

对函数 fnStuNumExist( )进行调用,如果该函数的返回值为 -1,表示学号不存在,则需要新申请一个节点的内存空间,将该节点的指针保存到 pnode 中。在 fnInput( )函数中,只要对节点信息进行录入即可完成新增操作。

```
//插入或追加记录、修改记录时,通过键盘人机对话录入学生成绩信息函数
/* fnInput()函数的第 1 个参数接收的是要插入或要追加或要修改的学号,第 2 个参数接收的是要插
入或要追加或要修改的记录号,第 3 个参数接收的是插入或要追加或要修改的标志(flag = 1 表示插入或
追加记录,flag = 4 表示修改记录) */
int fnInput(char snum[],int n,int flag)
{
/*新增:通过先调用 fnStuNumExist 函数找到新增的节点 pnode,然后申请增加节点的内存空间,再输
入新增节点信息 */
if(flag ==1)
    {
        printf("  请输入学号为:% s 的学生的其他信息!!!!!!   \n",snum);
        //将 pnode 置空
        pnode =NULL;
        //重新申请节点
        pnode = (struct studentNode * )malloc(sizeof(struct studentNode));
        if(pnode ==NULL)
        {
            printf(MEMERROR);
            return 0;
        }
    }
    //更新:通过先调用 fnStuNumExist 函数找到更新的节点 pnode
    if(flag == 4)   printf("  请修改(更新)学号为:% s 的学生的其他信息!!!!!!   \n",
snum);

    strcpy(pnode - > studata chNo,snum);/*将要插入或追加、更新的学号复制到结构体的学号
变量 */
    printf("姓名:");
```

```
    scanf("% s",pnode - >studata chName);
    printf("语文:");
    scanf("% f",&pnode - >studata fScore[0]);
    printf("数学:");
    scanf("% f",&pnode - >studata fScore[1]);
    printf("英语:");
    scanf("% f",&pnode - >studata fScore[2]);
    printf("政治:");
    scanf("% f",&pnode - >studata fScore[3]);
    printf("历史:");
    scanf("% f",&pnode - >studata fScore[4]);
    return 1;
}
```

f. 修改 int fnInsert(int n,int flag) 插入函数。

插入信息需要判断输入的学号是否存在,如果学号存在,则不允许插入或追加学生信息;如果学号不存在,则允许插入或追加学生信息。

通过调用 fnInput() 函数完成新节点的信息录入,并将新节点的指针 pnode 放到链表的头部,更新链表头指针,计算链表中的各个节点元素的最高分、最低分、平均分信息。

```
int fnInsert(int n,int flag) //flag =1,插入或追加记录
{
    printf("请输入插入或追加学生信息的学号: ");
    scanf("% s",&snum);
    return_fnInput = fnStuNumExist(snum,n,flag);
    if(return_fnInput > =0)   /* fnStuNumExist()函数返回值 > =0,表示所输入的学号存在,
不能插入或追加记录 */
    {
        printf("所输入的学号为:% s 所对应学生信息已经存在,不能插入或追加已存在学号的记
录!!!   请按任意键后重新输入其他学号 \n",snum);
        getch();
        return 0;
    }
    //调用 fnInput 函数,完成 pnode 节点信息的输入
    fnInput(snum,n,flag);

    //直接将节点挂到链表的头部,同时移动下头指针 head
    //使 head 保持在链表的头部
    pnode - >next =head;
    head =pnode;
    pnode = NULL;
    printf("学号为:% s 的学生信息插入成功!!! 请按任意键继续   \n",snum);
    getch();
    records++ ; //更新节点数量
```

```
    fnRowAVG(records);//重新计算出每个学生的最高分、最低分、平均分
    return 1;
}
```

g. 修改更新（修改）学生信息的函数 int fnModify(int n, int flag)。

更新（修改）学生信息需要判断输入的学号是否存在，如果学号存在，则允许修改；如果学号不存在，则提示学生信息不存在。

通过调用 fnStuNumExist() 函数，将被修改的学生节点定位保存到 pnode 指针，通过调用 fnInput() 函数完成该节点的信息的修改录入任务。

更新（修改）学生信息的函数 int fnModify(int n, int flag) 的代码不需要修改。

h. 修改打印输出单个节点信息的函数 fnShowRecord()。

将单个节点信息打印输出，待打印的节点指针保存在 pnode 中，函数中调用了带参数的宏定义 DATAPRINT(pnode)。

```
//显示查询到的单条记录,同时,提示是否删除操作
void fnShowRecord()
{
    printf(TABLELINEHEAD);
    printf(HEAD);
    printf(TABLELINEMIDDLE);
    if(pnode! =NULL)
        printf(FORMAT,DATAPRINT(pnode));
    printf(TABLELINEBOTTOM);
}
```

i. 修改删除函数 int fnDelete(int n, int flag)。

删除信息分两种情况。

情况1：删除的节点为头节点，则直接将头节点移动到下一个位置，将待删除的节点断开链表，释放节点即可。

情况2：待删除的节点在链表中间，则需要找到该节点的前驱节点，将待删除节点从当前链表中断开，释放节点。

```
//3  删除学生记录信息
int fnDelete(int n,int flag)
{
    char ch[2];//定义字符型数组局部变量
    printf("请输入要删除学生的学号:");
    scanf("% s",&snum);
    return_fnInput =fnStuNumExist(snum,n,flag);
    if(return_fnInput > =0)   /*fnStuNumExist()函数返回值 > =0,表示所输入的学号存在,
pnode 指向该节点*/
    {
        fnShowRecord();      //以表格形式显示查询到的记录
        printf("学号为:% s的学生信息如上述所示!!! 请问是否删除该学生的信息? [Y N]",snum);
```

```
        scanf("% s",ch);      //通过人机对话输入是否删除上述记录信息
        if(strcmp(ch,"Y") ==0 ||strcmp(ch,"y") ==0) /* strcmp()字符串比较函数 */
        {
            if(pnode ==head)//删除的节点为头节点
            {
                //头节点往后移动一个
                head =pnode - >next;
            }
            else
            {
                //遍历查找 pnode 的前驱节点,ptmp 指向 pnode 的前一个节点
                for(ptmp =head;ptmp ->next! =pnode;ptmp =ptmp ->next);
                ptmp - >next =pnode - >next;
            }
            //断开要删除的节点
            pnode - >next =NULL;
            //释放节点
            free(pnode);
            ptmp =NULL;//指针置空

            printf("学号为:% s 的学生记录信息删除操作成功!!!  请按任意键继续",snum);
            getch();
            records - -;//记录数减1
            return 1;
        }
        else  //如果人机对话输入不删除上述记录信息
        {
            printf("学号为:% s 的学生信息未被删除!!!      请按任意键继续      ",snum);
            getch();
            return 0;
        }
    }
    else  /* fnStuNumExist()函数返回值 -1,表示所输入的学号不存在,要求重新输入学号 */
    {
        printf("学号为:% s 的学生信息未找到!!!      请按任意键继续!!! 重新输入学号",
snum);
        getch();
        return 0;
    }
    return 0;
}
```

j. 修改排序函数 fnSort( )。

实现按学生的平均分升序排序的功能。只交换节点的数据部分，指针部分不做交换。

```
void fnSort(int records)
{
    //临时变量，用于交换信息
    struct student tmp;
    fnRowAVG(records);//计算每行（每门课程）的最大值、最小值及平均值
    for(pnode = head;pnode! = NULL&&strcmp(pnode -> studata chNo,"")! = 0;pnode =
pnode ->next)
    {
        for(ptmp =pnode -> next;ptmp! = NULL&&strcmp(ptmp -> studata chNo,"")! =0;
ptmp =ptmp -> next) //遍历找最小的值
        {
            if(pnode -> studata fScore[7] < ptmp -> studata fScore[7])
            {
                //交换两个节点内的数据部分
                strcpy(tmp chNo,pnode -> studata chNo);
                strcpy(pnode -> studata chNo,ptmp -> studata chNo);
                strcpy(ptmp -> studata chNo,tmp chNo);
                strcpy(tmp chName,pnode -> studata chName);
                strcpy(pnode -> studata chName,ptmp -> studata chName);
                strcpy(ptmp -> studata chName,tmp chName);
                for(i =0;i <8;i++)
                {
                    tmp fScore[i] =pnode -> studata fScore[i];
                    pnode -> studata fScore[i] =ptmp -> studata fScore[i];
                    ptmp -> studata fScore[i] = tmp fScore[i];
                }
            }
        }
    }
    //排完序后，接着调用计算每列（每门课程）的最大值、最小值及平均值函数
    fnColumnAVG(records);
}
```

k. 修改数据打印输出函数 void fnShow(int n)。

采用链表遍历方式输出每个节点信息。

```
void fnShow(int n)
{
    printf(TABLELINEHEAD);
    printf(HEAD);
    printf(TABLELINEMIDDLE);
    for(pnode = head;pnode! = NULL;pnode =pnode ->next)
    {
```

```
//正常数据，非统计行
if(strcmp(pnode->studata chNo,"")==1)
{
    printf(FORMAT,DATAPRINT(pnode));
    //如果下一行仍然是数据行
    if(pnode->next!=NULL)
        if(strcmp(pnode->next->studata chNo,"")==1)
            printf(TABLELINEMIDDLE);
        else//下一行为统计行，输出数据行结束的分割线
            printf(TABLELINEMIDDLE2);
    }
    else//如果是统计行(最高分/最低分/平均分)
    {
        printf(FORMAT1,DATAPRINT1(pnode));
        if(pnode->next!=NULL)//不是最后一个数据
            printf(TABLELINEMIDDLE1);
        else//最后一个数据
            printf(TABLELINEBOTTOM1);
    }
}
}
```

l. 修改计算每行数据统计信息的函数 fnRowAVG( )。

采用链表遍历方式对每个节点中的5门课程进行统计，计算出最高分、最低分及平均分。

```
void  fnRowAVG(int records)
{
    for(pnode=head;pnode!=NULL;pnode=pnode->next)
    {
        //用循环计算每个学生的几门课程成绩和，并求出每个学生最高分、最低分
        sum=0;
        max=pnode->studata fScore[0]; /*将学生的第1门功课的成绩赋给max变量*/
        min=pnode->studata fScore[0]; /*将学生的第1门功课的成绩赋给min变量*/
        for(i=0;i<5;i++)
        {
            sum+=pnode->studata fScore[i];
            if(max<pnode->studata fScore[i]) max=pnode->studata fScore[i];
            if(min>pnode->studata fScore[i]) min=pnode->studata fScore[i];
        }
        //将所求出每个学生的最高分、最低分及平均分赋给相应的数据元素
        pnode->studata fScore[5]=max;
        pnode->studata fScore[6]=min;
        pnode->studata fScore[7]=sum/5;
    }
}
```

m. 修改计算每列数据统计信息的函数 void fnColumnAVG(int records) 。

采用链表遍历方式对每门课程进行统计，计算出最高分、最低分及平均分，将其保存到 3 个节点中，所以需要先创建含有 3 个节点的链表，然后循环遍历链表，找出每门课程的最高分、最低分及平均分，将其保存到不同的节点中，最后将该统计信息的小链表挂接到大链表上。

```c
void  fnColumnAVG(int records)
{
    struct studentNode * tail =NULL;//链表尾节点指针
    //一次性申请 3 个节点，用于分别保存最高分、最低分、平均分的统计行元素
    ptmp =NULL;
    for(i =0;i <3;i++)
    {
        pnode = (struct studentNode *)malloc(sizeof(struct studentNode));
        if(pnode ==NULL)
        {
            printf(MEMERROR);
            return;
        }
        pnode ->next =ptmp;
        ptmp =pnode;
    }
    //查找尾节点
    for(pnode =head;pnode !=NULL;pnode =pnode ->next)
    {
        if(pnode ->next ==NULL) tail =pnode;
    }
    for(i =0;i <8;i++)//根据实际的列控制循环
    {
        sum =0;
        max =head ->studata fScore[i];
        min =head ->studata fScore[i];
        for(pnode =head;pnode !=NULL;pnode =pnode ->next)
        {
            sum +=pnode ->studata fScore[i];
            if(max <pnode ->studata fScore[i])  max =pnode ->studata fScore[i];
            if(min >pnode ->studata fScore[i])  min =pnode ->studata fScore[i];
        }
        //将计算的结果分别保存到新申请到的节点中    ptmp ->studata fScore[i] =max;
        ptmp ->next ->studata fScore[i] =min;
        ptmp ->next ->next ->studata fScore[i] =sum/records;
    }
    //将所增加的 3 行的数组元素的学号赋值为空
```

```
    strcpy(ptmp->studata chNo,"");
    strcpy(ptmp->next->studata chNo,"");
    strcpy(ptmp->next->next->studata chNo,"");
    //将所增加的3行的数组元素的姓名分别赋值为"最高分""最低分"及"平均分"字符串
    strcpy(ptmp->studata chName,"最高分");
    strcpy(ptmp->next->studata chName,"最低分");
    strcpy(ptmp->next->next->studata chName,"平均分");
    //将统计的3行记录连接到链表尾部
    tail->next=ptmp;
}
```

知识点3-3 动态内存分配函数及使用注意事项

1. 静态内存分配

在使用数组的时候，总有一个问题困扰着我们：数组应该有多大？

在很多的情况下，可能并不知道该班级的学生的人数，那么就要把数组定义得足够大。这样，程序在运行时就申请了固定大小足够大的内存空间。

即使知道该班级的学生数，但是如果因为某种特殊原因，使得人数有增加或者减少，又必须重新去修改程序，扩大数组的存储范围。这种分配固定大小的内存分配方法称为静态内存分配。

静态内存分配存在两个缺陷：一是当定义的数组足够大时，浪费大量的内存空间；二是当定义的数组不够大时，可能引起下标越界错误，导致严重后果。

2. 动态内存分配

动态内存分配就是指在程序执行的过程中动态地分配或者回收存储空间的内存分配方法。动态内存分配不像数组等静态内存分配方法那样需要预先分配存储空间，而是由系统根据程序的需要即时分配，并且分配的大小就是程序要求的大小。

动态内存分配有两个特点：一是不需要预先分配内存空间；二是分配的内存空间可以根据程序的需要扩大或缩小。

3. 动态内存分配函数

C 语言对内存的分配的函数主要有 malloc( )、realloc( )、calloc( )、alloca( ) 与 aligned_alloc( )等。

在以下函数原型中，size_t 是一个数据类型，它取决于所使用的系统，可以是 int、unsigned、long 等类型。

在以下函数中，如果内存分配成功，则返回首地址；如果内存分配失败，则返回 NULL。

（1）malloc( )函数原型

```
void * malloc(size_t size);
```

malloc( )函数用于从堆中分配内存空间，内存分配大小为 size。

（2）calloc( )函数原型

```
void * calloc(size_t num,size_t size);
```

该函数用于从堆中分配 num 个相邻的内存单元，每个内存单元的大小为 size。

从功能上看，calloc( )函数与 malloc( )函数的功能极其相似。不同的是，在使用 calloc( )函数分配内存时，会将内存内容初始化为 0。

（3）alloca( )函数原型

```
void * alloca(size_t size);
```

相对于 malloc( )、calloc( )与 realloc( )函数，alloca( )函数是从栈中分配内存空间，内存分配大小为 size。

因为函数 alloca 是从栈中分配内存空间的，因此它会自动释放内存空间，而无须手动释放。

（4）aligned_alloc( )函数原型

```
void * aligned_alloc(size_t alignment,size_t size);
```

aligned_alloc( )函数用于边界对齐的动态内存分配。该函数按照参数 alignment 规定的对齐方式为对象进行动态存储分配 size 个 size_t 类型的存储单元。

相对于 malloc( )函数，aligned_alloc( )函数保证了返回的地址是能对齐的，同时也要求 size 参数是 alignment 参数的整数倍。从表面上看，函数 calloc( )相对 malloc( )更接近 aligned_alloc( )，但 calloc( )函数比 aligned_alloc( )函数多了一个将内存内容初始化为 0 操作。

（5）free( )函数原型

```
void free(void * ptr);
```

free( )函数的参数 ptr，指的是需要释放的内存的起始地址。该函数没有返回值。使用该函数，也有下面几点需要注意：

①调用 free( )函数时，必须提供内存的起始地址，不能提供部分地址，释放内存中的一部分是不允许的。因此，必须保存好 malloc( )返回的指针值，若丢失，则无法回收所分配的堆空间，发生内存泄露。

②malloc( )和 free( )配对使用。编译器不负责动态内存的释放，需要程序员显式释放。因此，malloc( )和 free( )是配对使用的，避免内存泄露。

③不允许重复释放。同一空间的重复释放也是危险的，因为该空间可能已另外分配。

④free( )只能释放堆空间。像代码区、全局变量与静态变量区、栈区上的变量，都不需要程序员显式释放，这些区域上的空间不能通过 free( )函数来释放，否则，执行时会出错。

（6）memcpy( )原型

```
void * memcpy(void * dest,void * src,size_t n);
```

其中，dest 为目标内存区；src 为源内存区；n 为需要拷贝的字节数。

返回值：指向 dest 的指针。

局限性：未考虑内存重叠情况。

（7）memmove( )原型

```
void * memmove(void * dest,void * src,size_t n);
```

其中，dest 为目标内存区；src 为源内存区；n 为需要拷贝的字节数。

返回值：指向 dest 的指针。

相比 memcpy，当 dest 与 src 重叠时，仍能正确处理，但是 src 内容会被改变。

（8）memset（）原型如下：

```
void * memset(void * buffer,int c,size_t n);
```

其中，buffer 为分配的内存；c 为初始化的内容；n 为初始化的字节数。

返回值：指向 buffer 的指针。

（9）memcmp（）原型

```
int memcmp(const void * buf1,const void * buf2,size_t n);
```

其中，n 为要比较的字符数。

返回值：当 buf1 > buf2 时，返回 ">0"；当 buf1 = buf2 时，返回 "=0"；当 buf1 < buf2 时，返回 "<0"。

4. 内存分配函数使用注意事项

（1）解决返回值和实际变量的数据类型不一致

函数返回值类型为 void *，需要将此返回值类型转为与实际变量一致的数据类型。

例如，本任务中申请一块内存空间供 struct Student 变量使用，则代码为

```
struct Student * pstudent;
pstudent =(struct Student * )malloc(sizeof(struct Student));
```

（2）初始化已分配成功的内存

内存的默认初值究竟是什么并没有统一的标准。例如 malloc 函数分配得到的内存空间就是未初始化的，未初始化的内存空间里可能包含出乎意料的值。因此，当所分配的内存空间未初始化时，就需要调用 memset（）函数，将所分配的内存空间初始化为全 0。

知识点 3 – 4　链表

1. 动态内存分配——链表

链表的特点是每个独立分配的内存单元都包含一个指针，用来指向下一个独立分配的内存单元，这样只要知道第一个独立分配的内存单元的地址，就可以沿着每个独立分配的内存单元中的指针找到最后一个分配的内存单元。

图 3 – 3 – 1 展示了最简单的一种链表的结构。

图 3 – 3 – 1　简单链表（单向链表）

链表首个内存单元的地址保存在一个指针变量中，该指针变量被称为链表的头指针（图 3 – 3 – 1 中以 head 表示）。它只存放地址，不存放数据。该地址指向一个链表元素 1（链表中每一个元素称为一个节点）。每个节点包括两部分：一是用户保存的实际数据，二是下一个节点的地址。

从图 3 – 3 – 1 可以看出，head 保存第一个节点的地址，第一个节点中的指针部分又保存第二个节点的地址，一直到最后一个节点即节点 4，该节点的指针部分为 NULL（即值为空），

即不再指向其他节点，它称为链表尾，代表链表到此结束。

链表中各节点在内存中的存放位置是任意的。如果寻找链表中的某一个节点，必须从链表头指针所指的第一个节点开始，顺序查找。

图3-3-1的简单链表每个节点只指向下一个节点，所以从单向链表中任何一个节点（前驱节点）只能找到它后面的那个节点（后继节点），因此这种链表结构又称为单向链表。

链表的每个节点是一个结构体变量，它包含若干成员，其中最少有一个是指针类型，用来存放与之相连的节点地址。

下面是一个单向链表节点的类型说明：

```
struct student
{
    char chNo[8];//学号
    char chName[10];//姓名
    float fScore[8]; /*成绩 表示 语文、数学、英语、政治、历史、最高分、最低分、平均分*/
    struct student * next;//指向 struct student 结构体类型节点的指针
};
```

其中，成员 chNo、chName、fScore 用来存放节点中的数据；next 是指针类型的成员，它指向 struct student 结构体类型的节点。一个指针类型的成员既可以指向其他类型的结构体数据，也可以指向自己所在结构体类型的数据。

如图3-3-2所示，链表的每一个节点都是 struct student 类型，它的 next 成员存放下一节点的地址。这种在结构体类型的定义中引用类型名定义自己的成员的方法只允许定义指针时使用。

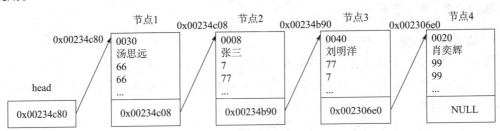

图3-3-2　学生成绩数据链表

下面通过一个例子来说明如何建立和输出一个学生成绩的单向链表。图3-3-2所示的单向链表由4个学生成绩数据的节点组成。

```
第01行  #include < stdio h >
第02行  #include < string h >
第03行  #include < stdlib h >
第04行  struct student
第05行  {
第06行    char    chNo[8];              //学号
第07行    char    name[20];             //姓名
第08行    float   fScore[8];            //成绩
第09行    struct student * next;        //后继节点的地址
```

```
第10行   };
第11行   void main()
第12行   {
第13行     struct student *a, *b, *c, *d, *head; /*定义指向struct student结构体类型
的节点指针*/
第14行     a =(struct student *)malloc(sizeof(struct student));
第15行     b =(struct student *)malloc(sizeof(struct student));
第16行     c =(struct student *)malloc(sizeof(struct student));
第17行     d =(struct student *)malloc(sizeof(struct student));
第18行     head = a;    //设置head指向节点a
第19行     a->next = b; //将节点b挂载到链表上
第20行     b->next = c; //将节点c挂载到链表上
第21行     c->next = d; //将节点d挂载到链表上
第22行     d->next = NULL; //将节点d的后继节点置空
第23行     strcpy(a->chNo,"0030");
第24行     strcpy(a->name,"汤思远");
第25行     a fScore[0] =66;
第26行     ...
第27行     c->next = NULL; //将节点d从链表上分离出来
第28行     free(d);        //释放节点d所占的空间
第29行     b->next = NULL;
第30行     free(c);
第31行     ...
第32行     head = NULL;//释放所有节点后,将head节点置空
第33行   }
```

程序说明

第13行代码功能:定义了5个结构体指针,其中head用来保存链表首地址。

第14~17行代码功能:通过malloc()函数申请了四个节点,并将malloc()函数返回值的首地址作为a、b、c、d指针变量的值。

图3-3-3所示的还不是一个链表。*a代表a指向的内存,*b代表b指向的内存,*c代表c指向的内存,*d代表d指向的内存。

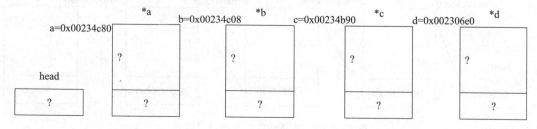

图3-3-3 四个内存单元块将保存4个学生成绩数据

第 18 行代码功能：将 a 中地址保存到 head 变量中，链表中就有了一个头指针 head 所指向链表中的 a 节点，如图 3 - 3 - 4 所示。

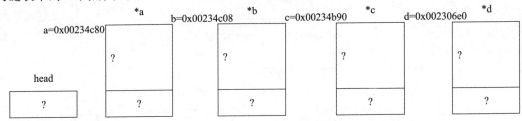

图 3 - 3 - 4　将第 1 个学生成绩信息节点连入链表

第 19 行代码功能：将 b 中地址保存到 a -> next 中，head 开始的链表中就有了两个节点，如图 3 - 3 - 5 所示。

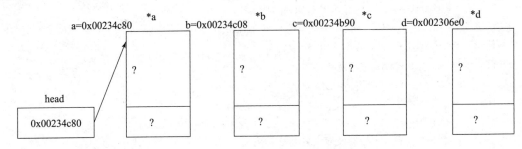

图 3 - 3 - 5　将第 2 个学生成绩信息节点连入链表

第 20、21 行代码功能：将 c 中地址保存到 b -> next 中、将 d 中地址保存到 c -> next 中，head 开始的链表中就有了第 3、4 个节点，如图 3 - 3 - 6 所示。

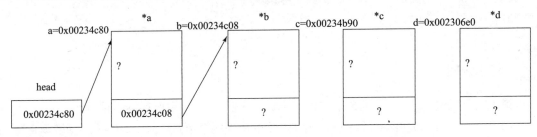

图 3 - 3 - 6　将第 3 个和第 4 个学生成绩信息节点连入链表

第 22 行代码功能：将 NULL 保存到 d -> next 中，完成链表结尾，如图 3 - 3 - 7 所示。

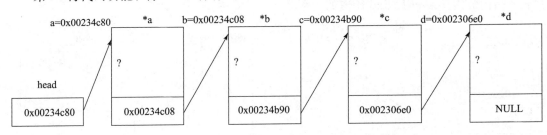

图 3 - 3 - 7　完成的学生成绩信息链表

在上述例子中，只是演示了链表的创建方法，若要增加链表的长度，必须要修改程序，所以并不实用。

在实际工作中，动态创建链表的通用方法是采用循环的方式。

2. 采用循环的方式动态创建链表

创建链表最基本的方法是当新建一个节点时，就把它添加到链表中，然后用循环重复上述过程，直到链表创建完成。

在创建链表的每次循环过程中，都要添加一个节点到链表中，这个节点可以添加到链表末尾，也可以添加到链表首部。

（1）添加节点到链表首部

添加节点到链表起始位置是创建链表最简单的方法，其算法如下：

①创建新节点。

②使原来链表首节点的地址赋给新节点的下一个节点地址。

③使链表头地址即 head 指向新节点。

④重复①～③的过程。

【例 3-3-1】从文件读入数据并保存到链表（从首部添加节点）。

在任务 3-3 的 fnRecordNum( )函数的代码中，head 表示链表的头节点，pnode 指针用来保存每次通过 malloc( )函数申请内存空间返回的首地址。

```
第 01 行   int fnRecordNum(){
第 02 行     pnode = head = NULL;//将所用到的指针置空
第 03 行     if((fp = fopen(FILENAME,"r"))==NULL) return  0; //打开文本文件
第 04 行     while(! feof(fp)){ //遍历 fp 指针指向的文件中的记录
第 05 行       pnode=(struct student * )malloc(sizeof(struct student));//申请内存创建
新节点
第 06 行       if(pnode ==NULL) {//申请内存失败
第 07 行         printf(MEMERROR);
第 08 行         break;
第 09 行       }
第 10 行       fscanf(fp,FORMATFILE,DATAFILESCANF(pnode));/* 从文件中读数据到节点 */
第 11 行       pnode ->next =head;//将新节点挂到链表头部
第 12 行       head =pnode;      //更新 head 指针，使 head 指向头节点
第 13 行     }
第 14 行   }
```

fnRecordNum( )函代码的说明：

文本文件 DataFile txt 中保存了 4 条数据：

0030	汤思远	66	66	6	66	66	66	6	54.0
0008	张　三	7	77	77	77	77	77	7	63.0
0040	刘明洋	77	7	88	88	77	88	7	67.4
0020	肖奕辉	99	99	90	9	99	99	9	79.2

下面以读取 DataFile txt 文本文件中的 4 条记录数据的程序运行过程，讲解链表创建的过程。

第 2 行代码功能：pnode 指针用来保存每次通过 malloc( )函数申请内存空间返回的首地

址；head 指针用来保存链表的首地址，确保后续能够使用该链表。

将程序中用到的 pnode 和 head 指针置空，确保创建的链表无任何节点，即空链表。

执行第 2 行代码后，head 和 pnode 指针变量为 NULL，如图 3 - 3 - 8 所示。

图 3 - 3 - 8　空链表

第 5 行代码功能：调用 malloc( ) 函数，向系统申请内存空间，该内存空间的大小为 sizeof（struct student）。malloc( ) 函数返回申请的内存空间首地址，通过强制类型转换，将地址转为 struct student 类型的节点指针。

程序第 1 次执行第 5 行代码：向内存申请一个长度为 sizeof(struct student) 大小的内存空间，并将申请到的内存空间首地址返回后，强制转换为 struct student 类型的节点地址，并保存到 pnode 指针变量中。本次申请到的内存地址值为 0x003506e0，如图 3 - 3 - 9 所示。

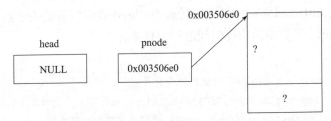

图 3 - 3 - 9　新申请一个节点

第 6 ~ 8 行代码功能：如果申请内存失败，则输出提示信息并终止程序。

第 10 行代码功能：从文本文件读取记录数据到 pnode 指向的内存节点中。

程序第 1 次执行第 10 行代码：通过 fscanf( ) 函数从 fp 指向文本文件（DataFile txt）中按照指定的格式读取记录数据到 pnode 指向的节点中。读取后，图 3 - 3 - 9 变为图 3 - 3 - 10 所示。

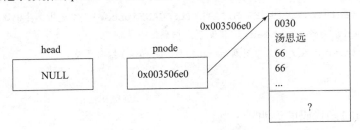

图 3 - 3 - 10　读取记录数据到节点

第 11、12 行代码功能：创建链表。

程序第 1 次执行第 11 行代码：将 head 值赋给 pnode 节点的 next 指针，即将地址为 0x003506e0 的节点的 next 值设置为 NULL。执行该语句后，图 3 - 3 - 10 变为图 3 - 3 - 11 所示。

程序第 1 次执行第 12 行代码：将 pnode 值赋给 head，即 head 也指向地址为 0x003506e0 的节点，此时 head 和 pnode 都指向同一个节点。完成了向以 head 为头指针的链表挂第 1 个

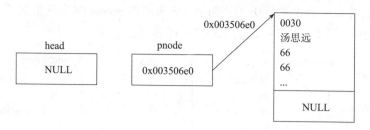

图 3 – 3 – 11 将节点 next 置空

节点的操作,图 3 – 3 – 11 变为图 3 – 3 – 12 所示。

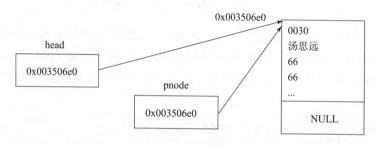

图 3 – 3 – 12 链表挂接一个节点

程序第 2 次执行第 5 行代码:向内存申请一个长度为 sizeof(struct student)的内存空间,并将申请到的内存地址返回后,强制转换为 struct student 类型的节点地址,并保存到 pnode 中。例如本次申请到的内存首地址值为 0x00354b90。图 3 – 3 – 12 变为图 3 – 3 – 13 所示。

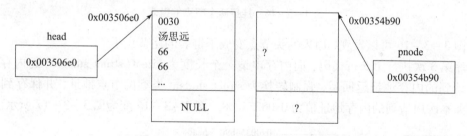

图 3 – 3 – 13 再次申请一个节点

程序第 2 次执行第 10 行代码:通过 fscanf( )函数从 fp 指向的文本文件(DataFile.txt)中按照指定的格式从上次读取记录数据的后续记录数据位置读取记录数据到 pnode 指向的节点中。读取记录数据后,图 3 – 3 – 13 变为图 3 – 3 – 14 所示。

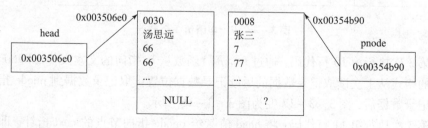

图 3 – 3 – 14 读取记录数据到节点

程序第 2 次执行第 11 行代码:将 head 值赋给 pnode 节点的 next 指针,即将地址为

0x00354b90 节点的 next 值设置为 0x003506e0，从而使得 pnode 的节点指向了 head 指向的节点。执行该语句后，图 3 – 3 – 14 变为图 3 – 3 – 15 所示。

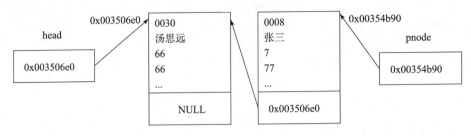

图 3 – 3 – 15　设置 pnode 节点后继节点

程序第 2 次执行第 12 行代码：将 pnode 值赋给 head，即 head 也指向地址为 0x00354b90 的节点，不再指向地址为 0x003506e0 的节点，此时 head 和 pnode 都指向同一个节点。完成了向以 head 为头指针的链表挂第 2 个节点的操作，图 3 – 3 – 15 变为图 3 – 3 – 16 所示。

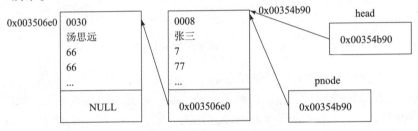

图 3 – 3 – 16　挂接两个节点的链表

从图 3 – 3 – 16 可以发现，原来的头节点变成了链表的尾节点了。

程序第 3 次执行第 5 行代码：向内存申请一个长度为 sizeof(struct student) 的内存空间，并将申请到的内存地址返回后，强制转换为 struct student 类型的节点地址，并保存到 pnode 中。例如本次申请到的内存地址值为 0x00354c08。图 3 – 3 – 16 变为图 3 – 3 – 17 所示。

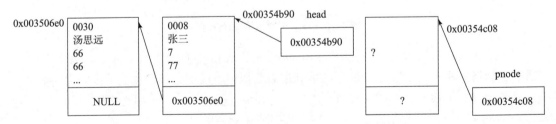

图 3 – 3 – 17　申请第 3 个节点

程序第 3 次执行第 10 行代码：通过 fscanf( ) 函数从 fp 指向的文本文件（DataFile.txt）中按照指定的格式从上次读取记录数据的后续记录数据位置读取记录数据到 pnode 指向的节点中。读取记录数据后，图 3 – 3 – 17 变为图 3 – 3 – 18 所示。

程序第 3 次执行第 11 行代码：将 head 值赋给 pnode 指向节点的 next 指针，即将地址为 0x00354c08 节点的 next 值设置为 0x00354b90，从而使得 pnode 的节点指向 head 指向的节点。执行该语句后，图 3 – 3 – 18 变为图 3 – 3 – 19 所示。

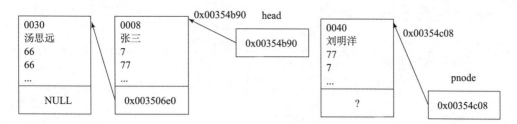

图 3 - 3 - 18　读取数据到节点

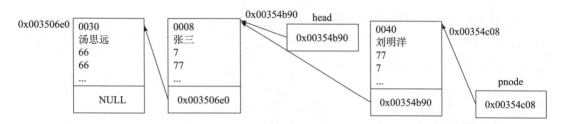

图 3 - 3 - 19　设置 pnode 节点后继节点

　　程序第 3 次执行第 12 行代码：将 pnode 值赋给 head，即 head 也指向地址为 0x00354c08 的节点，不再指向地址为 0x00354b90 的节点，此时 head 和 pnode 都指向同一个节点。完成了向以 head 为头指针的链表挂第 3 个节点的操作，图 3 - 3 - 19 变为图 3 - 3 - 20 所示。

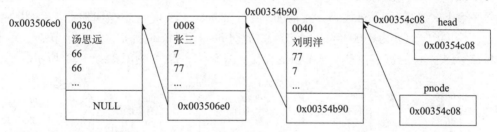

图 3 - 3 - 20　挂接 3 个节点的链表

　　程序第 4 次执行第 5 行代码：向内存申请一个长度为 sizeof(struct student) 的内存空间，并将申请到的内存地址返回后，强制转换为 struct student 类型的节点地址，并保存到 pnode 中。例如本次申请到的内存地址值为 0x00354c80。图 3 - 3 - 20 变为图 3 - 3 - 21 所示。

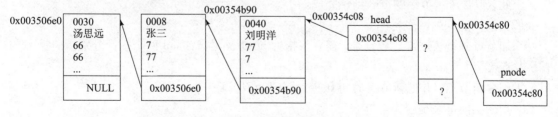

图 3 - 3 - 21　申请第 4 个节点

　　程序第 4 次执行第 10 行代码：通过 fscanf( ) 函数从 fp 指向的文本文件（DataFile.txt）中按照指定的格式从上次读取记录数据的后续记录数据位置读取记录数据到 pnode 指向的节点中。读取记录数据后，文件中的读写文件指针已经移到了 DataFile.txt 文件的尾部，图 3 - 3 -

21 变为图 3 – 3 – 22 所示。

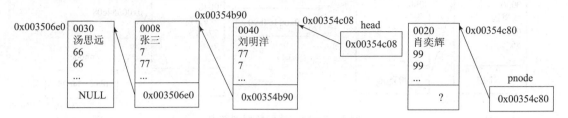

图 3 – 3 – 22　读取数据到节点

程序第 4 次执行第 11 行代码：将 head 值赋给 pnode 指向节点的 next 指针，即将地址为 0x00354c80 的节点的 next 值设置为 0x00354c08，从而使得 pnode 的节点指向 head 指向的节点。执行该语句后，图 3 – 3 – 22 变为图 3 – 3 – 23 所示。

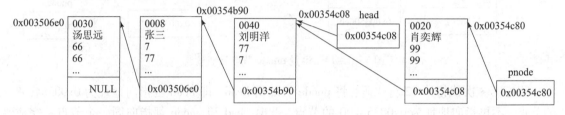

图 3 – 3 – 23　设置 pnode 节点后继节点

程序第 4 次执行第 12 行代码：将 pnode 值赋给 head，即 head 也指向地址为 0x00354c80 的节点，不再指向地址为 0x00354c08 的节点，此时 head 和 pnode 都指向同一个节点。完成了向以 head 为头指针的链表挂第 4 个节点的操作，图 3 – 3 – 23 变为图 3 – 3 – 24 所示。

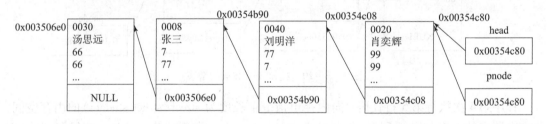

图 3 – 3 – 24　挂接 4 个节点的链表

至此，包含 4 个节点的链表创建完成。

（2）添加节点到链表尾部

添加节点到链表尾部比较复杂，需要头指针 head 及尾指针 tail 两个指针分别指向链表的首、末节点，其算法如下：

①创建新节点，并把新节点的 next 指针赋值为 NULL。

②判断当前链表是否为空链表。

如果当前链表是空链表，则把链表首、末节点指针都指向新节点；否则，把链表末节点的指针指向新节点，更新末结点，使其指向新节点。

③重复①和②的过程。

【例 3 – 3 – 2】将上例改为从尾部添加节点的方式建立链表。

```
第01行  int fnRecordNum(){
第02行    struct student * tail;//链表末节点指针
第03行    pnode = head = tail = NULL;//将所用到的指针置空
第04行    if((fp = fopen(FILENAME,"r")) == NULL) return  0; //打开文本文件
第05行    while(!feof(fp)){ //遍历 fp 指针指向的文件中的记录
第06行        pnode=(struct student * )malloc(sizeof(struct student));//申请内存创
          建新节点
第07行        if(pnode == NULL) {//申请内存失败
第08行            printf(MEMERROR);
第09行            break;
第10行        }
第11行        fscanf(fp,FORMATFILE,DATAFILESCANF(pnode));//从文件中读数据到节点
第12行        pnode -> next = NULL;          //将节点指向置空
第13行        if(head == NULL) head = pnode;/ * 链表为空,将新节点挂到链表头部 */
第14行        else  tail -> next = pnode;    //链表不为空,将新节点挂到链表尾部
第15行        tail = pnode;                  //更新末节点
第16行    }
第17行  }
```

程序说明

程序执行第 3 行代码：将 pnode、head、tail 3 个指针置空，如图 3 - 3 - 25 所示。

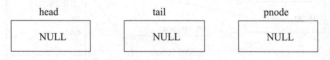

图 3 - 3 - 25　3 个节点指针置空

程序第一次执行第 6 行代码：向系统申请长度为 sizeof(struct student) 的内存，并将申请到的内存地址强制转换为 struct student 类型节点的指针返回保存到 pnode 中，本次申请到的内存地址为 0x002706e0，如图 3 - 3 - 26 所示。

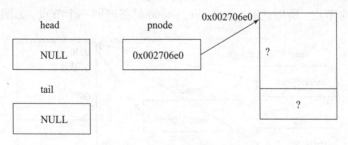

图 3 - 3 - 26　申请到第一个节点

程序第一次执行第 11 行代码：通过 fsanf( ) 函数从 fp 指向的文件中读取对应的数据到 pnode 指向的结构体内存中，如图 3 - 3 - 27 所示。

程序第一次执行第 12 行代码：将 pnode 指向的节点的后继节点指针（即 next 值）置空，

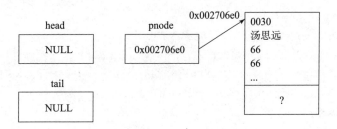

图 3 – 3 – 27　从文件中读取数据到内存中

如图 3 – 3 – 28 所示。

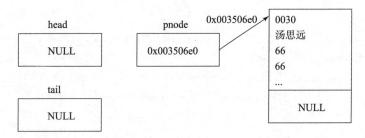

图 3 – 3 – 28　将 pnode 节点的 next 置空

程序第一次执行第 13 行代码：因 head 的值为 NULL，故将 head 值设置为 pnode，使 head 也指向 pnode，完成向以 head 为头指针的链表挂载一个节点的操作，如图 3 – 3 – 29 所示。

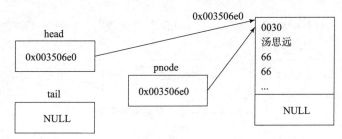

图 3 – 3 – 29　设置 head 指向新节点

程序第一次执行第 15 行代码：更新链表末节点 tail 的值，使其指向链表最新的末节点，因链表中只有一个节点，所以此时 tail、head、pnode 都指向同一个节点，如图 3 – 3 – 30 所示。

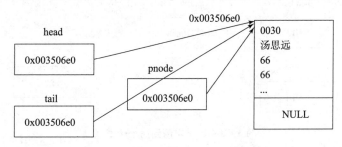

图 3 – 3 – 30　含有一个节点的链表

程序第二次执行第 6 行代码：向系统申请长度为 sizeof(struct student) 的内存，并将申请到的内存地址强制转换为 struct student 类型节点的指针返回保存到 pnode 中。本次申请到的内存地址为 0x00274b90，如图 3 - 3 - 31 所示。

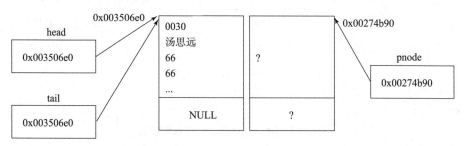

图 3 - 3 - 31　申请到第二个节点

程序第二次执行第 11 行代码：通过 fsanf( ) 函数接着从上次读取位置处继续读取对应的数据到 pnode 指向的结构体内存中，如图 3 - 3 - 32 所示。

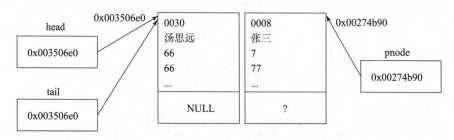

图 3 - 3 - 32　从文件中读取数据到内存中

程序第二次执行第 12 行代码：将 pnode 指向的节点的后继节点指针（即 next 值）置空，如图 3 - 3 - 33 所示。

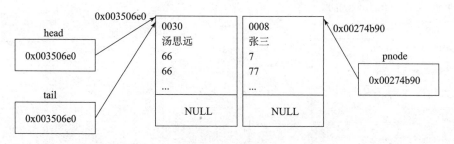

图 3 - 3 - 33　将 pnode 节点的 next 置空

程序第一次执行第 14 行代码：因 head 的值不为 NULL，故执行第 14 行代码，将 pnode 值赋给 tail 指向的节点的 next，完成了向链表挂载第二个节点的操作，如图 3 - 3 - 34 所示。

程序第二次执行第 15 行代码：更新链表末节点 tail 的值，使其指向链表最新的末节点，如图 3 - 3 - 35 所示。

程序第三次执行第 6 行代码：向系统申请长度为 sizeof(struct student) 的内存，并将申请到的内存地址强制转换为 struct student 类型节点的指针返回保存到 pnode 中。本次申请到的内存地址为 0x00274c08，如图 3 - 3 - 36 所示。

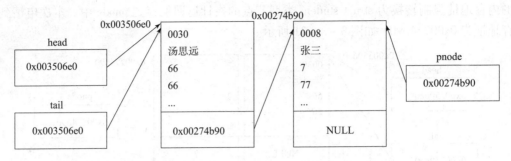

图3-3-34 挂载第二个节点到链表

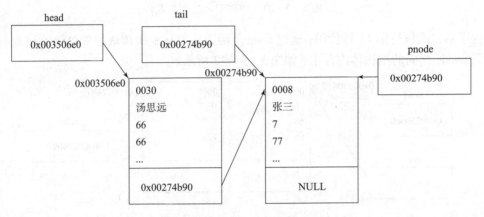

图3-3-35 含有两个节点的链表

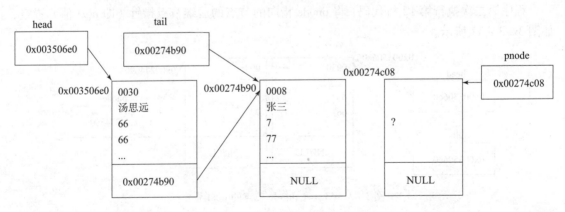

图3-3-36 申请到第三个节点

　　程序第三次执行第11行代码：通过 fsanf( )函数接着从上次读取位置处继续读取对应的数据到 pnode 指向的结构体内存中，如图3-3-37所示。

　　程序第三次执行第12行代码：将 pnode 指向的节点的后继节点指针（即 next 值）置空，如图3-3-38所示。

　　程序第二次执行第14行代码：将 pnode 值赋给 tail 指向的节点的 next，完成了向链表挂载第三个节点的操作，如图3-3-39所示。

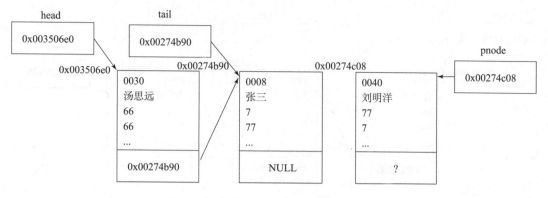

图 3 - 3 - 37　从文件中读取数据到内存中

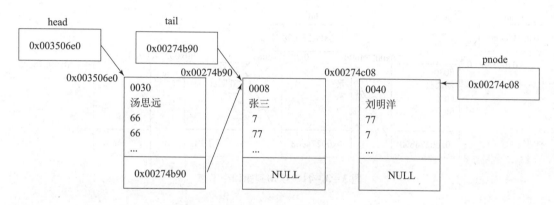

图 3 - 3 - 38　将 pnode 节点的 next 置空

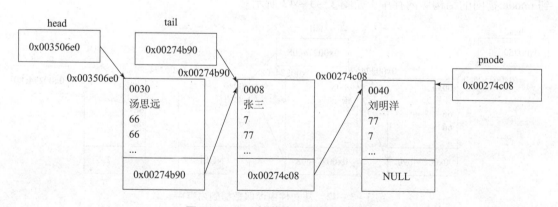

图 3 - 3 - 39　挂载第三个节点到链表

　　程序第三次执行第 15 行代码：更新链表末节点 tail 的值，使其指向链表最新的末节点，如图 3 - 3 - 40 所示。

　　程序第四次执行第 6 行代码：向系统申请长度为 sizeof(struct student) 的内存，并将申请到的内存地址强制转换为 struct student 类型节点的指针返回保存到 pnode 中。本次申请到的内存地址为 0x00274c80，如图 3 - 3 - 41 所示。

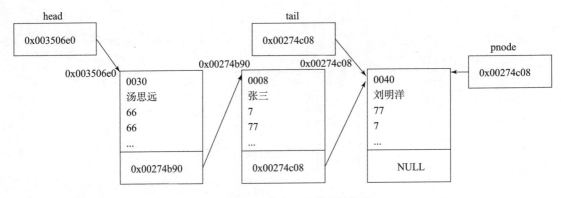

图 3 - 3 - 40   含有三个节点的链表

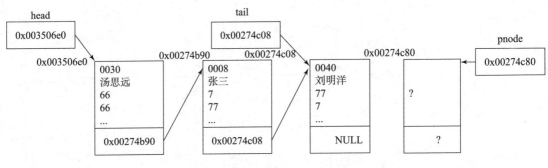

图 3 - 3 - 41   申请到第四个节点

程序第四次执行第 11 行代码：通过 fsanf( ) 函数继续从上次读取位置处读取对应的数据到 pnode 指向的结构体内存中，如图 3 - 3 - 42 所示。

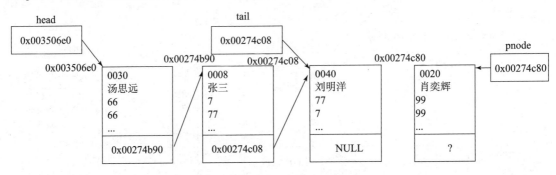

图 3 - 3 - 42   从文件中读取数据到内存中

程序第四次执行第 12 行代码：将 pnode 指向的节点的后继节点指针（即 next 值）置空，如图 3 - 3 - 43 所示。

程序第三次执行第 14 行代码：将 pnode 值赋给 tail 指向节点的 next，完成了向链表挂载第四个节点的操作，如图 3 - 3 - 44 所示。

程序第四次执行第 15 行代码：更新链表末节点 tail 的值，使其指向链表最新的末节点。自此，含有四个节点的链表已经构造完成，如图 3 - 3 - 45 所示。

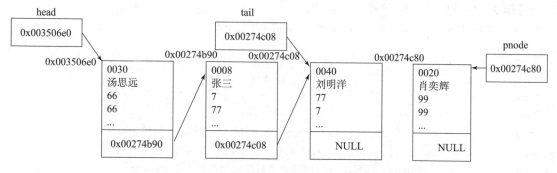

图 3 – 3 – 43 将 pnode 节点的 next 置空

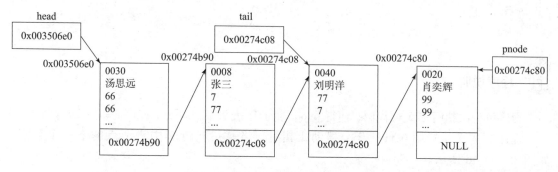

图 3 – 3 – 44 挂载第四个节点到链表

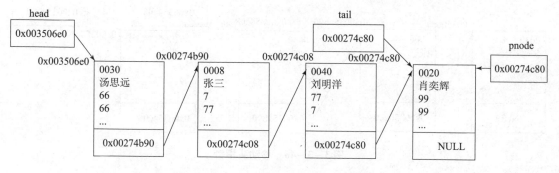

图 3 – 3 – 45 含有四个节点的链表

3. 释放链表

链表中使用的内存空间是由用户动态申请分配的，所以应该在链表使用完后，主动把这些内存空间释放出来交还给系统，供用户再使用所释放的内存空间。

（1）从链表首节点开始释放内存空间

通过链表头指针 head 可以找到链表首节点，因为链表的第二个节点的地址保存在首节点的 next 指针中，所以在释放首节点前，先要把这个值保存下来，否则，释放首节点后，链表的第二个节点就找不到了。

算法如下：

①将链表第二个节点设为新首节点。

②释放原来的首节点。

③重复①和②。

【例3－3－3】 释放 head 指向的链表。

如下代码实现释放如图3－3－24所示 head 指向的链表。

```
第01行  void freeStudent()
第02行  {
第03行    while(head!=NULL)
第04行    {
第05行       pnode=head;       //设置 pnode 指向链表头节点
第06行       head=head->next;  //设置 head 指向链表头节点的下一个节点
第07行       pnode->next=NULL;//将链表中的原头节点从链表中断开
第08行       free(pnode);        //释放孤立节点所占的内存
第09行    }
第10行}
```

 程序说明

程序第一次执行第5行代码，使得 pnode 指向链表头节点部分，如图3－3－24所示。

程序第一次执行第6行代码，移动头指针，将其指向链表中头节点的下一个节点，如图3－3－46所示。

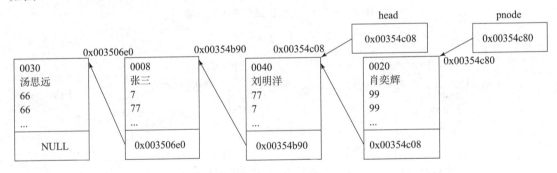

图3－3－46 移动头指针

程序第一次执行第7行代码。将原链表的头节点从链表中分离出来，如图3－3－47所示。

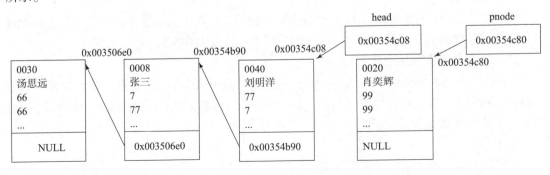

图3－3－47 分离原链表的头节点

程序第一次执行第 8 行代码。将 pnode 指向的节点，即原链表的头节点所占的内存释放掉，供后续程序使用，如图 3 – 3 – 48 所示。

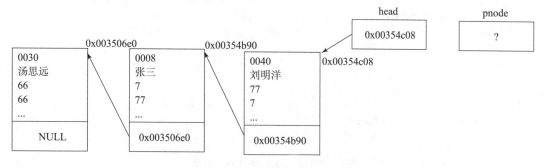

图 3 – 3 – 48 释放原链表的头节点

程序第二次执行第 5 行代码：使得 pnode 指向链表头节点部分，如图 3 – 3 – 49 所示。

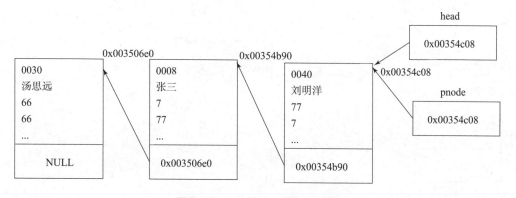

图 3 – 3 – 49 pnode 指向头节点

程序第二次执行第 6 行代码：移动头指针，将其指向链表中头节点的下一个节点，如图 3 – 3 – 50 所示。

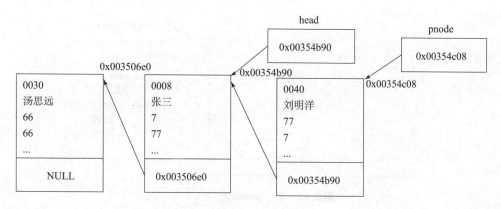

图 3 – 3 – 50 移动头指针

程序第二次执行第 7 行代码：将链表的头节点从链表中分离出来，如图 3 – 3 – 51 所示。

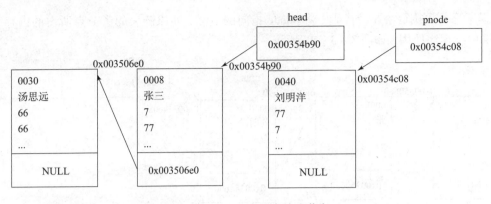

图 3 – 3 – 51　分离链表的头节点

程序第二次执行第 8 行代码：将 pnode 指向的节点即原链表的头节点所占的内存释放掉，供后续程序使用，如图 3 – 3 – 52 所示。

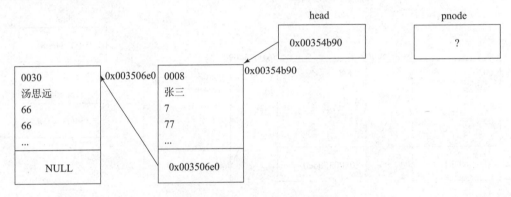

图 3 – 3 – 52　释放链表的头节点

程序第三次执行第 5 行代码：使得 pnode 指向链表头节点部分，如图 3 – 3 – 53 所示。

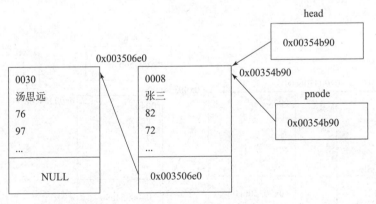

图 3 – 3 – 53　pnode 指向头节点

程序第三次执行第 6 行代码：移动头指针，将其指向链表中头节点的下一个节点，如图 3 – 3 – 54 所示。

程序第三次执行第 7 行代码：将链表的头节点从链表中分离出来，如图 3 – 3 – 55 所示。

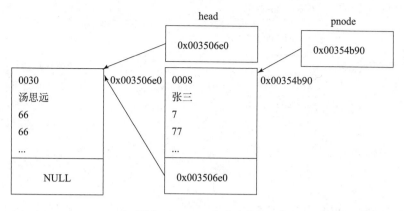

图 3 - 3 - 54 移动头指针

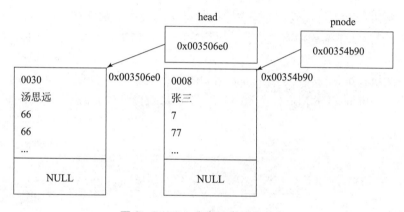

图 3 - 3 - 55 分离链表的头节点

程序第三次执行第 8 行代码：将 pnode 指向的节点即原链表的头节点所占的内存释放掉，供后续程序使用，如图 3 - 3 - 56 所示。

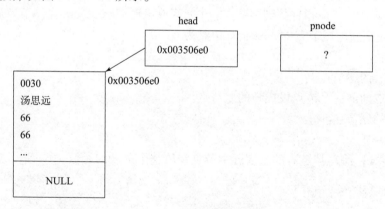

图 3 - 3 - 56 释放链表的头节点

程序第四次执行第 5 行代码：使得 pnode 指向链表头节点部分，如图 3 - 3 - 57 所示。

程序第四次执行第 6 行代码：移动头指针，将其指向链表中头节点的下一个节点，因 head -> next 的值为 NULL，所以将 head 的值设置为 NULL，即置空 head 指针，如图 3 - 3 - 58 所示。

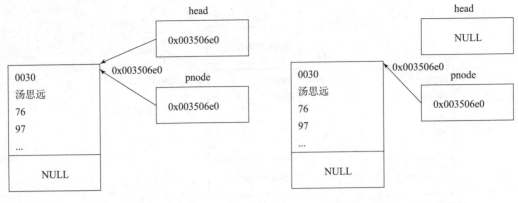

图 3 – 3 – 57   pnode 指向头节点   图 3 – 3 – 58   置空头指针

程序第四次执行第 7 行代码：将链表的头节点从链表中分离出来，因 pnode 指向的节点的 next 值为 NULL，本条语句没有改变值，执行后的状态和执行前的状态一样，如图 3 – 3 – 58 所示。

程序第四次执行第 8 行代码：将 pnode 指向的节点即原链表的头节点所占的内存释放掉，供后续程序使用。因 head 的值已经为 NULL 了，所以该链表已经完成了释放，如图 3 – 3 – 59 所示。

图 3 – 3 – 59   释放链表所有节点

（2）从链表尾节点开始释放内存

如果要从链表尾节点开始释放内存，因为程序只保存链表首节点的地址，所以需要从首节点沿着每个节点的 next 指针找到尾节点，才能释放该尾节点。释放完尾节点后，还有一个工作要做，就是把新的尾节点的 next 指针值赋为 NULL。

算法如下：

①找到链表的尾节点。

②将尾节点的前一个节点设成新的尾节点。

③释放旧的尾节点。

④重复①～③。

【例 3 – 3 – 4】编写从链表的尾部逐个节点释放整个链表的函数。

```
第 01 行   void freeStudent()
第 02 行   {
第 03 行       struct student * tail;
第 04 行       while(head!=NULL)
第 05 行       {
第 06 行           for(tail=head; tail ->next!=NULL; tail =tail ->next); //找尾节点
第 07 行       if(tail==head) //链表中只有一个节点
第 08 行           {
```

```
第 09 行              pnode=head;//新的尾节点为头节点
第 10 行              head=NULL;//置空 head 指针
第 11 行          }
第 12 行        else
第 13 行          for(pnode= head; pnode -> next!= tail; pnode=pnode -> next);//找
新尾结点
第 14 行        pnode -> next=NULL;       //将原尾节点分离出链表
第 15 行        free(tail);          //释放尾节点所占的内存
第 16 行      }
第 17 行}
```

请参照前面的程序说明自行分析上述程序的执行过程，画出相应的链表节点释放的示意图。

4. 链表的遍历、删除指定节点、排序的常用算法

链表常用的算法还有遍历链表中每个节点的信息、删除指定节点、对链表进行排序等。

（1）遍历链表元素

遍历链表的算法如下：

①把链表首节点作为当前节点。

②判断当前节点是否为 NULL，为 NULL 时，则输出结束；否则（当前节点是不为 NULL 时），输出当前节点的值。

③把链表的下一节点作为当前节点。

④重复执行①～③。

【例 3 – 3 – 5】编写遍历链表所有节点元素的函数。

```
第 01 行  void printList()
第 02 行  {
第 03 行    for(pnode= head;pnode≠NULL;pnode -> next)
第 04 行    {
第 05 行        for(pnode= head;pnode!=NULL;pnode=pnode -> next)
第 06 行          printf("学号:% s \t 姓名:% s \t 语文: % 2f \n",\
第 07 行            pnode -> chNo,pnode -> chName,pnode -> fScore[0]);
第 08 行    }
第 09 行  }
```

（2）删除链表中指定值的节点

删除链表上某一节点的算法如下：

①如果首节点是要删除的节点，则删除首节点，返回新的首节点地址。

②找到要删除的节点。

③使要删除的节点的前一个节点的 next 指针指向删除节点的下一节点的地址。

④返回原来首节点地址。

【例 3 – 3 – 6】编写删除学号为 snum 的节点函数。

```
void deleteStudent(struct SNode * head,int num)
{
    char snum[8];
```

```
printf("请输入要删除学生的学号",snum);
scanf("% s",ch);
for(pnode=head;pnode!=NULL;pnode=pnode->next) //查找要删除的节点
if(strcmp(pnode->chNo,snum)==0)
    break;

    if(pnode==head)//删除的节点为首节点
    {
        //头节点往后移动一个
        head=pnode->next;
    }
    else
    {
        //遍历查找 pnode 的前驱节点,ptmp 指向 pnode 的前一个节点
        for(ptmp=head;ptmp->next!=pnode;ptmp=ptmp->next);
        ptmp->next=pnode->next;
    }
    //断开要删除的节点
    pnode->next=NULL;
    //释放节点
    free(pnode);
    ptmp=NULL;//指针置空
    }
}
```

（3）链表排序

对一个无序的链表，按照节点的某个成员值进行排序，使之成为按成员值有序的链表（例如：按学生成绩的平均分升序进行排序）。

①遍历链表，以当前节点为起点，将链表划分为有序部分和无序部分。

②对无序链表中，选取第一个节点的平均分为最小值。

③遍历无序链表的余下节点，找到比第一个节点的平均分最小值还小的节点。

④找到的话，则交换两个节点的数据部分。

⑤重复③、④，直到遍历无序链表的所有节点。

⑥重复②~⑤，实现整个链表的排序。

【例3-3-7】编写学生成绩链表中按平均分升序排序的函数。

```
void fnSort(int records)
{
    //临时变量,用于交换信息
    struct student tmp;
    //遍历链表中所有节点
    for(pnode=head;pnode!=NULL;pnode=pnode->next)
    {
```

```
        //在无序子链表中找最小值的节点
        for(ptmp =pnode ->next;ptmp!=NULL&&strcmp(ptmp ->chNo,"")!=0;ptmp =ptmp ->
next)
        {
            //无序子链表的第一个节点平均分不是最小
            if(pnode ->fScore[7] >ptmp ->fScore[7])
            {
                //交换两个节点内的数据部分
                strcpy(tmp chNo,pnode ->chNo);
                strcpy(pnode ->chNo,ptmp ->chNo);
                strcpy(ptmp ->chNo,tmp chNo);
                strcpy(tmp chName,pnode ->chName);
                strcpy(pnode ->chName,ptmp ->chName);
                strcpy(ptmp ->chName,tmp chName);
                for(i =0;i <8;i++)
                {
                    tmp fScore[i] =pnode ->fScore[i];
                    pnode ->fScore[i] =ptmp ->fScore[i];
                    ptmp ->fScore[i] =tmp fScore[i];
                }
            }
        }
    }
}
```

巩固及知识点练习

1. 上机完成任务 3 – 3 的操作，在完成任务 3 – 3 操作的基础上，深入理解链表的创建、排序、查找、销毁等算法；理解从头部、尾部插入节点创建链表算法的不同之处。

2. 在上机完成任务 3 – 3 的操作基础上，理解 int fnFileRecordNum( )函数中多行注释代码的作用。

3. 上机完成例 3 – 3 – 1～例 3 – 3 – 7。

4. 理解任务 3 – 3 中删除学生记录信息的函数 int fnDelete（int n，int flag）与例 3 – 3 – 6 中编写的删除学号为 snum 的节点函数 void deleteStudent（struct SNode * head，int num）的不同之处。

5. 根据任务 3 – 3 基于链表的文本文件读写实现学生成绩管理系统的操作步骤，结合任务 3 -2，完成基于链表的二进制文件读写实现学生成绩管理系统的操作步骤。

附录一 ASSCII 字符集

ASCII 值	字符（控制字符）	ASCII 值	字符	ASCII 值	字符	ASCII 值	字符
0	NUL（null）	32	空格	64	@	96	`
1	SOH（start of handing）	33	!	65	A	97	a
2	STX（start of text）	34	"	66	B	98	b
3	ETX（end of text）	35	#	67	C	99	c
4	EOT（end of transmission）	36	$	68	D	100	d
5	ENQ（enquiry）	37	%	69	E	101	e
6	ACK（acknowledge）	38	&	70	F	102	f
7	BEL（bell）	39	`	71	G	103	g
8	BS（backspace）	40	(	72	H	104	h
9	HT（horizontal tab）	41	)	73	I	105	i
10	LF（NL line feed, new line）	42	*	74	J	106	j
11	VT（vertical tab）	43	+	75	K	107	k
12	FF（NP form feed, new page）	44	,	76	L	108	l
13	CR（carriage return）	45	–	77	M	109	m
14	SO（shift out）	46	.	78	N	110	n
15	SI（shift in）	47	/	79	.O	111	o
16	DLE（data link escape）	48	0	80	P	112	p
17	DC1（device control 1）	49	1	81	Q	113	q
18	DC2（device control 2）	50	2	82	R	114	r
19	DC3（device control 3）	51	3	83	S	115	s
20	DC4（device control 4）	52	4	84	T	116	t
21	NAK（negative acknowledge）	53	5	85	U	117	u
22	SYN（synchronous idle）	54	6	86	V	118	v
23	ETB（end of trans, block）	55	7	87	W	119	w
24	CAN（cancel）	56	8	88	X	120	x
25	EM（end of medium）	57	9	89	Y	121	y
26	SUB（substitute）	58	:	90	Z	122	z
27	ESC（escape）	59	;	91	[	123	{
28	FS（file separator）	60	<	92	\	124		
29	GS（group separator）	61	=	93	]	125	}
30	RS（record separator）	62	>	94	^	126	~
31	US（unit separator）	63	?	95	_	127	DEL

注：第 2 列的字符是一些特殊字符，键盘上是不可见的，所以只给出控制字符，控制字符通常用于控制和通信。

附录二 C语言运算符

优先级	运算符	含义	运算示例	结合方向
1	( )	圆括号	(a + b)/4;	自左至右
	[ ]	下标运算	array[4] = 2;	
	->	指向成员	ptr -> age = 34;	
	.	成员	obj. age = 34;	
	++	后自增	for(i = 0;i < 10;i++)…	
	--	后自减	for(i = 10;i > 0;i --)…	
2	!	逻辑非	if(!done)…	自右至左
	~	按位取反	flags =~ flags;	
	++	前自增	for(i = 0;i < 10;++i)…	
	--	前自减	for(i = 10;i > 0; - -i)…	
	-	负号	int i =-1;	
	+	正号	int i =+1;	
	*	指针运算	data =* ptr;	
	&	取地址	address =&obj;	
	(type)	类型转换	int i =(int)floatNum;	
	sizeof	长度计算	int size = sizeof(floatNum);	
3	*	乘法	int i = 2 * 4;	自左至右
	/	除法	float f = 10/3;	
	%	求余	int rem = 4%3;	
4	+	加法	int i = 2 + 3;	自左至右
	-	减法	int i = 5 - 1;	
5	<<	左移位	int flags = 33 << 1;	自左至右
	>>	右移位	int flags = 33 >> 1;	

优先级	运算符	含义	运算示例	结合方向
6	<	小于	if(i < 42)…	自左至右
	<=	小于等于	if(i <= 42)…	
	>	大于	if(i > 42)…	
	>=	大于等于	if(i >= 42)…	
7	==	等于	if(i == 42)…	自左至右
	!=	不等于	if(i! = 42)…	
8	&	按位与	flags = flags & 42 ;	自左至右
9	^	按位异或	flags = flags^42 ;	自左至右
10			按位或	flags = flags|42 ;	自左至右
11	&&	逻辑与	if(conditionA && conditionB)…	自左至右
12	||	逻辑或	if(conditionA||conditionB)…	自左至右
13	?:	条件运算	int i = (a > b)? a:b;	自右至左
14	= += -= *= /= %= & = ^= ⊨ <<= >>=	赋值运算	int a = b; a += 3 ; b -= 4 ; a *= 5 ; a/= 2 ; a% = 3 ; flags & = new_flags ; flags^= new_flags ; flags|= new_flags ; flags <<= 2 ; flags >>= 2 ;	自右至左
15	,	逗号运算	for(i = 0 ,j = 0 ;i < 10 ;i++ ,j++)…	自左至右

附录三　C语言标准库函数

1. 输入与输出 < stdio. h >

函数名	函数原型	功能
fopen	FILE * fopen （const char * filename, const char * mode）;	打开以 filename 所指内容为名字的文件，返回与之关联的流
freopen	FILE * freopen （const char * filename, const char * mode, FILE * stream）;	以 mode 指定的方式打开文件 filename，并使该文件与流 stream 相关联。freopen（）先尝试关闭与 stream 关联的文件，不管成功与否，都继续打开新文件
fflush	int fflush （FILE * stream）;	对输出流（写打开），fflush（）用于将已写到缓冲区但尚未写出的全部数据都写到文件中；对输入流，其结果未定义。如果写过程中发生错误，则返回 EOF；正常，则返回 0
fclose	int flcose （FILE * stream）;	刷新 stream 的全部未写出数据，丢弃任何未读的缓冲区内的输入数据并释放自动分配的缓冲区，最后关闭流
remove	int remove （const char * filename）;	删除文件 filename
rename	int rename （const char * oldfname, const char * newfname）;	把文件的名字从 oldfname 改为 newfname
tmpfile	FILE * tmpfile （void）;	以"wb +"方式创建一个临时文件，并返回该流的指针。该文件在被关闭或程序正常结束时被自动删除
tmpnam	char * tmpnam （char s ［L_tmpnam］）;	若参数 s 为 NULL（即调用 tmpnam（NULL）），函数创建一个不同于现存文件名字的字符串，并返回一个指向一个内部静态数组的指针。若 s 非空，则函数将所创建的字符串存储在数组 s 中，并将它作为函数值返回。s 中至少要有 L_tmpnam 个字符的空间
setvbuf	int setvbuf （FILE * stream, char * buf, int mode, size_ t size）;	控制流 stream 的缓冲区，这要在读、写及其他任何操作之前设置
setbuf	void setbuf （FILE * stream, char * buf）;	如果 buf 为 NULL，则关闭流 stream 的缓冲区；否则，setbuf 函数等价于（void）setvbuf(stream, buf, _IOFBF, BUFSIZ)

函数名	函数原型	功能
fprintf	int fprintf（FILE ＊ stream, const char ＊ format, …）;	按照 format 说明的格式把变元表中的变元内容进行转换，并写入 stream 指向的流
printf	int printf(const char ＊ format, …）;	printf（…）等价于 fprintf(stdout, …)
sprintf	int sprintf（char ＊ buf, const char ＊ format, …）;	与 printf（）基本相同，但输出写到字符数组 buf 而不是 stdout 中，并以"\0"结束
snprintf	int snprintf（char ＊ buf, size _ t num, const char ＊ format, …）;	除了最多为 num－1 个字符被存放到 buf 指向的数组之外，snprintf（）和 sprintf（）完全相同。数组以"\0"结束
vprintf	int vprintf（char ＊ format, va _ list arg）;	与对应的 printf（）等价，但变元表由 arg 代替
fscanf	int fscanf（FILE ＊ stream, const char ＊ format, …）;	在格式串 format 的控制下，从流 stream 中读入字符，把转换后的值赋给后续各个变元，在此每一个变元都必须是一个指针。当格式串 format 结束时，函数返回
scanf	int scanf(const char ＊ format, …）;	scanf（…）等价于 fscanf(stdin,…)
sscanf	int sscanf（const char ＊ buf, const char ＊ format, …）;	与 scanf（）基本相同，但 sscanf（）从 buf 指向的数组中读，而不是 stdin
fgetc	int fgetc(FILE ＊ stream）;	以 unsigned char 类型返回输入流 stream 中下一个字符(转换为 int 类型)
fgets	char ＊ fgets（char ＊ str, int num, FILE ＊ stream）;	从流 stream 中读入最多 num－1 个字符到数组 str 中。当遇到换行符时，把换行符保留在 str 中，读入不再进行。数组 str 以"\0"结尾
fputc	int fputc（int ch, FILE ＊ stream）;	把字符 ch(转换为 unsigned char 类型)输出到流 stream 中
fputs	int fputs（const char ＊ str, FILE ＊ stream）;	把字符串 str 输出到流 stream 中，不输出终止符"\0"
getc	int getc(FILE ＊ stream）;	getc（）与 fgetc（）等价。不同之处为：当 getc 函数被定义为宏时，它可能多次计算 stream 的值
getchar	int getchar(void）;	等价于 getc(stdin)
gets	char ＊ gets（char ＊ str）;	从 stdin 中读入下一个字符串到数组 str 中，并把读入的换行符替换为字符"\0"
putc	int putc（int ch, FILE ＊ stream）;	putc（）与 fputc（）等价。不同之处为：当 putc 函数被定义为宏时，它可能多次计算 stream 的值

函数名	函数原型	功能
putchar	int putchar(int ch);	等价于 putc(ch, stdout)
puts	int puts(const char * str);	把字符串 str 和一个换行符输出到 stdout
ungetc	int ungetc (int ch, FILE * stream);	把字符 ch(转换为 unsigned char 类型) 写回到流 stream 中,下次对该流进行读操作时,将返回该字符。对每个流只保证能写回一个字符(有些实现支持回退多个字符),并且此字符不能是 EOF
fread	size_ t fread(void * buf, size _ t size, size_ t count, FILE * stream);	从流 stream 中读入最多 count 个长度为 size 个字节的对象,放到 buf 指向的数组中
fwrite	size_ t fwrite (const void * buf, size _ t size, size _ t count, FILE * stream);	把 buf 指向的数组中 count 个长度为 size 的对象输出到流 stream 中,并返回被输出的对象数。如果发生错误,则返回一个小于 count 的值。返回实际输出的对象数
fseek	int fseek(FILE * stream, long int offset, int origin);	对流 stream 相关的文件定位,随后的读写操作将从新位置开始。成功,返回 0;出错,返回非 0
ftell	long int ftell(FILE * stream);	返回与流 stream 相关的文件的当前位置。出错时,返回 –1L
rewind	void rewind(FILE * stream);	rewind(fp) 等价于 fssek(fp, 0L, SEEK_SET) 与 clearerr(fp) 这两个函数顺序执行的效果,即把与流 stream 相关的文件的当前位置移到开始处,同时清除与该流相关的文件尾标志和错误标志
fgetpos	int fgetpos (FILE * stream, fpos_ t * position);	把流 stream 的当前位置记录在 * position 中,供随后的 fsetpos( ) 调用时使用。成功,返回 0;失败,返回非 0
fsetpos	int fsetpos (FILE * stream, const fpos_ t * position);	把流 stream 的位置定位到 * position 中记录的位置。* position 的值是之前调用 fgetpos( )记录下来的。成功,返回 0;失败,返回非 0
clearerr	void clearerr (FILE * stream);	清除与流 stream 相关的文件结束指示符和错误指示符
feof	int feof(FILE * stream);	与流 stream 相关的文件结束指示符被设置时,函数返回一个非 0 值
ferror	int ferror(FILE * stream);	与流 stream 相关的文件出错指示符被设置时,函数返回一个非 0 值
perror	void perror(const char * str);	perror(s) 用于输出字符串 s 及与全局变量 errno 中的整数值相对应的出错信息,具体出错信息的内容依赖于实现

2. 字符类测试 ctype. h

函数名	函数原型	功能
isalnum	int sialnum(int ch);	变元为字母或数字时，函数返回非 0 值，否则，返回 0
isalpha	int isalpha(int ch);	当变元为字母表中的字母时，函数返回非 0 值，否则，返回 0。各种语言的字母表互不相同，对于英语来说，字母表由大写和小写的字母 A~Z 组成
iscntrl	int iscntrl(int ch);	当变元是控制字符时，函数返回非 0 值，否则，返回 0
isdigit	int isdigit(int ch);	当变元是十进制数字时，函数返回非 0 值，否则，返回 0
isgraph	int isgraph(int ch);	如果变元为除空格之外的任何可打印字符，则函数返回非 0 值，否则，返回 0
islower	int islower(int ch);	如果变元是小写字母，函数返回非 0 值，否则，返回 0
isprint	int isprint(int ch);	如果变元是可打印字符(含空格)，则函数返回非 0 值，否则，返回 0
ispunct	int ispunct(int ch);	如果变元是除空格、字母和数字外的可打印字符，则函数返回非 0，否则，返回 0
isspace	int isspace(int ch);	当变元为空白字符(包括空格、换页符、换行符、回车符、水平制表符和垂直制表符) 时，函数返回非 0，否则，返回 0
isupper	int isupper(int ch);	如果变元为大写字母，函数返回非 0，否则，返回 0
isxdigit	int isxdigit(int ch);	当变元为十六进制数字时，函数返回非 0，否则，返回 0
tolower	int tolower(int ch);	当 ch 为大写字母时，返回其对应的小写字母；否则，返回 ch
toupper	int toupper(int ch);	当 ch 为小写字母时，返回其对应的大写字母；否则，返回 ch

3. 字符串函数 < string. h >

函数名	函数原型	功能
strcpy	char * strcpy (char * str1, const char * str2);	把字符串 str2(包括 "\") 拷贝到字符串 str1 中，并返回 str1
strncpy	char * strncpy(char * str1, const char * str2, size_t count);	把字符串 str2 中最多 count 个字符拷贝到字符串 str1 中，并返回 str1。如果 str2 中少于 count 个字符，那么就用 "\" 来填充，直到满足 count 个字符为止
strcat	char * strcat (char * str1, const char * str2);	把 str2(包括 "\") 拷贝到 str1 的尾部(连接)，并返回 str1。其中终止原 str1 的 "\" 被 str2 的第一个字符覆盖
strncat	char * strncat (char * str1, const char * str2, size_t count);	把 str2 中最多 count 个字符连接到 str1 的尾部，并以 "\" 终止 str1，返回 str1。其中终止原 str1 的 "\" 被 str2 的第一个字符覆盖

续表

函数名	函数原型	功能
strcmp	int strcmp (const char * str1 , const char * str2) ;	按字典顺序比较两个字符串，返回整数值的意义如下： ・小于 0，str1 小于 str2； ・等于 0，str1 等于 str2； ・大于 0，str1 大于 str2；
strncmp	int strncmp (const char * str1 , const char * str2 , size_t count) ;	同 strcmp，除了最多比较 count 个字符。根据比较结果返回的整数值如下： ・小于 0，str1 小于 str2； ・等于 0，str1 等于 str2； ・大于 0，str1 大于 str2；
strchr	char * strchr (const char * str, int ch) ;	返回指向字符串 str 中字符 ch 第一次出现的位置的指针，如果 str 中不包含 ch，则返回 NULL
strrchr	char * strrchr (const char * str, int ch) ;	返回指向字符串 str 中字符 ch 最后一次出现的位置的指针，如果 str 中不包含 ch，则返回 NULL
strspn	size_t strspn (const char * str1 , const char * str2) ;	返回字符串 str1 中由字符串 str2 中字符构成的第一个子串的长度
strcspn	size_t strcspn (const char * str1 , const char * str2) ;	返回字符串 str1 中由不在字符串 str2 中字符构成的第一个子串的长度
strpbrk	char * strpbrk (const char * str1 , const char * str2) ;	返回指向字符串 str2 中的任意字符第一次出现在字符串 str1 中的位置的指针；如果 str1 中没有与 str2 相同的字符，那么返回 NULL
strstr	char * strstr (const char * str1 , const char * str2) ;	返回指向字符串 str2 第一次出现在字符串 str1 中的位置的指针；如果 str1 中不包含 str2，则返回 NULL
strlen	size_t strlen (const char * str) ;	返回字符串 str 的长度，"\" 不算在内
strerror	char * strerror (int errnum) ;	返回指向与错误序号 errnum 对应的错误信息字符串的指针（错误信息的具体内容依赖于实现）
strtok	char * strtok (char * str1 , const char * str2) ;	在 str1 中搜索由 str2 中的分界符界定的单词
memcpy	void * memmove (void * to, const void * from, size_t count) ;	把 from 中的 count 个字符拷贝到 to 中，并返回 to
memcmp	int memcmp (const void * buf1 , const void * buf2 , size_t count) ;	比较 buf1 和 buf2 的前 count 个字符，返回值与 strcmp 的返回值相同
memchr	void * memchr (const void * buffer, int ch, size_t count) ;	返回指向 ch 在 buffer 中第一次出现的位置指针，如果在 buffer 的前 count 个字符当中找不到匹配，则返回 NULL
memset	void * memset (void * buf, int ch, size_t count) ;	把 buf 中的前 count 个字符替换为 ch，并返回 buf

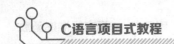

4. 数学函数 <math. h >

函数名	函数原型	功能
sin	double sin(double arg);	返回 arg 的正弦值，arg 的单位为弧度
cos	double cos(double arg);	返回 arg 的余弦值，arg 的单位为弧度
tan	double asin(double arg);	返回 arg 的反正弦值 $\sin-1(x)$，值域为 $[-pi/2, pi/2]$，其中变元范围为 $[-1, 1]$
acos	double acos(double arg);	返回 arg 的反余弦值 $\cos-1(x)$，值域为 $[0, pi]$，其中变元范围为 $[-1, 1]$
atan	double atan(double arg);	返回 arg 的反正切值 $\tan-1(x)$，值域为 $[-pi/2, pi/2]$
atan2	double atan2 (double a, double b);	返回 a/b 的反正切值 $\tan-1(a/b)$，值域为 $[-pi, pi]$
sinh	double sinh(double arg);	返回 arg 的双曲正弦值
cosh	double cosh(double arg);	返回 arg 的双曲余弦值
tanh	double tanh(double arg);	返回 arg 的双曲正切值
exp	double exp(double arg);	返回幂函数 ex
log	double log(double arg);	返回自然对数 $\ln(x)$，其中变元范围 $arg > 0$
log10	double log10(double arg);	返回以 10 为底的对数 $\log10(x)$，其中变元范围 $arg > 0$
pow	double pow (double x, double y); 返	返回 xy，如果 x = 0 且 y≤0 或者如果 x < 0 且 y 不是整数，那么产生定义域错误
sqrt	double sqrt(double arg);	返回 arg 的平方根，其中变元范围 $arg≥0$
ceil	double ceil(double arg);	返回不小于 arg 的最小整数
floor	double floor(double arg);	返回不大于 arg 的最大整数
fabs	double fabs(double arg);	返回 arg 的绝对值 $|x|$
ldexp	double ldexp(double num, int exp);	返回 num * 2exp
frexp	double frexp(double num, int * exp);	把 num 分成一个在 $[1/2, 1)$ 区间的真分数和一个 2 的幂数。将真分数返回，幂数保存在 *exp 中。如果 num 等于 0，那么这两部分均为 0
modf	double modf(double num, double * i);	把 num 分成整数和小数两部分，两部分均与 num 有同样的正负号。函数返回小数部分，整数部分保存在 *i 中
fmod	double fmod (double a, double b);	返回 a/b 的浮点余数，符号与 a 相同。如果 b 为 0，那么结果由具体实现而定

5. 实用函数 < stdlib. h >

函数名	函数原型	功能
atof	double atof (const char * str) ;	把字符串 str 转换成 double 类型。等价于 strtod (str , (char * *) NULL)
atoi	int atoi (const char * str) ;	把字符串 str 转换成 int 类型。等价于 (int) strtol (str , (char * *) NULL , 10)
atol	long atol (const char * str) ;	把字符串 str 转换成 long 类型。等价于 strtol (str , (char * *) NULL , 10)
strtod	double strtod (const char * start , char * * end) ;	把字符串 start 的前缀转换成 double 类型。在转换中，跳过 start 的前导空白符，然后逐个读入构成数的字符，任何非浮点数成分的字符都会终止上述过程。如果 end 不为 NULL，则把未转换部分的指针保存在 * end 中
strtol	long int strtol (const char * start , char * * end , int radix) ;	把字符串 start 的前缀转换成 long 类型，在转换中，跳过 start 的前导空白符。如果 end 不为 NULL，则把未转换部分的指针保存在 * end 中
strtoul	unsigned long int strtoul (const char * start , char * * end , int radix) ;	与 strtol ( ) 类似，只是结果为 unsigned long 类型，溢出时，值为 ULONG_ MAX
rand	int rand (void) ;	产生一个 0 到 RAND_MAX 之间的伪随机整数。RAND_MAX 值至少为 32 767
srand	void srand (unsigned int seed) ;	设置新的伪随机数序列的种子为 seed。种子的初值为 1
calloc	void * calloc (size _ t num , size_t size) ;	为大小为 size 的对象分配足够的内存，并返回指向所分配区域的第一个字节的指针；如果内存不足以满足要求，则返回 NULL
realloc	void * realloc (void * ptr , size_t size) ;	将 ptr 指向的内存区域的大小改为 size 个字节
free	void free (void * ptr) ;	释放 ptr 指向的内存空间，若 ptr 为 NULL，则什么也不做。ptr 必须指向先前用动态分配函数 malloc、realloc 或 calloc 分配的空间
abort	void abort (void) ;	使程序非正常终止。其功能类似于 raise (SIGABRT)
exit	void exit (int status) ;	使程序正常终止。atexit 函数以与注册相反的顺序被调用，所有打开的文件被刷新，所有打开的流被关闭
atexit	int atexit (void (* func) (void)) ;	注册在程序正常终止时所要调用的函数 func。如果成功注册，则函数返回 0 值，否则，返回非 0 值
system	int system (const char * str)	把字符串 str 传送给执行环境。如果 str 为 NULL，那么当存在命令处理程序时，返回 0 值。如果 str 的值为非 NULL，则返回值与具体的实现有关
getenv	char * getenv (const char * name) ;	返回与 name 相关的环境字符串。如果该字符串不存在，则返回 NULL。其细节与具体的实现有关

函数名	函数原型	功能
abs	int abs(int num);	返回 int 变元 num 的绝对值
labs	long labs(long int num);	返回 long 类型变元 num 的绝对值
ldiv	ldiv_t div(long int numerator, long int denominator);	返回 numerator/denominator 的商和余数,结果分别保存在结构类型 ldiv_t 的两个 long 成员 quot 和 rem 中
div	div_t div(int numerator, int denominator);	返回 numerator/denominator 的商和余数,结果分别保存在结构类型 div_t 的两个 int 成员 quot 和 rem 中

6. 诊断 <assert.h>

函数名	函数原型	功能
assert	void assert(int exp);	assert 宏用于为程序增加诊断功能

7. 日期与时间函数 <time.h>

函数名	函数原型	功能
clock	clock_t clock(void);	返回程序自开始执行到目前为止所占用的处理机时间。如果处理机时间不可使用,那么返回 −1。clock()/CLOCKS_PER_SEC 是以秒为单位表示的时间
time	time_t time(time_t * tp);	返回当前日历时间。如果日历时间不能使用,则返回 −1。如果 tp 不为 NULL,那么同时把返回值赋给 * tp
difftime	double difftime(time_t time2, time_t time1);	返回 time2 − time1 的值(以秒为单位)
mktime	time_t mktime(struct tm * tp);	将结构 * tp 中的当地时间转换为 time_t 类型的日历时间,并返回该时间。如果不能转换,则返回 −1
asctime	char * asctime(const struct tm * tp);	将结构 * tp 中的时间转换成字符串形式
ctime	char * ctime(const time_t * tp);	将 * tp 中的日历时间转换为当地时间的字符串,并返回指向该字符串指针。字符串存储在可被其他调用重写的静态对象中。等价于如下调用:asctime(localtime(tp))
gmtime	struct tm * gmtime(const time_t * tp);	将 * tp 中的日历时间转换成 struct tm 结构形式的国际标准时间(UTC),并返回指向该结构的指针。如果转换失败,返回 NULL。结构内容存储在可被其他调用重写的静态对象中
localtime	struct tm * localtime(const time_t * tp);	将 * tp 中的日历时间转换成 struct tm 结构形式的本地时间,并返回指向该结构的指针。结构内容存储在可被其他调用重写的静态对象中
strftime	size_t strftime(char * s, size_t smax, const char * fmt, \ const struct tm * tp);	根据 fmt 的格式说明把结构 * tp 中的日期与时间信息转换成指定的格式,并存储到 s 所指向的数组中,写到 s 中的字符数不能多于 smax。函数返回实际写到 s 中的字符数(不包括"\");如果产生的字符数多于 smax,则返回 0